高等学校规划教材

化工原理实验

谭志伟　石新雨　程新华　主编

化学工业出版社

·北京·

内 容 简 介

《化工原理实验》共三篇，7章内容，分别为化工原理实验基础篇、化工原理基础实验篇、化工原理综合创新实验篇。本书以处理工程问题的实验研究方法为主线，兼顾理论与实际应用，强调研究方法和工程观点的培养，在掌握基本实验的基础上，综合运用化工原理有关理论，进一步提升进行综合实验的能力。

本书可作为高等院校化工及其他相关专业化工原理实验课的教材或参考书，也可供化工、制药、食品、环境、石油等领域从事科研和生产的技术人员参考。

图书在版编目（CIP）数据

化工原理实验／谭志伟，石新雨，程新华主编．—北京：化学工业出版社，2022.2（2024.8重印）
ISBN 978-7-122-40418-3

Ⅰ.①化…　Ⅱ.①谭…②石…③程…　Ⅲ.①化工原理-实验　Ⅳ.①TQ02-33

中国版本图书馆CIP数据核字（2021）第250133号

责任编辑：李　琰　甘九林　　　　　　文字编辑：葛文文
责任校对：田睿涵　　　　　　　　　　　装帧设计：关　飞

出版发行：化学工业出版社（北京市东城区青年湖南街13号　邮政编码100011）
印　　装：北京科印技术咨询服务有限公司数码印刷分部
787mm×1092mm　1/16　印张15½　字数384千字　2024年8月北京第1版第3次印刷

购书咨询：010-64518888　　　　　　　　售后服务：010-64518899
网　　址：http://www.cip.com.cn
凡购买本书，如有缺损质量问题，本社销售中心负责调换。

定　价：39.00元　　　　　　　　　　　　　　　　　　版权所有　违者必究

前言

化工原理是化工及相关专业的一门重要专业基础课，作为一门实践性比较强的课程，化工原理实验环节必不可少，它是化工原理教学中的一个重要组成部分。化工原理实验的开设，有助于学生加强对化工原理基本理论知识的理解，掌握单元操作的基本原理及相应设备的工作原理和操作方法，并熟悉常用化工仪表的工作原理、特点及使用方法，力求通过实验使学生掌握工程实验方法和技术，提高综合运用理论知识解决工程实际问题的能力，开阔思路，增强创新意识。

本书内容以提高学生解决工程实际问题的能力为出发点，并针对重点基础实验项目，根据实际实验设备进行编写，理论联系实际，具有普适性和拓展性，适合多个学习层次和培养要求的学生学习，注重实验研究过程中多种能力和素质的培养和训练。全书内容涵盖三个主要方面，即化工原理实验研究方法及定量评价实验研究的方法，包括实验误差的估算与分析和实验数据处理；化工过程常用物理量测量的常用技术、仪表及控制；多种具体的、不同层次的实验项目。其中，（1）必修基础实验：通过基础实验的学习，使学生掌握基本的操作方法和参数测量技术，正确处理实验数据，并对实验结果进行合理的分析，深化对基本原理、基本概念的理解。（2）选修基础实验：通过演示实验的学习，使学生对有关的基本概念形成直观的印象，并学会对常用的测量仪表进行标定。（3）综合创新实验：通过综合与创新实验的学习，一方面使学生开拓眼界，了解并熟悉新型单元操作设备的工艺特性与操作方法；另一方面使学生具有一定的设计实验的能力，能够正确选择实验设备，合理安排实验流程，利用实验研究解决工程实际问题，并进一步培养和提升学生的实践创新能力。

本书由谭志伟、石新雨、程新华主编，其中绪论，第1、2章，第6、7章由谭志伟编写；第4章由石新雨编写；第3、5章由程新华编写。在编写过程中参考了兄弟院校编写的教材等资料，在此深表感谢。本书的出版由2017年湖北省"荆楚卓越工程师人才项目"提供经费支持。

限于编者水平有限，书中难免有疏漏和不足之处，敬请各位读者批评指正，以便本书日臻完善。

编者
2021年10月

目 录

0 绪论 ··· 1
  0.1 化工原理实验课程的教学目的 ········· 1
  0.2 化工原理实验课程的基本要求 ········· 2
    0.2.1 实验预习的要求 ························ 2
    0.2.2 实验操作的要求 ························ 2
    0.2.3 实验报告的要求 ························ 3
  0.3 化工原理实验教学中安全意识的培养 ······ 4
    0.3.1 强化安全意识，重视安全操作要点 ······ 4
    0.3.2 化工实验基本安全知识 ················ 5
    0.3.3 实验室环保操作知识 ·················· 8

第一篇 化工原理实验基础

第1章 实验研究与设计方法 ······················ 9
  1.1 实验研究方法 ······························· 9
    1.1.1 直接实验法 ······························ 9
    1.1.2 量纲分析法 ···························· 10
    1.1.3 数学模型法 ···························· 10
    1.1.4 当量法 ································· 11
  1.2 实验设计方法 ······························ 11
    1.2.1 完全随机设计法 ······················ 11
    1.2.2 析因设计法 ···························· 11
    1.2.3 正交实验设计法 ······················ 12
    1.2.4 均匀实验设计法 ······················ 14

第2章 实验数据采集、误差分析与处理 ···· 16
  2.1 实验数据的采集 ··························· 16
    2.1.1 测量参数和实验点的选择 ········· 16
    2.1.2 数据的读取 ···························· 17
  2.2 实验数据误差分析 ························ 18
    2.2.1 误差的基本概念 ······················ 18
    2.2.2 误差传递公式 ························· 21
  2.3 实验数据的处理方法 ···················· 22
    2.3.1 列表法 ································· 22
    2.3.2 图解法 ································· 23
    2.3.3 数学方程表示法 ······················ 25

第3章 化工过程常用物理量的测量与控制 ···· 28
  3.1 测量仪表的基本技术性能 ············· 28
    3.1.1 测量仪表的特性 ······················ 28
    3.1.2 测量仪表的选用原则 ··············· 30
  3.2 压力和压差的测量 ························ 30
    3.2.1 压力计和压差计 ······················ 30
    3.2.2 压力（差）传感器 ··················· 33
    3.2.3 压力（差）计安装和使用中的注意事项 ····························· 34
  3.3 流量测量技术 ······························ 35
    3.3.1 节流式流量计 ························· 35
    3.3.2 转子流量计 ···························· 38
    3.3.3 涡轮流量计 ···························· 39
  3.4 温度的测量与控制 ························ 40
    3.4.1 热电偶温度计 ························· 41
    3.4.2 热电阻温度计 ························· 44
    3.4.3 温度计的校验和标定 ··············· 45
  3.5 液位测量技术 ······························ 45
    3.5.1 直读式液位计 ························· 45
    3.5.2 差压式液位计 ························· 46
    3.5.3 浮力式液位计 ························· 47
  3.6 功率的测量 ································· 49
    3.6.1 马达-天平式测功器 ················· 49
    3.6.2 电阻应变式转矩仪 ·················· 50

  3.6.3 功率表测功法 —— 50
3.7 显示仪表 —— 51
  3.7.1 模拟式显示仪表 —— 51
  3.7.2 数字式显示仪表 —— 51
  3.7.3 屏幕显示仪表 —— 52

第二篇 化工原理基础实验

第4章 化工原理必修实验 —— 53

4.1 流体流动阻力的测定 —— 53
  4.1.1 实验目的 —— 53
  4.1.2 实验原理 —— 53
  4.1.3 实验装置与流程 —— 56
  4.1.4 实验步骤 —— 58
  4.1.5 注意事项 —— 60
  4.1.6 实验原始数据记录 —— 60
  4.1.7 实验数据处理及分析 —— 62
  4.1.8 思考题 —— 62
4.2 离心泵特性曲线的测定 —— 63
  4.2.1 实验目的 —— 63
  4.2.2 实验原理 —— 63
  4.2.3 实验装置与流程 —— 65
  4.2.4 实验步骤 —— 67
  4.2.5 注意事项 —— 68
  4.2.6 实验原始数据记录 —— 68
  4.2.7 实验数据处理及分析 —— 69
  4.2.8 思考题 —— 69
4.3 恒压过滤实验 —— 69
  4.3.1 实验目的 —— 69
  4.3.2 实验原理 —— 70
  4.3.3 实验装置与流程 —— 72
  4.3.4 实验步骤 —— 75
  4.3.5 注意事项 —— 76
  4.3.6 实验原始数据记录 —— 76
  4.3.7 实验数据处理及分析 —— 77
  4.3.8 思考题 —— 77
4.4 传热实验 —— 77
  4.4.1 实验目的 —— 77
  4.4.2 实验原理 —— 78
  4.4.3 实验装置与流程 —— 80
  4.4.4 实验步骤 —— 82
  4.4.5 注意事项 —— 83
  4.4.6 实验原始数据记录 —— 83
  4.4.7 实验数据处理及分析 —— 84
  4.4.8 思考题 —— 84
4.5 吸收实验 —— 85
  4.5.1 实验目的 —— 85
  4.5.2 实验原理 —— 85
  4.5.3 实验装置与流程 —— 87
  4.5.4 实验步骤 —— 89
  4.5.5 注意事项 —— 90
  4.5.6 实验原始数据记录 —— 91
  4.5.7 实验数据处理及分析 —— 92
  4.5.8 思考题 —— 92
4.6 精馏实验 —— 93
  4.6.1 实验目的 —— 93
  4.6.2 实验原理 —— 93
  4.6.3 实验装置与流程 —— 96
  4.6.4 实验步骤 —— 98
  4.6.5 注意事项 —— 99
  4.6.6 实验原始数据记录 —— 99
  4.6.7 实验数据处理及分析 —— 100
  4.6.8 思考题 —— 100
4.7 萃取实验 —— 100
  4.7.1 实验目的 —— 100
  4.7.2 实验原理 —— 100
  4.7.3 实验装置与流程 —— 102
  4.7.4 实验步骤 —— 103
  4.7.5 注意事项 —— 107
  4.7.6 实验原始数据记录 —— 108
  4.7.7 实验数据处理及分析 —— 108
  4.7.8 思考题 —— 109
4.8 干燥实验 —— 109
  4.8.1 实验目的 —— 109
  4.8.2 实验原理 —— 109
  4.8.3 实验装置与流程 —— 111
  4.8.4 实验步骤 —— 112
  4.8.5 注意事项 —— 113
  4.8.6 实验原始数据记录 —— 113
  4.8.7 实验数据处理及分析 —— 113
  4.8.8 思考题 —— 114

4.9 多相搅拌实验 —— 114
    4.9.1 实验目的 —— 114
    4.9.2 实验原理 —— 114
    4.9.3 实验装置与流程 —— 115
    4.9.4 实验步骤 —— 116
    4.9.5 注意事项 —— 116
    4.9.6 实验原始数据记录 —— 116
    4.9.7 实验数据处理及分析 —— 117
    4.9.8 思考题 —— 117
4.10 膜分离实验 —— 117
    4.10.1 实验目的 —— 117
    4.10.2 基本原理 —— 118
    4.10.3 实验装置与流程 —— 119
    4.10.4 实验步骤 —— 120
    4.10.5 注意事项 —— 122
    4.10.6 实验原始数据记录 —— 122
    4.10.7 实验数据处理及分析 —— 123
    4.10.8 思考题 —— 123

第5章
化工原理演示及选修实验 —— 124

5.1 雷诺数的测定与流型观察实验 —— 124
    5.1.1 实验目的 —— 124
    5.1.2 实验原理 —— 124
    5.1.3 实验装置与流程 —— 124
    5.1.4 实验步骤 —— 124
    5.1.5 注意事项 —— 126
    5.1.6 实验记录与分析 —— 126
    5.1.7 思考题 —— 126
5.2 旋风分离实验 —— 126
    5.2.1 实验目的 —— 126
    5.2.2 实验原理 —— 127
    5.2.3 实验装置与流程 —— 127
    5.2.4 实验步骤 —— 127
    5.2.5 注意事项 —— 128
    5.2.6 实验记录与分析 —— 128
    5.2.7 思考题 —— 128
5.3 板式塔流体力学性能实验 —— 129
    5.3.1 实验目的 —— 129
    5.3.2 实验原理 —— 129
    5.3.3 实验装置与流程 —— 130
    5.3.4 实验步骤 —— 130
    5.3.5 注意事项 —— 131
    5.3.6 实验记录与分析 —— 131
    5.3.7 思考题 —— 131
5.4 孔板流量计的校正实验 —— 131
    5.4.1 实验目的 —— 131
    5.4.2 实验原理 —— 131
    5.4.3 实验装置与流程 —— 132
    5.4.4 实验步骤 —— 132
    5.4.5 注意事项 —— 133
    5.4.6 实验记录与分析 —— 133
    5.4.7 思考题 —— 133
5.5 喷雾干燥实验 —— 133
    5.5.1 实验目的 —— 133
    5.5.2 实验原理 —— 134
    5.5.3 实验装置与流程 —— 134
    5.5.4 实验步骤 —— 134
    5.5.5 注意事项 —— 135
    5.5.6 实验记录与分析 —— 135
    5.5.7 思考题 —— 135
5.6 冷冻干燥实验 —— 135
    5.6.1 实验目的 —— 135
    5.6.2 实验原理 —— 136
    5.6.3 实验装置与流程 —— 136
    5.6.4 实验步骤 —— 136
    5.6.5 注意事项 —— 137
    5.6.6 实验记录与分析 —— 137
    5.6.7 思考题 —— 137
5.7 流体机械能转换实验 —— 138
    5.7.1 实验目的 —— 138
    5.7.2 实验原理 —— 138
    5.7.3 实验装置与流程 —— 139
    5.7.4 实验步骤 —— 140
    5.7.5 注意事项 —— 140
    5.7.6 实验记录与分析 —— 140
    5.7.7 思考题 —— 141
5.8 离心泵气缚、汽蚀演示实验 —— 141
    5.8.1 实验目的 —— 141
    5.8.2 实验原理 —— 141
    5.8.3 实验装置与流程 —— 143
    5.8.4 实验步骤 —— 143
    5.8.5 注意事项 —— 144
    5.8.6 实验记录与分析 —— 144
    5.8.7 思考题 —— 144
5.9 填料塔流体力学特性实验 —— 144
    5.9.1 实验目的 —— 144
    5.9.2 实验原理 —— 144

5.9.3 实验装置与流程 …… 146	5.11.2 实验原理 …… 150
5.9.4 实验步骤 …… 146	5.11.3 实验装置与流程 …… 150
5.9.5 注意事项 …… 147	5.11.4 实验步骤 …… 150
5.9.6 实验记录与分析 …… 147	5.11.5 注意事项 …… 151
5.9.7 思考题 …… 148	5.11.6 实验记录与分析 …… 151
5.10 热电偶标定实验 …… 148	5.11.7 思考题 …… 151
5.10.1 实验目的 …… 148	5.12 测压仪表标定实验 …… 151
5.10.2 实验原理 …… 148	5.12.1 实验目的 …… 151
5.10.3 实验装置与流程 …… 149	5.12.2 实验原理 …… 151
5.10.4 实验步骤 …… 149	5.12.3 实验装置与流程 …… 151
5.10.5 注意事项 …… 149	5.12.4 实验步骤 …… 152
5.10.6 实验记录与分析 …… 149	5.12.5 注意事项 …… 152
5.10.7 思考题 …… 150	5.12.6 实验记录与分析 …… 152
5.11 热电阻标定实验 …… 150	5.12.7 思考题 …… 152
5.11.1 实验目的 …… 150	

第三篇　化工原理综合创新实验

第6章	6.3.5 注意事项 …… 172
化工原理综合实验 …… 154	6.3.6 实验原始数据记录 …… 172
6.1 流体力学综合实验 …… 154	6.3.7 实验数据处理与分析 …… 172
6.1.1 实验目的 …… 154	6.3.8 思考题 …… 173
6.1.2 实验原理 …… 155	6.4 板式塔精馏综合实验 …… 173
6.1.3 实验装置 …… 161	6.4.1 实验目的 …… 173
6.1.4 实验步骤 …… 161	6.4.2 实验原理 …… 174
6.1.5 注意事项 …… 162	6.4.3 实验装置 …… 177
6.1.6 实验原始数据记录 …… 162	6.4.4 实验步骤 …… 177
6.1.7 实验数据处理与分析 …… 162	6.4.5 注意事项 …… 178
6.1.8 思考题 …… 162	6.4.6 实验原始数据记录 …… 178
6.2 传热综合实验 …… 163	6.4.7 实验数据处理与分析 …… 178
6.2.1 实验目的 …… 163	6.4.8 思考题 …… 179
6.2.2 实验原理 …… 163	6.5 干燥综合实验 …… 179
6.2.3 实验装置 …… 166	6.5.1 实验目的 …… 179
6.2.4 实验步骤 …… 166	6.5.2 实验原理 …… 180
6.2.5 注意事项 …… 167	6.5.3 实验装置 …… 182
6.2.6 实验原始数据记录 …… 167	6.5.4 实验步骤 …… 182
6.2.7 实验数据处理与分析 …… 167	6.5.5 注意事项 …… 183
6.2.8 思考题 …… 167	6.5.6 实验原始数据记录 …… 183
6.3 气体吸收与解吸综合实验 …… 167	6.5.7 实验数据处理与分析 …… 183
6.3.1 实验目的 …… 168	6.5.8 思考题 …… 184
6.3.2 实验原理 …… 168	**第7章**
6.3.3 实验装置 …… 171	**化工原理创新实验** …… 185
6.3.4 实验步骤 …… 171	7.1 流体流动创新实验 …… 185

7.1.1 实验目的 ······ 185	7.4.5 实验步骤 ······ 196
7.1.2 实验原理 ······ 186	7.4.6 实验报告 ······ 197
7.1.3 实验装置 ······ 187	7.5 萃取精馏实验 ······ 198
7.1.4 实验内容 ······ 187	7.5.1 实验目的 ······ 198
7.1.5 实验步骤 ······ 187	7.5.2 实验原理 ······ 198
7.1.6 实验报告 ······ 187	7.5.3 实验装置 ······ 201
7.2 二元系统气-液相平衡数据测定及其精馏过程 ······ 187	7.5.4 实验内容 ······ 201
7.2.1 实验目的 ······ 188	7.5.5 实验步骤 ······ 202
7.2.2 实验原理 ······ 188	7.5.6 实验报告 ······ 202
7.2.3 实验装置 ······ 189	**附录** ······ 203
7.2.4 实验内容 ······ 190	附录一 常用正交表 ······ 203
7.2.5 实验步骤 ······ 190	附录二 乙醇-正丙醇在常压下的气-液平衡数据 ($p=101.325$ kPa) ······ 210
7.2.6 实验报告 ······ 190	附录三 乙醇-正丙醇的折射率与溶液浓度的关系 ······ 211
7.3 反应精馏实验 ······ 190	附录四 乙醇-正丙醇的汽化热和比热容数据表 ······ 211
7.3.1 实验目的 ······ 190	
7.3.2 实验原理 ······ 191	
7.3.3 实验装置 ······ 192	附录五 乙醇-水在常压下的气-液平衡数据 ($p=101.325$ kPa) ······ 212
7.3.4 实验内容 ······ 192	附录六 乙醇-水的汽化热和比热容数据表 ······ 212
7.3.5 实验步骤 ······ 192	附录七 氨在水中的相平衡常数 m 与温度 t 的关系 ······ 213
7.3.6 实验报告 ······ 192	附录八 二氧化碳气体在水中的亨利系数 ······ 213
7.4 三元液-液平衡数据的测定及其萃取过程 ······ 194	附录九 苯甲酸-煤油-水物系的分配曲线 ······ 213
7.4.1 实验目的 ······ 194	附录十 酒精计温度浓度换算表 ······ 214
7.4.2 实验原理 ······ 194	**参考文献** ······ 240
7.4.3 实验装置 ······ 196	
7.4.4 实验内容 ······ 196	

0 绪 论

0.1 化工原理实验课程的教学目的

化工原理课程、化工原理实验课程和化工原理课程设计为化工原理课程体系三大教学环节，化工原理实验课程作为其中最重要的实践环节，工程实践性和创新性是其典型特征，是化学工程与工艺、制药工程、应用化学、高分子材料、食品科学与工程等专业的一门必修实验课。该实践课程与化工生产实际紧密联系，具有显著的工程特点，是一门实践性很强的技术课。实验项目和内容的设置与化工原理理论课程教学内容相对应，每个实验都是对化工生产中的某一个单元操作进行训练，部分实验需要团队合作来共同完成。

通过化工原理实验课程学习，学生应达到以下目的：

① 锻炼理论联系实际的能力。根据化工原理实验的目的或任务，结合化工原理理论课程的相关内容分析实验原理，熟悉典型单元操作的工艺流程及设备的基本原理、结构及性能，验证各单元操作过程的机理、规律，巩固和强化在化工原理中所学的基本理论，锻炼理论联系实际的能力。

② 锻炼分析和解决实际问题的能力。根据化工原理实验的目的，通过学习实验原理，设计实验流程，选择实验装置，确定实验步骤，锻炼运用所学知识对实际问题进行分析以获得解决这些问题的方法和步骤的能力。

③ 培养实践动手能力。通过系列实践操作和化工常用仪器仪表的使用，掌握工程实验的一般方法和技巧，如操作条件的确定、实验操作及故障分析、实验参数的测定、实验数据的采集和处理等，锻炼动手能力。

④ 提升工程观念、创新能力和分析、解决实际工程问题的能力。通过直接接触真实设备与工艺过程，初步建立起工程的概念，更有效地学习工程实验的原理，加深对化工原理所学知识的理解，提升创新能力和综合实践能力。

⑤ 培养严肃认真的科学态度、实事求是的工作作风和从事科学研究的能力。通过化工原理实验课程中对观察实验现象能力和正确获取、处理实验数据能力的锻炼，要求根据实验现象和实验数据，用所学的知识归纳、分析实验结果，撰写实验报告，达到培养严肃认真的科学态度、树立实事求是工作作风和提高科研能力的目的。

0.2 化工原理实验课程的基本要求

化工原理实验中，学生应做好以下三个环节：实验预习、实验操作和实验报告。

0.2.1 实验预习的要求

化工原理实验不同于基础化学实验，是工程性较强的实验，具有一定的特殊性。首先，化工原理实验以实际工程问题作为研究对象，涉及的参数、变量较多，其研究方法必然不同，不能将基础化学实验的一般方法简单地套用于化工原理实验。其次，化工原理实验设备脱离了基础化学实验的小型玻璃器皿，与实际化工生产中的设备相近，整个操作过程相当于化工生产中的一个基本单元操作，所得的实验结论对化工单元操作过程、操作条件的确定及其设备的设计和选用均具有一定的指导意义。因此在进行化工原理实验操作前必须进行认真预习，了解和熟悉实验原理、设备、流程、测控点和安全要点等。

实验预习具体要求如下：

① 认真阅读实验指导书、化工原理理论课程相关内容以及相关参考书，明确实验目的、任务和要求；根据实验任务掌握实验的基本原理即理论依据；理解实验流程和实验装置的设计思路；明确实验中的关键参数和数据；拟定初步的实验方案等。

② 熟悉实际的实验装置和流程，明确测控点，了解设备及其相关仪表的类型、启动程序和调节方法，清楚操作要点和注意事项等。

③ 根据实验原理初步确定被测参数的数据范围、间隔及其取点数目，并预估实验数据的变化规律，以便使实验结果真实地反映参数之间的变化规律。

④ 认真书写预习报告，在预习报告中要明确实验任务、实验原理、实验装置及其流程示意图、实验操作步骤及注意事项；设计好原始数据记录表，标注清楚各记录物理量的名称、符号及其量纲。

0.2.2 实验操作的要求

实验操作是实验教学环节的核心，学生只有认真按要求操作才能领会单元操作设备及流程，熟悉实验过程优化的方法和步骤，分析各种实验现象产生的原因以及掌握过程控制措施，达到培养工程意识、工程素养和工程能力的目的。实验操作的具体要求如下：

① 实验前应仔细检查实验设备及其仪器仪表是否完好，对电机、风机、泵等运转设备进行检查；检查流程各种阀门，尤其是回路阀或旁通阀，应仔细检查其开启状况，按要求打开或关闭。检查无误后方可开始下一步操作。

② 实验过程中密切注意仪表示数的变化情况，并及时调节，使实验在规定的条件下进行；实验条件改变时，应该稳定一段时间后再取样或者记录数据，因化工过程的稳定需要一定时间，仪表也存在滞后现象。

③ 实验过程中应该仔细观察并记录实验现象，实验现象是实验结果的真实表现，与过程的内在规律密切相关，实验过程中切忌只顾埋头操作和记录数据而忽略实验现象。勤于观

察、善于观察是工程技术人员必备的工程素质，也是科研工作者必备的能力。

④ 实验过程中出现的异常现象或者有明显误差的实验数据需要特别关注，应在实验数据表中如实记录。并及时与团队成员和指导老师讨论，研究出现异常现象的原因，及时发现并解决问题或者对异常实验现象做出合理的解释。

⑤ 认真并及时在原始数据记录表中记录实验数据，不得事后补记，切记要保证数据可靠、真实、完整；要注意实验数据的有效数字，及时复查，以免误读和记错，一定要注明所测物理量的名称、符号和单位，否则，记录的实验数据将无实际意义或者会得出与事实不符的结论。

⑥ 实验结束关停设备时，要按操作规程关闭流量计等相关仪器设备，按规定顺序关闭水电开关，最后关闭总开关，将设备复原，整理好实验室方可离开。

0.2.3 实验报告的要求

实验报告是对实验工作和实验工作对象进行评价的主要依据，也是撰写科技论文和制订科研工作计划的重要依据和参考资料，是实验教学过程必不可少的环节，是对实践过程的全面总结和概括。撰写实验报告的过程是对实验数据加以处理，对实验现象加以分析，从中找出客观规律和内在联系的过程。实验报告的书写有一定格式和要求，化工原理实验的实验报告必须客观、真实、完整。

化工原理实验报告一般包括以下内容：

① 简洁、鲜明、准确的实验名称，要求列在实验报告最前面；

② 简明扼要的实验目的，主要表达本实验要解决什么问题；

③ 准确、充分说明实验所依据的基本原理，即实验原理，也是实验过程的理论依据，如实验涉及的基本概念，依据的重要定律、公式及其推算的重要结果；

④ 实验装置示意图和主要设备、仪表的名称及其性能参数，要求根据实际设备和流程准确画出；

⑤ 实验操作方法和安全要点，要求条理清楚，一般以改变某一组参数作为一个步骤，准备工作、开车、停车单独列出，安全要点是指容易引发危险和损坏仪器设备以及对实验结果影响较大的操作，一般以注意事项列出；

⑥ 数据记录，要求准确、真实，数据较多时，一般作为附录放在报告的后面；

⑦ 数据处理结果，一般以表和图的形式列出，这部分是实验报告的重点内容之一，数据表格要求精心设计，一般要将重要的中间计算值和最终计算结果主要列出，使其易于显示数据的变化规律及各参数的相关性；绘图要求正确选取坐标，能够更直观地表达变量之间的相互关系；

⑧ 数据整理计算过程举例，一般以某组原始数据为例，列出详细计算过程和依据；

⑨ 实验结果分析与讨论和实验结论，要求对实验方法和结果进行综合分析研究，实验结论是根据实验结果所做出的最后判断，要求从实际出发，有理论依据。

实验报告要求逻辑清楚、思路清晰，文字简明扼要，数据准确真实，图、表清晰，真实准确反映实验过程和结果。

实验结果讨论的范围限于与本实验有关的内容，具体包括：

① 从理论上对实验结果进行分析和解释，说明其必然性；

② 对实验中出现的异常现象进行分析，讨论其出现的原因和解决方法；
③ 分析误差大小和原因，以及讨论提高测量值精确度的办法；
④ 实验结果对生产实际的指导价值和意义；
⑤ 根据对实验结果的分析，提出该实验的研究展望以及对实验设备及操作方法的改进建议等。

当讨论的内容少无需另列一部分，或者几项实验结果独立性强，需要逐项进行讨论说明的时候，可将"数据整理表和图"与"实验结果分析与讨论"合并写为"结果与讨论"。

实验报告中的"操作方法与步骤"要真实反映实验操作过程，不得照搬实验指导书上的内容。

0.3 化工原理实验教学中安全意识的培养

0.3.1 强化安全意识，重视安全操作要点

在化工生产中，生产操作者的不安全行为和设备、物料等的不安全状态是导致安全事故发生的主要原因。作为化工及相关专业的学生，多掌握一分安全知识，安全保障就会多十分。化工操作人员都需要系统地掌握全面的安全生产知识及其相关理论，如工艺安全、操作安全、危险作业安全、重大危险源监控安全、危险化学品储运安全、电气设备安全、特种设备安全、公用单元安全、职业健康监护、人员密集场所消防安全等安全知识。安全第一的理念对化工企业具有十分重要的意义，因此化工原理实验教学中必须适当增加安全知识的介绍，注重培养学生的安全意识。

一般情况下，设备正常运行，出现安全事故的概率较小。化工原理实验操作过程中有时会遇到因设备故障或非规范甚至错误操作而引起的一些紧急状况，指导教师在帮助学生处理完紧急状况后，应同时以此为例，强调规范操作的必要性和重要性以及操作中的安全意识。

(1) 提高防范和排查安全隐患能力

对于化工企业，安全生产的前提是具有良好的管理制度和生产规章制度，包括安全生产规章制度、现场安全基本要求、主要工艺安全信息和基本安全要点，以及工艺过程的安全控制点、生产岗位安全操作要点、开停车安全操作要点、锅炉安全要点、压力容器安全要点、紧急处理要点、动火作业安全要点等。

在化工原理实验中，用设备进行原理演示和参数测算时，基于最大安全度的原料使用和操作提出安全操作要点，实验设备应以教学为目标，尽可能消除、预防和降低装置的危险性因素。如吸收实验利用水吸收空气中二氧化碳，空气中二氧化碳浓度较低，因此由高压气瓶提供高浓度二氧化碳与空气混合，以提高吸收推动力。但二氧化碳在水中的溶解度不高，溶液中二氧化碳浓度的测量比较困难，且少量二氧化碳在实际生产中基本不需要吸收就可排放，或者可采用稀碱液吸收，以达到更好的效果。如果改用其他工业中常见的需要吸收处理的有毒有害气体，则吸收塔的密封性不良会对学生和老师的身体产生不利影响。若用碱液吸收，则吸收过程中需要提供大量碱液，并且产生大量废液。而自来水作为吸收剂和二氧化碳

作为吸收质用来进行吸收实验，基本没有上述问题。但这样设计的实验，对于提高学生预防和排查安全隐患能力的训练不够。因此，指导教师可以适当展开讨论一些工业上常用的其他原料或危化品（如二氧化硫）的套用情况，要求学生养成在实验预习环节收集所用物料理化性质、安全使用要点等信息的习惯，从而进行工艺设计的适应性和装置的危险性评价训练，并可以进一步对装置和工艺进行优化和创新设计，提高实验装置的安全运行等级。在收集必要信息的过程中完成对学生预防和排查安全隐患能力的培养。

通过化工原理实验的训练，培养学生养成排险的习惯，使其具备排险的能力，在今后的实际工作中遇险后能够沉着应对。因此，在化工原理实验课上可以补充一些相关行业的安全操作要点、安全管理制度和规章制度作为学生的课外延伸阅读材料。

（2）提高事故应急处理能力

通过有效的应急救援行动，尽可能降低事故的后果，包括人员伤亡、财产损失和环境破坏等，是事故应急处理的总目标。而控制危险源、抢救受害人员、指导群众防护、组织群众撤离、做好现场清消等是事故应急救援的基本任务。对化工类专业的学生而言，通过实验室训练掌握消防设施使用方法、人员的疏散程序、危险化学品灭火的特殊要求、现场急救常识、有毒有害泄漏物处置方法等很有必要。

0.3.2 化工实验基本安全知识

化工原理实验实践性强，操作接近生产实际，实验过程中常常会用到易燃、易爆、腐蚀性和毒性物质，同时还会遇到高温、高压，或低温、高真空条件下的操作。此外还会涉及用水、用电、带电仪表操作等问题，实验前掌握相关实验安全知识非常重要，是有效达到实验目的的基本保证。

（1）实验室消防安全知识

实验室安全守则中强调实验室必须准备消防器材，实验人员必须熟悉消防器材的存放位置和使用方法。定期检查实验室消防器材的使用期限，并在使用期限内使用，不得用作他途。以下简单介绍实验室常用的安全器材和使用方法。

① 沙箱。实验室沙箱中的沙子一般用干燥的细河沙，且不能混有可燃物。一般用于易燃液体和其他不能用水扑灭的危险品着火。一般实验室的沙箱体积有限，只能用于扑救局部小规模的火源。

② 干粉灭火器。该类灭火器中充装磷酸铵盐干粉和作为驱动力的氮气，使用时先拔掉保险销或拉起拉环，再按下压把，干粉即可喷出。一般用于扑救固体易燃物（A类）、易燃液体、可熔化固体（B类）、易燃气体（C类）和带电器具初起火源，不得用于扑救轻金属材料火灾。使用时，顺风向接近目标火焰喷射。

③ 泡沫灭火器。泡沫灭火器由薄钢板外壳和玻璃内胆构成，胆内盛有硫酸铝50份，胆外装有碳酸氢钠溶液50份和发泡剂（甘草精）5份。实验室一般采用手提式泡沫灭火器。使用时，倒置灭火器，胆内物质发生化学反应产生的二氧化碳泡沫黏附在燃烧物表面形成与空气隔绝的薄层而达到灭火的目的。一般仅适用于实验室发生的一般小规模火灾或油类着火初期，不得用于带电设备或者线路着火的扑救，因泡沫导电会造成灭火人员触电。

④ 二氧化碳灭火器。该类灭火器钢筒内装有压缩的二氧化碳。灭火时旋开手阀，急剧

喷出的二氧化碳使燃烧物与空气隔绝,同时降低空气中的氧含量,达到灭火的目的。使用时要防止现场人员窒息。

(2) 实验室安全用电知识

化工原理实验室的电器设备较多且用电负荷较大。在接通电源之前,首先应认真检查电器设备和电路,确认设备和电路符合规定要求;其次,要掌握实验装置的开、停车操作顺序以及紧急停车的方法。以下为实验室的用电操作规定,应将此作为实验室安全规范,进入实验室的人员必须掌握。

① 实验前,利用预习,了解实验室内电源总闸和设备电源开关的位置,以便出现用电故障时能及时切断电源。

② 接触和操作电器设备要保持手上干燥。不得用湿布擦拭带电的电器设备,更不能让水喷洒或者滴落到该类设备上。不用试电笔试高压电。

③ 电器设备的检修必须停电作业。

④ 启动电机之前应先用手转动电机的轴直至能够很顺滑地转动,防止电机烧毁。

⑤ 按规定的电流标准使用保护熔断丝和保险管,不得任意加大或使用铝丝、铜丝等代替。

⑥ 电热器在通电前要清楚电加热的条件是否满足,如液位、冷却水是否打开等。电热设备不能直接放在木制实验台上,防止引起火灾。

⑦ 所有电器设备应接地线,并定期检查接地线是否良好。

⑧ 保持电线接头牢固,并用绝缘胶布包好,或者用塑料管套好。

⑨ 接通电源开关之前应检查设备的电压调节器或电流调节器所处状态,确保处于"零位"状态,以免接通电源开关时设备在较大功率下运行造成损坏。

⑩ 实验过程中发生停电,必须切断电源,防止突然供电导致电器设备损坏。

(3) 危险品安全使用知识

化工原理实验室中不仅有各种具有潜在危险的仪器设备,室内往往还相对集中地存放一定量的危险品,包括易燃易爆物品、毒性物质和易制毒化学品等。

① 易燃易爆物品。易燃易爆物品包括民用爆炸品和国家标准 GB 12268—2012《危险货物品名表》中的易燃气体,易燃液体,易于自燃的物质和遇水放出易燃气体的物质,氧化性物质和有机过氧化物等。其中,易燃液体是化工原理实验室的常见危险品。易燃液体是液体或者液体混合物,或在溶液或悬浮液中含有固体的液体,其闭杯实验闪点不高于 60℃ 或开杯实验闪点不高于 65.6℃。易燃液体还包括在运输过程中超出安全温度范围的液体。易燃液体达到一定浓度时遇明火就会着火。若在密闭容器内着火,会造成容器内超压而导致容器破裂引起爆炸。易燃液体的蒸气的密度一般比空气的密度大,挥发后常常在低洼处或靠近地面飘浮。因此,距离易燃液体贮存处相当远的地方也有可能着火且容易蔓延并回传,引燃贮存间,造成更大的危险。因此,使用和贮存这类物品时,必须严禁明火、远离电热设备,与其他危险品分开贮存。

② 毒性物质。毒性物质指经吞食、吸入或皮肤接触可能造成死亡或严重受伤或损害人类健康的物质。毒性物质根据危害程度分为剧毒物品(氰化钾等)和有毒物品(农药等)。剧毒化学品指具有非常剧烈毒性的化学品,包括人工合成的化学品及其混合物和天然毒素(蛇毒等)。使用毒性物质时应十分小心,以防中毒。实验所用的有毒物品应由专人管理,建

立购买、保存、使用档案。剧毒物品的使用与管理还必须符合国家的五双条件，即双人保管、双人领取、双人使用、双把锁、双本账。在化工原理实验室中，常见的毒性物质是压差计中的汞。汞蒸气易引起中毒，在实验装置中尽量避免使用汞，必须使用汞的压差计时则要谨慎操作，缓慢开关阀门，防止冲坏压差计。汞冲洒出来，首先要尽可能收集，不能收集的小汞滴一般用硫粉或氯化铁溶液覆盖处理。

③ 易制毒化学品。易制毒化学品指可以用于生产、制造或合成毒品的原料、配剂等化学品，包括用于制造毒品的原料前驱体、试剂、溶剂及稀释剂等。这些易制毒化学品应按规定实行分类管理。使用、贮存易制毒化学品的单位必须建立、健全易制毒化学品的安全管理制度。单位负责人负责制定易制毒化学品的安全使用操作规程，明确安全使用注意事项，并督促相关人员严格按照规定操作。落实保管责任制，责任到人，实行两人管理。管理人员需报公安机关备案，管理人员的调动需经部门主管批准，做好交接工作，并进行备案。

（4）高压气瓶安全使用知识

在化工原理实验室中常使用各种气体，需要装在高压气瓶内。气瓶主要由筒体、瓶阀、保护瓶阀的安全帽和开启瓶阀的手轮等附件构成。高压气瓶要连接减压阀和压力表。高压气瓶要经有关部门严格检验后方可使用。各类气瓶的表面都应涂上一定颜色的油漆，其目的除防锈之外，主要起到标识作用，贮存气体的种类与其表面的颜色按规定一一对应。如氧气瓶为淡蓝色，氮气瓶和空气瓶为黑色，氢气瓶为淡绿色，氨气瓶为淡黄色，二氧化碳气瓶为铝白色，氯气瓶为深绿色等。使用高压气瓶时需要注意以下几点：

① 使用高压气瓶（尤其是可燃、有毒的气体）之前，先通过感官和其他方式检查有无泄漏，可用皂液（氧气瓶不可用）等方法查漏，若有泄漏不得使用。若使用过程中发生泄漏，应先关紧总阀，交专业人员处理。

② 开启和关闭阀门应缓慢进行，以保护减压阀和仪表，操作者应侧对气体出口，在减压阀与钢瓶接口处无泄漏的情况下，应首先打开总阀，然后调节减压阀。关气时应先关总阀，放净减压阀中余气，再松开减压阀。

③ 钢瓶内气体不得用尽，压力达到 1.5MPa 时应调换新钢瓶。

④ 搬运或存放钢瓶时瓶顶应带安全帽，以防破坏阀嘴。

⑤ 钢瓶放置应稳固，不能重击或者滚落。

⑥ 禁止把钢瓶放在热源附近，应距热源 80cm 以外，钢瓶温度不得超过 50℃。

⑦ 可燃气体（如氢气、液化石油气等）钢瓶附近严禁明火。

（5）机械设备使用安全知识

由机械设备产生的危险主要是机械危险，在操作过程中要加以注意。

① 做回转运动的机械部件，常见的为联轴器、主轴、丝杠等轴类零件，回转件上一般有凸出物和开口，如手轮的手柄、轴的凸出键、螺栓或销以及圆轮上的轮辐等，在运动时要注意防止头发、饰物、衣带等被卷绕和绞缠造成人员伤害。

② 做往复直线运动的零部件，如相向运动的两部件之间，运动件与静止部分之间由于安全距离不够产生的夹紧易造成对操作人员的挤压伤害；直线运动还会造成冲撞；横向运动或垂坠运动还会引起剪切等伤害。

③ 要注意机械设备的尖棱、立角、锐边等锐利部分产生的切割；注意粗糙表面产生的

擦伤以及机械结构上的凸出和悬挂部分,如支腿、吊杆等造成的戳伤等。

0.3.3 实验室环保操作知识

要注意化工原理实验室的环境,一定要按实验室环保操作规范操作。

① 处理"三废"时,一般需要戴上防护眼镜和橡胶手套,必要时还需要穿上防毒服装。处理有刺激性和挥发性废液时,要戴上防毒面具,在通风橱内进行。

② 接触过有毒物质的器皿、滤纸、试纸等要收集后集中处理。

③ 废液应根据物性的不同分别集中在废液桶内,贴上标签,以便集中处理。集中废液时要注意有些废液不能混合,如盐酸等挥发性酸与不挥发性酸、铵盐与挥发性胺或碱、过氧化物与有机物等。

④ 严禁在实验室内进食,离开实验室要洗手,如面部或身体被污染,必须及时清洗。

⑤ 实验室内需采用通风、排毒和隔离等安全环保措施。

第一篇
化工原理实验基础

第1章
实验研究与设计方法

1.1 实验研究方法

化工原理实验不同于有机化学等四大基础化学实验，后者研究的对象通常是简单的、基本的甚至是理想的，所以采用的方法通常为理论的、严密的，而化工原理实验的研究对象为较为复杂的实验问题和工程问题。因研究对象不同，其研究方法必然不一样，化工原理实验相对于基础化学实验而言，主要困难在于变量多，涉及的物料种类众多，设备大小不一。化学工程学科，除了对生产经验进行总结外，实验研究是学科建立和发展的重要基础。化工原理的主要研究方法包括直接实验法、量纲分析法、数学模型法、当量法等。

1.1.1 直接实验法

直接实验法是处理工程实际问题的基本方法之一。化工单元操作过程一般是在设备内部进行的，由于设备几何边界的复杂性以及在设备内处理的物系的性质也各不相同，对某些复杂过程，研究者无从得知其内部规律而又必须了解各变量对过程产生何种影响时，一般只能依靠实验进行测定，得到需要的结果。这种测量结果较为可靠，但它一般只适用于与实验条件相同或相近的情况，具有较大的局限性。例如物料干燥，已知物料的湿分，以空气为干燥介质，在空气温度、湿度和流量一定的条件下，直接通过实验测定干燥时间和物料失水量，可以做出该物料的干燥曲线。不同的物料或者相同的物料在不同的干燥条件下得到的干燥曲线是不一样的。

对受多因素影响的工程问题，往往采用网格法设计实验来研究过程的规律，即改变某一变量而其他变量均不变测定目标值。实验的结果也只能反映过程的外部联系规律，而过程的内部规律则无法了解清楚，如同"黑箱"一样，因此这种方法又通常称为"黑箱法"。实验如果必须考虑到各种尺寸的设备和各种不同的物料，所需要的实验次数太多，实验结果不再具备指导意义。因此，必须建立实验研究的方法论，以使实验结果能在设备尺寸上由小见大，能在物料品种上由此及彼。所以，实验需要在一定理论指导下进行，以减少实验次数，并使得到的实验结果具有一定的普遍性。

1.1.2 量纲分析法

量纲分析法所依据的基本理论是量纲一致性原则和白金汉（Buckingham）的 π 定理。量纲一致性原则即为凡是根据基本物理规律导出的物理量方程，其中各项的量纲必然相同。π 定理认为量纲分析所得到的独立的量纲数群个数等于变量数与基本量纲数之差。将多变量函数整理为简单的无量纲数群（又称特征数）之间的函数，然后通过实验归纳整理出无量纲数群之间的具体关系式，可以大大减少工作量的同时，也容易将实验结果应用到工程计算和工程设计中。

量纲分析法的具体步骤为：①找出影响过程的独立变量；②确定独立变量所涉及的基本量纲；③构造变量和自变量之间的函数式，通常以指数方程的形式表示；④用基本量纲表示所有独立变量的量纲，并写出各独立变量的量纲式；⑤依据物理方程的量纲一致性原则和 π 定理得到准数方程；⑥通过实验归纳总结准数方程的具体函数式。

需要特别注意的是，应用量纲分析法虽然可减少变量而简化实验，但必要前提是正确地列出有关变量。若遗漏了重要的变量，将使无量纲化后的待求函数形式无法符合实验数据，从而无法得到可靠的关联式，反之，如果列入了无关的变量，就会增加不必要的实验工作量。对影响变量较多的复杂过程，即使采用无量纲化，实验工作量仍十分巨大，处理这类问题时，需要探究新的方法。

1.1.3 数学模型法

数学模型法也是处理工程实际问题的有效方法之一。数学模型法第一步是将复杂真实的过程简化成易于用数学方程式描述的物理模型；第二步是对所得到的物理模型进行数学描述，即建立数学模型；最后通过实验对数学模型的合理性进行检验并测定模型参数。

由此可见，紧紧抓住过程的特征和研究目的这两方面的特殊性是数学模型法的精髓。对具体问题进行具体分析，即对不同的过程、不同的研究目的做出不同的简化。决定数学模型法成败的关键是通过对复杂过程进行合理简化能否得到一个可用数学方程式表示而又不失真的物理模型。充分、深刻地理解过程的内在规律，特别是过程的特殊性，是做到这一点的必要前提。只有充分地认识了过程的特殊性并根据特定的研究目的加以利用，才有可能对真实的复杂过程进行大幅度简化，同时在指定的某一侧面保持等效。数学模型法不能摆脱实验，最后还要通过实验检验物理模型的合理性并测定模型参数。

化工原理中对滤液进行滤饼压降的数学模型化处理是数学模型法应用于工程实际的典型例子。

1.1.4 当量法

在化工原理中,将圆管内流动的研究结果推广应用于非圆管内的流动时,引入了当量直径的概念,将直管内流动阻力的研究结果推广应用于局部阻力时,引入了当量长度(或有效长度)的概念。这是工程上采用已有的研究成果对复杂问题做近似处理时常用的方法。当量法的结果并不十分准确,只能得到近似的结果。当面对复杂的工程实际问题时,从解决问题的角度出发,不去苛求方法的准确度而求其简捷和实用的当量法是常用的研究方法。

1.2 实验设计方法

实验设计方法主要讨论如何合理地安排实验以及实验所得的数据如何分析等,属于数理统计学的一个重要分支。数理统计方法大多用于分析已经得到的数据,而实验设计却是用于决定数据收集的方法。实验设计就是根据已确定的实验内容,拟定一个具体的实验安排表以及确定一个对实验所得数据进行分析的方法。化工原理实验通常涉及多个变量,每个变量有不同的范围,如何安排和组织实验,用最少的实验获得最有价值的实验结果,是实验设计的核心内容。

实验设计方法常用的相关术语有实验指标、因素和水平等。

实验指标是指在实验中用来衡量实验效果的指标,如产量、转化率和纯度等。因素是指作为实验研究过程的自变量,常常影响实验指标按某种规律发生变化的因素,如温度、压力、流量等,常用 A、B、C 等表示。所谓水平是指实验中因素所处的具体状态或条件,常用 A_1、A_2、A_3 等表示。如,温度为影响因素,温度的不同取值,如 40℃、60℃、80℃ 等即因素的水平。

化工原理实验中常用的设计方法有完全随机设计(单因素设计)法、析因设计法、正交实验设计法和均匀实验设计法等,下面进行简要介绍。

1.2.1 完全随机设计法

完全随机设计法又称单因素设计法,即将实验对象按完全随机化的原则分配至两个或多个处理组去进行实验观察,保持其他因素不变,仅考虑某一个因素即处理因素发生变化的实验结果。该方法具有操作简单、应用广泛、设计和统计分析方法简便易行的优点,且各组实验例数可相等也可以不等,各组实验例数相等时检验效能最高。该法的缺点表现为:效率低,只能分析一个因素的效应而得出一个结论;没有考虑个体之间的差异,因而要求观察对象要有较好的同质性,否则需要扩大样本含量。

1.2.2 析因设计法

析因设计法又称为全面搭配法,是将两个或多个因素的各水平交叉分组进行实验的设计方法。析因设计法不仅可检验各因素内部不同水平间有无差异,还可检验两个或多个因素间是否存在交互作用。析因设计时,考虑的因素数和水平数不宜过多,一般因素数不超过 4,

水平数不超过 3。设计的实验组数等于因素数和水平数的乘积。该法的优点在于不仅能分析各因素内部不同水平间有无差别,还可分析各因素间的交互作用。与正交实验设计相比,析因设计属于全面实验设计,因此,研究的因素个数和因素的水平数不宜过多是该法的缺点。

1.2.3 正交实验设计法

用正交表安排多因素实验的方法,称为正交实验设计法,其有三个显著特点:①完成实验要求所需的实验次数少;②数据点的分布很均匀;③可用相应的极差分析方法、方差分析方法、回归分析方法等对实验结果进行分析,得出许多有价值的结论。

例如,某化工厂想提高某化工产品的质量和产量,对工艺中三个主要因素各按三个水平进行实验(表 1-1)。实验的目的是提高合格产品的产量,寻求最适宜的操作条件。

表 1-1 因素水平

水平	因素 符号	温度/℃ T	压力/Pa p	加碱量/kg m
1		$T_1(80)$	$p_1(5.0)$	$m_1(2.0)$
2		$T_2(100)$	$p_2(6.0)$	$m_2(2.5)$
3		$T_3(120)$	$p_3(7.0)$	$m_3(3.0)$

该实例若采用析因设计法设计实验,其设计方案如图 1-1 所示。此方案数据点分布的均匀性极好,因素和水平的搭配十分全面,唯一的缺点是实验次数多达 $3^3=27$ 次(指数 3 代表 3 个因素,底数 3 代表每个因素有 3 个水平)。因素、水平数愈多,则实验次数就愈多,例如做一个 6 因素 3 水平的实验,就需 $3^6=729$ 次实验。

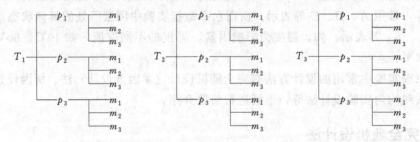

图 1-1 析因设计法方案

正交实验设计法是用正交表来安排实验的。对于上面例子适用的正交表是 $L_9(3^4)$,其实验安排见表 1-2。所有的正交表与 $L_9(3^4)$ 正交表一样,都具有两个特点。其一,在每一列中,各个不同的数字出现的次数相同。在正交表 $L_9(3^4)$ 中,每一列有三个水平,水平 1、2、3 都是各出现 3 次。其二,表中任意两列并列在一起形成若干个数字对,不同数字对出现的次数也都相同。在表 $L_9(3^4)$ 中,任意两列并列在一起形成的数字对共有 9 个,即 (1,1),(1,2),(1,3),(2,1),(2,2),(2,3),(3,1),(3,2),(3,3),每一个数字对也各出现一次。这两个特点称为正交性。正交表的上述特点保证了实验方案中因素水平是均衡搭配的,数据点也是均匀分布的。因素、水平数愈多,运用正交实验设计法,愈能显示出其优越性,如 6 因素 3 水平实验,用正交表 $L_{27}(3^{13})$ 来安排,只需安排 27 次实验。

表 1-2　$L_9(3^4)$ 正交实验安排表

实验号	列号 因素 符号	1 温度/℃ T	2 压力/Pa p	3 加碱量/kg m	4
1		$1(T_1)$	$1(p_1)$	$1(m_1)$	1
2		$1(T_1)$	$2(p_2)$	$2(m_2)$	2
3		$1(T_1)$	$3(p_3)$	$3(m_3)$	3
4		$2(T_2)$	$1(p_1)$	$2(m_2)$	3
5		$2(T_2)$	$2(p_2)$	$3(m_3)$	1
6		$2(T_2)$	$3(p_3)$	$1(m_1)$	2
7		$3(T_3)$	$1(p_1)$	$3(m_3)$	2
8		$3(T_3)$	$2(p_2)$	$1(m_1)$	3
9		$3(T_3)$	$3(p_3)$	$2(m_2)$	1

在化工生产中，因素之间常有交互作用。如果上述因素 T 的数值和水平发生变化时，实验指标随因素 p 变化的规律也会发生变化，相反地，因素 p 的数值和水平发生变化时，实验指标随因素 T 变化的规律也发生变化。这种情况称为因素 T、p 间有交互作用，记为 $T \times p$。

使用正交设计法进行实验方案的设计，就必须用到正交表。正交表请查阅附录一。各列水平数均相同的正交表，也称单一水平正交表。这类正交表名称的写法举例如下：

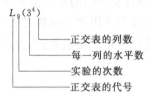

各列水平均为 2 的常用正交表有：$L_4(2^3)$，$L_8(2^7)$，$L_{12}(2^{11})$，$L_{16}(2^{15})$，$L_{20}(2^{19})$，$L_{32}(2^{31})$。各列水平数均为 3 的常用正交表有：$L_9(3^4)$，$L_{27}(3^{13})$。各列水平数均为 4 的常用正交表有：$L_{16}(4^5)$。各列水平数均为 5 的常用正交表有：$L_{25}(5^6)$。

各列水平数不相同的正交表，叫作混合水平正交表。一个混合水平正交表名称的写法如下：

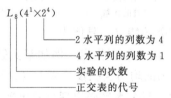

在实验指标、因素和水平确定后，正交实验设计按如下步骤进行。

① 列出因素水平表，即以表格的形式列出影响实验指标的主要因素及其对应的水平，所考虑的因素可以是定量的，也可以是定性的。每个因素的水平一般以 2~4 个水平为宜，水平的间距应根据专业知识和已有的资料来确定。

② 选用正交表。因素、水平一定时，选用正交表时应考虑实验的精度要求、实验工作量及实验数据处理三个方面。一般选用原则为：a. 先看水平数。若各因素全是 n 水平，就选用 $L(n^*)$ 表；若各因素的水平数不相同，就选择适用的混合水平表。b. 看所选的正交表的大小，如果正交表能容纳所考虑的因素和交互作用，则每一个交互作用在正交表中应占一列或两列，至少留一个空白列，作为误差列，以便对实验结果进行方差分析或回归分析，

在极差分析中误差列作为其他因素列处理。c. 看实验精度的要求。若实验精度要求高，则宜取次数多的 L 表。d. 看实验条件好坏。若实验费用昂贵，或经费比较紧张，或人力和时间有限，则宜选实验次数较少的 L 表。e. 按原来考虑的因素、水平和交互作用选择正交表，若无正好适用的正交表可选，则需要适当修改原定的水平数。f. 对某因素或某交互作用的影响不确定的情况下，L 表究竟是选大表还是选小表视条件而定，若条件许可，应尽量选用大表，让影响存在的可能性较大的因素和交互作用各占适当的列。某因素或某交互作用的影响是否存在，在方差分析进行显著性检验时再做结论，以达到减少实验的工作量而不至于漏掉重要信息的目的。

③ 设计表头。设计表头就是将各因素和交互作用正确地安排在正交表的相应列中。安排因素的顺序是先安排涉及交互作用多的因素，再安排两者的交互作用列，最后安排不涉及交互作用的因素。交互作用列的位置可根据所选用的正交表的两列间相互作用来确定。

④ 制定实验安排表。根据表头设计结果，把各因素水平的具体数值填入表中，形成一个具体的实验安排表。

⑤ 进行实验。根据实验安排表进行实验，每一行代表一个实验条件，操作时只考虑因素的具体取值，不考虑交互作用列和空列的取值。交互作用和空列仅用于数据处理和结果分析。

⑥ 对实验结果进行分析。正交设计实验法的实验结果分析有两种方法，即极差分析法和方差分析法。通过这两种分析方法可以得到各因素（包括交互作用）对实验指标影响程度的大小、实验指标随各因素取不同水平时的变化趋势、最优操作条件以及进一步的实验方向。

1.2.4　均匀实验设计法

均匀实验设计法是单纯地从考虑数据点分布的均匀性角度提出的实验设计方法。该法利用均匀设计表来安排实验，所需的实验次数比正交实验设计法还要少。

均匀设计表名称的表示方法及其意义为：

$$U_n(t^q)$$

均匀设计表的代号　　表的列数
实验的次数　　每列的水平数

均匀实验设计法具有一些显著的特点，具体为：

① 实验工作量更少，这是该法的显著优点。例如某实验要考察 4 个因素的影响，每个因素 5 个水平，可以用表 1-3 所示的均匀实验设计表 $U_5(5^4)$ 来安排实验，只需进行 5 次实验。由该表可知在表的每一列中，每个水平必出现且只出现一次，这是实验次数明显减少的主要原因。

表 1-3　均匀设计表 $U_5(5^4)$

实验号	列号			
	1	2	3	4
1	1	2	3	4
2	2	4	1	3
3	3	1	4	2
4	4	3	2	1
5	5	5	5	5

② 因素安排在均匀实验设计表中的哪一列需要根据实验中要考察的实际因素数，依照附在每一个均匀实验设计表后的使用表来确定。

③ 均匀实验设计法需用回归分析法来处理实验数据，不能像正交实验设计法用方差分析法处理数据。

④ 在均匀实验设计中，随水平数的增加，实验次数只有少量的增加，如水平数从9增加到10时，实验次数也从9增加到10。一般因素的水平数大于5时，适宜选择均匀实验设计法。

第 2 章
实验数据采集、误差分析与处理

除了生产经验之外，实验研究是化学工程学科建立和发展的基础。实验研究过程的主要成果是通过实验测量得到的大量数据，但由于测量仪表和实验者操作等方面的原因，实验数据总存在一些误差。为了通过对实验数据进行处理和分析而得出正确实验结论，首先应对实验数据的可靠性进行客观评定。

误差分析就是对实验数据的精确度进行客观评定。通过误差分析，可以认清误差的来源及其影响因素，据此设法消除或减小误差，提高实验数据的精确度。对实验误差进行分析和估算，对评判实验结果和设计方案具有十分重要的意义。正确进行误差分析，首先要搞清楚误差的基本概念与估算方法。

2.1 实验数据的采集

测量是采用实验的方法获得被测量值的过程。根据获得测量结果的途径，测量可分为直接测量和间接测量。前者是用测量量具或测量仪器直接给出被测物理量的量值过程。如用温度计测量温度、用尺子测量长度、用量筒取液体的体积等。直接测量是实现物理量测量的基础，在实验过程中应用十分广泛。间接测量是通过直接测量和必要的数学运算才能得到被测物理量值的过程，如孔板流量计测量流体体流量，需要测量流体的温度、压力和压差，通过计算才能得到。化工原理实验中多数物理量的测量值是通过间接测量获得的。实验需进行大量的数据测定工作，正确测定实验数据直接关系到实验结果的可靠性。

2.1.1 测量参数和实验点的选择

为了保证实验获得正确的结果和正确的结论，在实验过程中，正确选择需要测量的参数和实验点的适宜分布十分重要。实验时应选择与研究对象相关的独立变量，如实验介质的温度、压力、组成及流量等。

正确选择实验点是实验数据在处理过程中正确地反映各变量间的关系或在标绘成图形时分布合理的基本保证。通常变量间为线性关系时，实验点可以均匀分布。在对数坐标中呈线性关系的，其对数值均为均匀分布，若按其真数设计实验点，则应随其数值增大而加大间隔。若变量间存在非线性关系，则应随实验进程进行观察，当数据变化缓慢时，应加大取点间隔，若变化较大时，则应减小数据点间隔，以正确反映变化过程中的转折点。

2.1.2 数据的读取

(1) 有效数据的读取

实验中，无论是通过直接测量获得的数据还是通过间接计算得到的实验数据，有效数字位数的选择都十分重要。直接测量值的有效数字的位数取决于测量仪器的精度，一般有效数字的位数可以保留到测量仪器的最小刻度后一位，即估读数字。例如长度测量中标尺的最小分度为 1mm，其读数可到 0.1mm，如 35.6mm，最后一位为估读数字，其余为准确数，有效数字为三位。间接测量获得数据的有效数字的位数与用于计算的直接测量数据的有效数字的位数有关。有效数字的位数决定实验数据的准确度，与仪器仪表的精度有关，即实验数据的有效数字需同时反映仪表的准确度和存疑数字位置。

(2) 数据读取注意事项

化工原理实验中，对于稳态实验过程，一定要达到稳态条件才能读取数据，否则读取的数据与其他数据不具备真实的对应关系，如传热过程的温度的读取等。对于非稳态过程实验，按照实验过程规划好的时间读取瞬时数据即可，如流体流动过程中的流量与压力的测量等。

读取数据时，要注意仪表的量程、分度单位等，一定要按正确的方法读取数据。一般在一定的条件下读取两次以上，达到减小误差和自检的目的。实验数据要记录在实验预习报告中设计好的数据记录表中，不得随意记在其他地方，要字迹清楚、避免涂改，并注明单位。对所读取的数据要运用所学的知识，分析预判其趋势是否正确。若测量的数据明显不合理，要及时分析原因，及时采取措施改正。另外，要根据数据处理过程检查是否有漏读数据。

(3) 有效数字的计算规则

测量的精度通过有效数字的位数来表示，有效数字的位数是除定位用的"0"以外的其余数位，用来指示小数点位数和定位用的"0"不是有效数字。例如 30cm 和 30.00cm，前者有效数字的位数是 2 位，后者有效数字的位数是 4 位，而 0.030cm 尽管有 4 位数字，但有效数字的位数是 2 位。采用科学计数法表示数字时，先将有效数字写出，在第一位有效数字后面加上小数点，并用 10 的整数次幂表示数值的数量级。例如，891000 的有效数字的位数为 4 位，可以写成 8.910×10^5，若只有 3 位有效数字，则应写成 8.91×10^5。

在数字计算过程中，确定有效数字位数后，通常将最后一位有效数字后边的第一位数字采用"四舍五入"的计算规则，如有效数字的位数为 4 位，则 12.374 取为 12.37，而 12.375 则要取为 12.38。在一些精度要求较高的场合，则采取"四舍六入，遇五则偶舍奇入"的计算规则，即：舍去末尾有效数字后的第一位数字小于 5 的数；末尾有效数字后的第一位数字若大于 5，则将末尾有效数字加上 1；若末尾有效数字后的第一位数字等于 5，则由末尾有效数字的奇偶而定，当其为偶数或 0 时，则不变，为奇数时，则加上 1。若有效数字为 4 位，则 15.564 取为 15.56，15.566 则取为 15.57，而 15.565 则只能取为 15.56。

在数据计算过程中，所得数据的位数会超过有效数字的位数，此时需要将多余的数字舍去，其运算规则如下：

① 对于加减法运算，各数所保留的小数点后的位数，与各数小数点后的位数最少的相一致，运算结果也与位数最少的保持一致。如将 10.56、0.0096、1.578 三个数相加，应写成 $10.56+0.01+1.58=12.14$。

② 对于乘除法运算，各数所保留的位数与原来各数中有效数字位数最少的那个数一致，所得结果的有效数字位数也与原来各数中有效数字位数最少的那个数相同。如将 2.346、1.0078、25.6 三个数相乘，应写成 2.35×1.01×25.6=60.8，保留三位有效数字。

③ 对数计算中，所取对数有效数字位数与真数的有效数字位数相同，如 ln23.0=3.14。

④ 对非直接测量值的有效数字计算时还需注意：a. 参加运算的常数 π、e 的数值以及某些因子如 $\sqrt{2}$、$\frac{1}{3}$ 等的有效数字位数的取法，一般取决于计算所用原始数据的有效数字的位数。若参与计算的原始数据的有效数字位数最多的是 n 位，则上述常数有效数字的位数一般取 $n+2$ 位，避免常数的引入造成更大的误差。工程上，大多数情况下可对这些常数取 5～6 位有效数字。b. 在数据运算过程中，为兼顾结果的精度和运算的方便，工程上一般所有中间运算结果取 5～6 位有效数字。c. 表示误差大小的有效数字一般取 1～2 位有效数字。由于误差提供了数据准确程度的信息，为避免预测误差过小，在确定误差的有效数字时，将保留数字末位加 1，以使给出的误差值大一些。

2.2 实验数据误差分析

测量是研究人员认识研究对象本质的必要手段。通过测量和实验，研究人员能获得研究对象定量的概念并发现研究对象的规律性。测量就是用实验的方法将被测物理量与所选用作为标准的同类量进行比较从而确定被测物理量大小的过程。受实验方法和实验设备的不完善、环境因素的影响，以及操作人员的观察力、测量程序等因素的限制，实验测量值和真值之间总会存在差异。一个近似值的准确程度常用绝对误差、相对误差来说明。

2.2.1 误差的基本概念

为评判实验数据的精确度或准确度，分析误差的来源及其影响因素，需要对实验的误差进行分析和讨论，由此判定影响实验精确度的主要因素。通过改进实验方案，缩小实验测量值和真值之间的差值，达到提高实验的精确度的目的。为正确分析与讨论实验的误差，首先需要清楚一些关于实验误差的基本概念。

(1) 真值与平均值

真值是待测物理量客观存在的确定值，也称理论值。通常真值是客观存在但无法测得的。若在实验中，测量的次数无限多时，根据误差的分布定律，正负误差出现的概率相等而相互抵消，再细致地消除系统误差，将众多的测量值加以平均，可以获得非常接近于真值的数值。但是实际上实验测量的次数总是有限的，不可能无限多，用有限测量值求得的平均值只能是近似真值，常用的平均值有下列几种：

① 算术平均值。算术平均值是最常用的一种平均值。设 $x_1, x_2, \cdots, x_n$ 为各次测量值，n 代表测量次数，则算术平均值的算法为

$$\bar{x} = \frac{x_1 + x_2 + \cdots + x_n}{n} = \frac{\sum_{i=1}^{n} x_i}{n} \tag{2-1}$$

② 几何平均值。几何平均值是将一组 n 个测量值的乘积开 n 次方求得的平均值。即

$$\bar{x}_{\text{几}} = \sqrt[n]{x_1 x_2 \cdots x_n} \tag{2-2}$$

③ 平方平均值。平方平均值又称均方根，即为将一组 n 个测量值的平方值取平均值后再开方所得到的平均值，其计算式为

$$\bar{x}_{\text{均}} = \sqrt{\frac{x_1^2 + x_2^2 + \cdots + x_n^2}{n}} = \sqrt{\frac{\sum_{i=1}^{n} x_i^2}{n}} \tag{2-3}$$

④ 对数平均值。在化学反应、热量和质量传递中，许多测量值的分布曲线具有对数的特性，此时表征平均值常用对数平均值。设两个量 x_1、x_2，其对数平均值为

$$\bar{x}_{\text{对}} = \frac{x_1 - x_2}{\ln x_1 - \ln x_2} = \frac{x_1 - x_2}{\ln \dfrac{x_1}{x_2}} \tag{2-4}$$

一般情况下，变量的对数平均值总小于算术平均值。当 $x_1/x_2 \leqslant 2$ 时，可以用算术平均值代替对数平均值。当 $x_1/x_2 = 2$，$\bar{x}_{\text{对}} = 1.443 x_2$，$\bar{x} = 1.50 x_2$，$(\bar{x}_{\text{对}} - \bar{x})/\bar{x}_{\text{对}} = 4.2\%$，即 $x_1/x_2 \leqslant 2$，引起的误差不超过 4.2%。

选用上述平均值的一个基本原则是要从一组测定值中找出最接近真值的那个值。在化工原理实验中，数据的分布多呈正态分布，通常采用算术平均值。

(2) 误差的分类

在实验测量时，因条件、方法和实验仪器精度等的限制以及实验人员技术水平和经验等原因，测量值与真值之间必然会存在一定的差异。测量值 x 与真值 T_x 的差值称为测量误差 δ，简称误差，即

$$\delta = x - T_x \tag{2-5}$$

误差在任何测量中都不可避免地存在，不可能完全消除。因此，一个完整的测量结果包括测量值和误差两部分。为使测量尽可能接近真值，只能最大限度地减小测量误差并估算出误差的范围。要想最大限度地减小测量误差并估算误差范围，首先必须了解误差产生的原因及其性质。根据误差产生的原因和性质，一般将其分为三类：

① 系统误差。系统误差是指在实验和测量中由未可知因素所引起的误差，这些因素对测量或实验结果的影响始终朝一个方向偏移，其大小及符号在同一组实验测定中完全相同，在实验或者测量条件一定的条件下，系统误差就存在一个客观上的恒定值。通过改变实验条件进行实验或测量，就能发现系统误差的变化规律。

系统误差产生的原因：测量仪器设备不良，如刻度不准、仪表零点未校正或标准表存在偏差等；实验室或测量设备的环境改变，如温度、压力、湿度等偏离校准值；实验操作人员的操作习惯和偏向，如读数偏高或偏低等引起的误差。分别校正仪器的偏差、外界条件变化的影响、个人的偏向，系统误差是可以清除的。

减小系统误差是实验操作技能问题，可以采取各种措施将它减小到最低程度。例如将仪器设备进行校正和校准，优化实验方法或者在计算公式中加入修正因子以消除某些因素对实验结果的影响，纠正实验操作人员的不良操作习惯等。

识别或降低系统误差与实验者的经验和实际知识有密切的关系。实验操作人员通过实验训练逐步积累这方面的感性知识，结合实验的具体情况对系统误差进行分析和讨论。因化工

原理实验项目一般在设计实验仪器和实验原理部分时,系统误差已被减小到最小程度,不要求学生对实验系统进行修正。

② 随机误差。系统误差减小到最小程度之后,在相同条件下,对同一物理量进行多次重复测量,测量值依然会出现一些起伏,且测量值误差的数值和符号随机变化,这种误差称为随机误差。随机误差主要源于实验人员视觉、听觉和触觉等感觉能力的限制以及实验环境偶然因素的干扰。如温度、湿度、电压的变化,气流波动以及仪器设备震动等因素的影响。单一测量值的数值带有随机性,似乎混乱无序,但测量次数足够多时,会发现随机误差实际遵循一定的统计规律,可以用概率理论进行估算。

③ 过失误差。过失误差是明显与事实不符的误差,主要是由实验人员粗心大意、过度疲劳和操作不当等引起的,过失误差常导致测量结果异常甚至完全不正确。这种误差无规则可寻,主要靠实验人员加强责任感、细心操作来加以避免。克服因过失误差引起的测量错误,首先要求端正工作态度,严格工作方法,再用与其他测量结果相比较的办法发现并纠正,或者采用异常数据剔除准则来判别因过失而引入的异常数据,并加以剔除。

(3) 正确度、精密度和准确度

常用来评价测量结果优劣的术语有正确度、精密度和准确度等。

正确度是指实验测量值与真值的接近程度。测量结果正确度高,则说明测量值接近真值程度高,即系统误差小。因此,测量结果的正确度实际上反映系统误差大小。

精密度是指重复测量所得实验结果相互接近的程度。测量结果精密度高,说明数据重复性好,测量误差的分布密集,即随机误差小。可见,测量结果的精密度反映随机误差大小。

准确度是指综合评定测量结果重复性与接近真值的程度。测量值的准确度高,表明精密度和正确度都高。可见,测量结果的准确度反映了随机误差和系统误差的综合效果。

一般在实验中,系统误差通过设备的调试与校准已被减小到最小程度,所以,实验结果的误差计算主要是估算随机误差,不再严格区分精密度和准确度,而统称为精度。

(4) 误差的表示方法

误差有绝对误差和相对误差之分。绝对误差$\pm \Delta x$表示测量结果x与真值T_x之间的差值以一定的概率出现的范围,即真值以一定概率出现在$x-\Delta x$至$x+\Delta x$区间内。仅根据绝对误差的大小只能判断真值出现的范围,难以评价测量结果的可靠程度。评价测量结果的可靠程度还需要看测量值本身的大小,为此引入相对误差的概念。相对误差用符号E表示,表示绝对误差在整个物理量中所占的比重,一般用百分数表示,其定义式可表示为

$$E = \frac{\Delta x}{T_x} \approx \frac{\Delta x}{x} \times 100\% \qquad (2-6)$$

例如,一个长度测量值是1000m,而绝对误差为1m,真值的范围为999~1001m;另一个长度测量值为100cm,而绝对误差为1cm,其真值的范围为99~101cm。此时,后者的相对误差为1%,前者的相对误差为0.1%,所以,前者测量结果的可靠性优于后者,虽然前者的绝对误差要远远大于后者的绝对误差。

如果待测量的理论值已知,也可定义百分差表示测量结果的好坏,百分差的定义式为

$$百分差 E_0 = \frac{|测量值\ x - 理论值\ x'|}{理论值\ x'} \times 100\% \qquad (2-7)$$

绝对误差、相对误差和百分差通常只取1~2位有效数字来表示。

2.2.2 误差传递公式

如前所述,直接测量不可避免地存在误差值,而间接测量值需由直接测量值根据一定的函数关系经过运算而得到,也必然有误差存在。估算间接测量值误差的实质是要解决一个误差传递的问题,即求得估算间接测量值误差的公式,称之为误差传递公式。

(1) 误差的一般传递公式

设待测量 N 为 n 个独立的直接测量值 x_1, x_2, x_3, ⋯, x_n 的函数,即

$$N = f(x_1, x_2, x_3, \cdots, x_n) \tag{2-8}$$

若各直接测量值的绝对误差分别为 Δx_1, Δx_2, Δx_3, ⋯, Δx_n,则间接测量值 N 的绝对误差为 ΔN。将式(2-8)求全微分,得

$$dN = \frac{\partial f}{\partial x_1} dx_1 + \frac{\partial f}{\partial x_2} dx_2 + \frac{\partial f}{\partial x_3} dx_3 + \cdots + \frac{\partial f}{\partial x_n} dx_n \tag{2-9}$$

Δx_1, Δx_2, Δx_3, ⋯, Δx_n 相对于 x_1, x_2, x_3, ⋯, x_n 是很微小的量,将式(2-9)中的 $dx_1, dx_2, dx_3, \cdots, dx_n$ 分别用 Δx_1, Δx_2, Δx_3, ⋯, Δx_n 代替,则

$$\Delta N = \frac{\partial f}{\partial x_1} \Delta x_1 + \frac{\partial f}{\partial x_2} \Delta x_2 + \frac{\partial f}{\partial x_3} \Delta x_3 + \cdots + \frac{\partial f}{\partial x_n} \Delta x_n \tag{2-10}$$

由于 Δx_1, Δx_2, Δx_3, ⋯, Δx_n 为各测量值的绝对误差,其正负号不定,因此式(2-10)右端各项分误差的正负号也不定,最不利的情况就是各项分误差将累加,即将上式右端各项分别取绝对值相加,即

$$\Delta N = \left| \frac{\partial f}{\partial x_1} \right| \Delta x_1 + \left| \frac{\partial f}{\partial x_2} \right| \Delta x_2 + \left| \frac{\partial f}{\partial x_3} \right| \Delta x_3 + \cdots + \left| \frac{\partial f}{\partial x_n} \right| \Delta x_n \tag{2-11}$$

很明显,如此处理必然导致测量结果误差偏大,但在实际工程设计中又常常必须这样处理。相对误差为

$$E = \frac{\Delta N}{N} = \frac{1}{f(x_1, x_2, x_3, \cdots, x_n)} \left(\left| \frac{\partial f}{\partial x_1} \right| \Delta x_1 + \left| \frac{\partial f}{\partial x_2} \right| \Delta x_2 + \left| \frac{\partial f}{\partial x_3} \right| \Delta x_3 + \cdots + \left| \frac{\partial f}{\partial x_n} \right| \Delta x_n \right)$$
$$\tag{2-12}$$

式(2-11)和式(2-12)称为误差的一般传递公式,或称为误差的算术合成。根据以上两式计算出的常用误差传递公式列在表 2-1 中。

表 2-1 几种常用的误差传递公式

函数关系	误差的一般传递公式	标准误差传递公式
$N = A + B$ 或 $N = A - B$	$\Delta N = \Delta A + \Delta B$	$\sigma_N = \sqrt{\sigma_A^2 + \sigma_B^2}$
$N = AB$ 或 $N = A/B$	$\frac{\Delta N}{N} = \frac{\Delta A}{A} + \frac{\Delta B}{B}$	$\frac{\sigma_N}{N} = \sqrt{\left(\frac{\sigma_A}{A}\right)^2 + \left(\frac{\sigma_B}{B}\right)^2}$
$N = KA$	$\Delta N = k A$	$\sigma_N = k \sigma_A$
$N = \frac{A^p B^q}{C^r}$	$\frac{\Delta N}{N} = p \frac{\Delta A}{A} + q \frac{\Delta B}{B} + r \frac{\Delta C}{C}$	$\frac{\sigma_N}{N} = \sqrt{\left(\frac{p \sigma_A}{A}\right)^2 + \left(\frac{q \sigma_B}{B}\right)^2 + \left(\frac{r \sigma_C}{C}\right)^2}$
$N = \sqrt[p]{A}$	$\frac{\Delta N}{N} = \frac{1}{p} \times \frac{\Delta A}{A}$	$\frac{\sigma_N}{N} = \frac{1}{p} \times \frac{\sigma_A}{A}$
$N = \sin A$	$\Delta N = |\cos A| \Delta A$	$\sigma_N = |\cos A| \sigma_A$
$N = \ln A$	$\Delta N = \frac{1}{A} \Delta A$	$\sigma_N = \frac{1}{A} \sigma_A$

(2) 标准误差的传递公式

若各个独立的直接测量值的绝对误差分别为标准偏差 $\sigma_A, \sigma_B, \sigma_C, \cdots, \sigma_H$，则间接测量值 N 的误差估算需要用误差的方和根合成，即绝对误差为

$$\sigma_N = \sqrt{\left(\frac{\partial f}{\partial A}\sigma_A\right)^2 + \left(\frac{\partial f}{\partial B}\sigma_B\right)^2 + \left(\frac{\partial f}{\partial C}\sigma_C\right)^2 + \cdots + \left(\frac{\partial f}{\partial H}\sigma_H\right)^2} \tag{2-13}$$

相对误差为

$$E = \frac{\sigma_N}{N} = \frac{1}{f(A,B,C,\cdots,H)}\sqrt{\left(\frac{\partial f}{\partial A}\sigma_A\right)^2 + \left(\frac{\partial f}{\partial B}\sigma_B\right)^2 + \left(\frac{\partial f}{\partial C}\sigma_C\right)^2 + \cdots + \left(\frac{\partial f}{\partial H}\sigma_H\right)^2} \tag{2-14}$$

以上两式称为标准误差的传递公式，或称为误差的方和根合成。几种常用的标准误差的传递公式已列于表 2-1 中，供需要时查用。

从表 2-1 可见：

① 对于和或差函数关系，函数 N 的绝对误差都是直接测量值标准误差的方和根。所以，应先计算出 N 的绝对误差，即 σ_N，然后再按 $E = \sigma_N/N$ 计算 N 的相对误差 E_N。

② 对于乘或除函数关系，函数 N 的相对误差 E_N 都是各直接测量值相对误差的方和根。所以，应先计算出 N 的相对误差 E_N，再按 $\sigma_N = NE_N$ 计算函数 N 的绝对误差，即 σ_N。

误差传递公式一般可以用来估算间接测量值 N 的误差。另外，误差传递公式还可以用来分析各直接测量值的误差对最后结果误差影响的大小。对于影响大的直接测量值，可以通过预先考虑措施减小它们的影响，为合理选用实验方法和仪器提供依据。

2.3 实验数据的处理方法

大多数实验需要采集大量数据，并需要实验人员对实验数据进行记录，通过对实验数据进行整理、计算与分析，从而探寻实验对象的内在规律，正确地得出实验结果。因此，实验数据处理是实验工作不可缺少的一部分。对实验数据进行记录、整理、计算和分析也是化工原理实验报告中的重要内容，是化工专业学生必备技能之一。实验数据的处理方法很多，化工原理实验中常用的数据处理方法有列表法、图解法、数学方程表示法。

2.3.1 列表法

实验中需要对一个物理量进行多次测量，或者通过实验测量得出几个量之间的函数关系，一般借助于列表法。所谓列表法就是把实验数据列成一定表格，使大量数据清晰、有条理地表达出来，便于检查数据和发现问题，避免差错，同时有助于反映物理量之间的关系。列表通常是整理数据的第一步，为标绘曲线图和整理成数学公式奠定基础。

实验数据表一般分为原始数据记录表、整理计算数据表和混合数据表。原始数据记录表在实验之前必须设计好，用以记录所有待测数据；整理计算数据表是用于记录主要物理量计算结果的表格；混合数据表一般用于所需测量和计算的数据不多的情况，是将原始数据记录

表与整理计算数据表合并在一起所得到的数据表格。

列表不要求有统一的格式，但一般在设计表格时要求能反映出列表法清晰和有条理的优点，实验人员设计表格时要注意：

① 表头必须注明表格名称、符号和相应物理量的单位，单位不宜混在记录的数字中。

② 表内各栏目的顺序充分考虑实验数据间的联系和计算顺序，力求简明、齐全、有条理。

③ 需要反映测量值之间函数关系的数据表格，应按自变量由小到大或由大到小的顺序排列。

2.3.2 图解法

图线能够明显地表示出实验数据的极值点、转折点、周期性、变化率以及其他特性，准确的图形还可以在不知道数学表达式的情况下进行微积分运算等。因此，图解法是处理实验数据的重要方法之一，它在工程技术上得到广泛应用。用图解法处理数据，首先要求画出准确的图线。

(1) 选择作图纸

作图纸有直角坐标纸、对数坐标纸、半对数坐标纸和极坐标纸等几种，可以根据作图需要进行选择。在化工原理实验中比较常用的是毫米方格纸（直角坐标纸），该坐标纸每大格为 1cm，由 10 个小格组成，每小格边长的尺寸为 1mm。

(2) 选取坐标比例与标度

作图时通常以自变量作横坐标（x 轴），以因变量作纵坐标（y 轴），并标明坐标轴所表示的物理量（或相应的符号）和单位。首先需要确定坐标分度，所谓坐标分度是每条坐标轴所能代表的物理量的大小，即坐标轴的比例。坐标分度应该与实验数据的有效数字的位数匹配，坐标分度的选取，原则上是要求数据中的可靠数字在图上是可靠的。选择过小的坐标比例会降低数据的准确度，过大则会夸大数据的准确度且使数据点过于分散而难以确定图线的位置。

坐标比例的选取还应考虑方便读数，常用比例为 1:1，1:2，1:5 等系列（包括 1:0.1，1:10）；一般不采用复杂的比例关系，如 1:3，1:7，1:9，1:11，1:13 等，这些比例会使绘制不便、读数困难和易出差错。纵横坐标的比例可以不同，并且标度也不一定必须从零开始。一般采用小于实验数据最小值的某一数作为坐标轴的起始点，用大于实验数据最大值的某一数据作为终点，以便图纸能被充分利用。

坐标轴上每隔一定间距应均匀地标出分度值，标记所用的有效数字位数应与实验数据的有效数字位数相同。

(3) 标出数据点

实验数据点在图纸上用符号标出，符号的中心点为数据点的位置。如果在同一张图上需要标绘几条实验曲线，各条实验曲线的数据点需要采用不同的符号明显地标出，避免混淆。

(4) 描绘曲线

利用透明直尺或三角板、曲线板等工具将离散的实验数据点连接成平滑的实验曲线，要尽可能使曲线通过较多的实验点，或者使曲线以外的实验点尽可能位于曲线附近。对于那些严重偏离曲线的个别点，首先检查标点是否错误，如果没有错误，在连线时可舍去不予考虑。其他不在图线上的点应均匀分布在曲线两旁。对于仪器仪表的校正曲线和定标曲线，相邻的两点应连成直线，整个曲线呈折线形状，不能连接成平滑曲线。

(5) 注解和说明

在图纸上要写明图线的名称、绘图者姓名、日期等，还需要对实验条件（如温度、压力等）等做必要的简单说明。

下面以实验测定过滤常数为例说明这种方法。由恒压过滤方程式 $q^2+2qq_e=K\theta$ 得

$$\frac{\theta}{q}=\frac{1}{K}q+\frac{2q_e}{K} \tag{2-15}$$

式(2-15)表明，恒压过滤时 θ/q 与 q 之间为线性关系。故实验中只要得出不同过滤时间 θ 内的单位面积滤液量 q，将 θ/q 对 q 作图，便可得一直线，直线斜率为 $1/K$，而截距为 $2q_e/K$。

例 2-1 轻质 $MgCO_3$ 粉末与水的悬浮液在恒定压差 117kPa 及 25℃下进行过滤，实验结果见表 2-2，过滤面积为 $4.00\times10^{-2}m^2$，求此压差下的过滤常数 K 和 q_e。

表 2-2 恒压过滤实验中的 V-θ 数据

过滤时间 θ/s	6.8	19.0	34.5	53.4	76.0	102.0
滤液体积 V/L	0.5	1.0	1.5	2.0	2.5	3.0

解 利用 $q=V/A$ 将表 2-2 中的数据整理成表 2-3。

将 θ/q 与 q 的关系绘制成图 2-1，得一直线，由图求得斜率 $=\dfrac{1}{K}=12900s/m^2$，截距 $\dfrac{2q_e}{K}=410s/m$，故 $K=7.75\times10^{-5}m^2/s$，$q_e=\dfrac{K}{2}\times410=0.016m^3/m^2$。

表 2-3 θ/q-q 的关系

θ/s	6.8	19.0	34.5	53.4	76.0	102.0
$q/(m^3/m^2)$	0.0125	0.025	0.0375	0.05	0.0625	0.075
$\dfrac{\theta}{q}/(s/m)$	544.0	760.0	920.0	1068.0	1216.0	1360.0

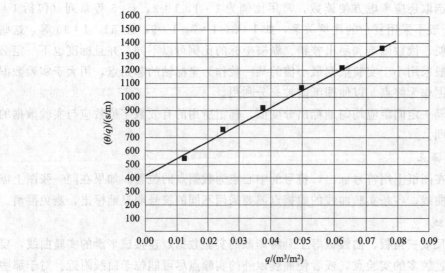

图 2-1 例 2-1 附图

2.3.3 数学方程表示法

在实验研究中，采用列表法、图解法等方法处理实验数据，可以很好地反映变量与自变量的对应关系，方便于工程应用。但列表法很难连续表达数据之间对应关系，而图解法由离散点绘制曲线时存在一定的随意性而会影响处理结果的准确度。为弥补这些方法的不足，将实验数据整理成方程或经验公式的形式，更容易用于理论分析和研究，也便于数学上积分或求导计算。这种把实验数据整理成方程式，以描述过程或现象的自变量和因变量之间关系的方法称为数学方程表示法，即建立过程的数学模型。该法首先将实验数据绘制成曲线，再与已知函数关系式的典型曲线（如线性方程、幂函数方程、指数函数方程、抛物线函数方程、双曲线函数方程等）进行对照选择函数式，然后用图解法或数值方法确定函数式中的常数，从而得到函数关系式。最后，还需要通过检验加以确定所得函数表达式是否能准确地反映实验数据间所存在的关系。随着计算机技术在工程实验中的成熟应用，运用计算机技术将实验数据回归为数学方程成为实验数据处理的主要手段。

(1) 数学方程式的选择

一般来说，用数学方程式进行实验数据处理时存在两种情况：一是对研究对象有深入的了解，如传热过程等，这种情况可以通过量纲分析得到物理量之间的关系，即可写出无量纲数群之间的关系，方程中的常数和系数可以通过实验确定的。二是对研究对象不了解，实验数据的函数形式未知，就需要先将实验数据绘制成曲线，与已知函数关系式的典型曲线进行对照选择，然后用图解法或者数值方法确定函数式中的各种常数。

选择数学方程式时，尽量选择形式简单、所含常数较少，同时也能准确地表达实验数据之间关系的函数关系式，如不能同时满足两个条件，一般在优先保证必要的准确度前提下，尽可能选择简单的线性关系或者可以经过适当方法转换成线性关系的函数关系式，以便数据处理简单化。具体方法为将实验数据标绘在普通坐标纸上，得一直线或曲线，如为直线，则其方程为 $y=a+bx$，可由直线的截距和斜率求得 a、b 值。如果 y 与 x 不是线性关系，则可将实验曲线与典型的函数曲线对照，选择与实验曲线相似的典型曲线函数，然后用直线化处理，即将函数 $y=f(x)$ 转化成线性函数 $Y=a+bX$ 的形式，求出 a 和 b 值，再确定曲线函数式中的常数，得到曲线函数关系式，最后以所选函数与实验数据的符合程度加以检验。

(2) 图解法求公式中的常数

当函数关系式选定后，图解法求方程式中的常数，主要介绍直线化方法，下面以幂函数、指数函数和对数函数为例进行说明。

① 幂函数的线性图解。幂函数方程 $y=ax^b$ 经线性化后 $Y=bX+\lg a$，$Y=\lg y$，$X=\lg x$，采用对数坐标作图，得到的曲线即为一直线，如图 2-2 所示的直线 AB。

a. 系数 b 的求法。系数 b 即为直线 AB 的斜率。对数坐标图中直线斜率的求法与直角坐标图中的求法不同，在对数坐标上标度的数值不是对数而是真数，因此图上直线的斜率需要用对数值来求算，当两坐标轴的比例尺相同时，可以直接用直尺量出图中线段的长度 Δx、Δy。

$$b=\frac{\Delta y}{\Delta x}=\frac{\lg y_2-\lg y_1}{\lg x_2-\lg x_1} \tag{2-16}$$

b. 系数 a 的求法。幂函数 $y=ax^b$ 的系数 a 即为 $x=1$ 时对应的 y 的值，$\lg a$ 为对数坐

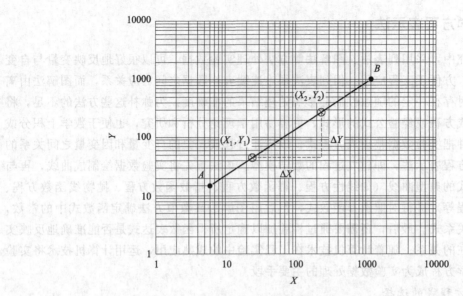

图 2-2 求系数的示意图

标上直线 AB 的截距。直线 AB 截距的求法为延长直线与纵坐标相交，其交点的纵坐标值即为截距。也可以在直线上任取一点（一般不与测量点重合），读出其坐标 (x, y)，根据已求出的斜率 b，代入原方程 $y=ax^b$ 中，通过计算求得 a 值。

② 指数或对数函数的线性图解。当研究的函数关系式为指数函数 $y=ae^{bx}$ 时，令 $Y=\lg y$，$X=x$，$k=b\lg e$，则线性化得直线方程 $Y=kX+\lg a$；或研究的函数为对数函数 $y=b\lg x+a$ 时，令 $Y=y$，$X=\lg x$，则线性化得直线方程为 $Y=bX+a$。实验数据在半对数坐标纸上标绘出来的图线为一直线。

a. 系数 b 的求法。对 $y=ae^{bx}$，线性化为 $Y=kX+\lg a$，式中 $k=b\lg e$，纵坐标为对数坐标，斜率 k 为

$$k=\frac{\lg y_2-\lg y_1}{x_2-x_1} \tag{2-17}$$

$$b=\frac{k}{\lg e} \tag{2-18}$$

对 $y=b\lg x+a$，横坐标为对数坐标，斜率 b 为

$$b=\frac{y_2-y_1}{\lg x_2-\lg x_1} \tag{2-19}$$

b. 系数 a 的求法。系数 a 的求法类似于幂函数数值求解方法，可以通过求直线截距求出，或者用已求出的 b 值结合任一点坐标值代入函数关系式进行求解。

③ 二元线性方程的图解。化工实验中，作为研究对象的物理量受两个因素影响，即表示该物理量是一个因变量和两个自变量，它们必成线性关系，其关系可以用以下函数关系式表示

$$y=a+bx_1+cx_2 \tag{2-20}$$

这类函数采用图解法求公式中的常数时，一般先令其中一个自变量恒定，如先假定 x_1 恒定，即 bx_1 恒定，与常数 a 一起用另一常数 d 表示，即 $d=a+bx_1$，则式(2-20) 就可以表示为

$$y = d + cx_2 \tag{2-21}$$

将 y 与 x_2 的数据在直角坐标系中作图可得一条直线，图解法求出直线斜率可以确定 x_2 的系数 c。求出 c 后，代入式(2-21)中，于是式(2-20)可以改写成

$$y - cx_2 = a + bx_1 \tag{2-22}$$

令 $Y = y - cx_2$，则式(2-22)可写成一个线性方程

$$Y = a + bx_1 \tag{2-23}$$

由实验数据 y、x_2 和前面求出的系数 c 计算得出 Y，将 Y 与 x_1 的数据在直角坐标系中作图可得到一条直线，图解法求出直线斜率可以确定 x_1 的系数 b，直线的截距即为系数 a 的值。确定系数 a、b 时，要保证自变量 x_1、x_2 同时改变，这样才能保证最终结果覆盖整个实验范围。

第3章
化工过程常用物理量的测量与控制

在化工生产和实验中，通常需要各类测量仪表来测量体系的温度、压力、流量等参数。由于测量数据的好坏与测量仪表的性能关系密切，因此，有必要了解测量仪表的特性、结构和工作原理，以便于合理地选用和正确使用仪表，从而获得准确的测量数据。

3.1 测量仪表的基本技术性能

3.1.1 测量仪表的特性

（1）量程

测量仪表的量程是指测量仪表存在相应的测量范围。若测量仪表的量程选择过大，则会出现测量反应不灵敏，误差较大的情况；若量程选择过小，则测量值会超过仪表的承受范围，使仪表损坏。因此，所选用的测量仪表的量程要大小适宜。

（2）精度

用仪表进行数据测量时，总会存在测量误差。为了对测量值误差的大小进行估算，需要了解仪表的量程和精度。测量仪表的精度是指测量值接近真实值的程度。精度通常用正常条件下最大的或允许的相对百分误差 $\delta_{允}$ 来表示，即

$$\delta_{允} = \frac{|x-x_0|}{x_2-x_1} \times 100\% \tag{3-1}$$

式中，x 为被测参数的测量值；x_0 为被测参数的标准值，常取高级精度仪表测量值；$\Delta x = |x-x_0|$ 为测量值的绝对误差；x_1 为量程的下限值；x_2 为量程的上限值；x_2-x_1 为仪表的量程。

由式(3-1)可知，仪表的精度不仅与测量的绝对误差 $\Delta x = |x-x_0|$ 有关，还与仪表的量程有关。

（3）灵敏度和灵敏限

灵敏度是指测量仪表输出量增量与被测输入量增量的比值。线性测量仪表的灵敏度即为拟合直线的斜率，非线性测量仪表的灵敏度不是一个常数，而是输出量对输入量的导数，即

$$S=\frac{\Delta a}{\Delta x} \tag{3-2}$$

式中，S 为仪表的灵敏度；Δa 为仪表输出量的增量；Δx 为被测参数输入量的增量。

灵敏限是指能够引起仪表输出量发生变化的被测参数的最小变化量。仪表的灵敏限一般小于或等于仪表最大绝对误差的 $\frac{1}{2}$，即

$$灵敏限 \leqslant \frac{1}{2}|x-x_0|_{\max} \tag{3-3}$$

由式(3-1)可知

$$|x-x_0|_{\max}=\delta_{允}(x_2-x_1) \tag{3-4}$$

即

$$灵敏限 \leqslant \frac{1}{2}\times 精度等级\% \times 量程 \tag{3-5}$$

（4）线性度

通常，具有线性特性的测量仪表往往会受到一些干扰而使其实际的特性偏离线性。非线性误差是指被校仪表的实际测量曲线与理论直线之间的最大差值 $\Delta L_{\max}$，如图 3-1 所示。线性度表征测量仪表输出与输入校准曲线和拟合直线（工作直线）之间的偏离程度。线性度常用相对误差进行表示，即

$$\delta_{\mathrm{L}}=\pm\frac{\Delta L_{\max}}{y_{\mathrm{FS}}}\times 100\% \tag{3-6}$$

式中，δ_{L} 为仪表的线性度；$\Delta L_{\max}$ 为非线性误差；y_{FS} 为理论满量程输出值。

（5）回差

回差又称为变差，用来表征测量仪表在正向（输入量逐渐增大）和反向（输入量减小）行程中输入-输出曲线的不重合程度，如图 3-2 所示。回差通常用正反向行程输出的最大差值（$\Delta H_{\max}$）与理论满量程输出值（y_{FS}）的比值表示，即

$$\delta_{\mathrm{H}}=\frac{\Delta H_{\max}}{y_{\mathrm{FS}}}\times 100\% \tag{3-7}$$

式中，δ_{H} 为仪表的回差；$\Delta H_{\max}$ 为正反向行程输出的最大差值；y_{FS} 为理论满量程输出值。

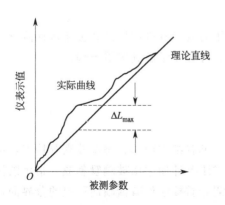

图 3-1 非线性误差特性示意图

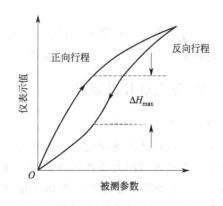

图 3-2 回差特性示意图

（6）重复性和稳定性

重复性是指测量仪表在同一条件下的输入量沿相同方向进行全量程连续多次变化时，所得的测量特性曲线之间的差异程度。特性曲线之间的差异越小，表明其重复性越好。

稳定性是指测量仪表在长时间内仍然能保持其测量性能的能力，用输出值与起始标定的输出值之间的差异进行表征。

（7）反应时间

反应时间是衡量测量仪表在被测参数变化时，仪表指示值准确显示被测参数变化所用时间的品质指标。反应时间长的测量仪表不适宜用来测量变化较快的参数，因为仪表在未准确显示被测参数时，被测参数就已经发生了较大的改变，使得该仪表始终不能指示出被测参数瞬时值的真实情况。反应时间表征了仪表的动态特性。

当输入信号突然发生阶跃时，仪表的输出信号由开始变化至新稳态值的63.2%（或者95%）所用的时间为测量仪表的反应时间。

3.1.2 测量仪表的选用原则

合理地选择测量仪表在实际使用过程中非常重要。通常按照如下原则进行。

(1) 确定类型

根据被测参数确定测量仪表的类型。

(2) 确定型号

根据实际的工艺要求，选择适宜的测量仪表的型号。选择型号时要考虑如下要求：
① 要求测量仪表的量程或者工作范围足够大，并且具备抗过载能力；
② 与测量或者控制系统的匹配性好，灵敏度和线性度好；
③ 仪表的静态和动态响应的准确度能达到要求，且长时间工作的稳定性高；
④ 仪表的适应性和适用性强，测量噪声小，不易受环境干扰的影响；
⑤ 价格便宜，使用方便，且易于维修和校准。

3.2
压力和压差的测量

常在考察流体流动阻力、容器（设备）某处的压力或者真空度以及孔板流量计测量流量等场合测量压力或压差。为了准确测量压力和压差，有必要了解其测量原理。

3.2.1 压力计和压差计

（1）液柱式压差计

液柱式压差计是通过流体静力学方程而设计的，具有结构简单、精度较高等特点，可以测量某一点流体的压力或者某两点的压力差。液柱式压差计通常由玻璃管制成，指示液体有水银、水、乙醇等。测量时，要确保指示液体与被测介质接触处有清晰而稳定的分界面，便于准确读数。由于玻璃管的耐压能力较低，其测量的压力、真空度和压差较小。

常见的液柱式压差计有U形管压差计、双液体U形管压差计、倒U形管压差计、单管压差计、斜管压差计等，如表 3-1 所示。

表 3-1　液柱式压差计的种类、结构及其特性

名称	示意图	测量范围	测量方程	备注
U 形管压差计		高度差 R 不超过 0.8m	被测介质为液体时，$\Delta p = (\rho_0 - \rho)gR$；被测介质为气体时，$\Delta p = \rho_0 g R$	零点位于标尺中间，使用前不需要调整零点，通常用作标准压差计
双液体 U 形管压差计		高度差 R 不超过 0.5m	$\Delta p = (\rho_0 - \rho)gR$	U 形管中分别装有密度相近的两种指示液，上端为扩大室，使得测量时的液面高度几乎保持不变，以提高测量精度
倒 U 形管压差计		高度差 R 不超过 0.8m	$\Delta p = \rho g R$	以被测介质为指示液，适用于压差较小的测量场合
单管压差计		高度差 R 不超过 1.5m	$\Delta p = \rho g R(1 + S_1/S_2)$　S_1 为垂直管的截面积；S_2 为扩大室的截面积；当 $S_1 \ll S_2$ 时，$\Delta p = \rho g R$	零点位于标尺下端，使用前需要调整零点，可以用作标准压差计
斜管压差计		高度差 R 不超过 0.2m	$\Delta p = \rho g L(\sin\alpha + S_1/S_2)$　S_1 为斜管的截面积；S_2 为扩大室的截面积；当 $S_1 \ll S_2$ 时，$\Delta p = \rho g L \sin\alpha$	$\alpha < 15°\sim 20°$ 时，可通过调整 α 值来改变测量范围，零点位于标尺下端，使用前需要调整零点

（2）弹性压力计

弹性压力计是工业生产中使用最为广泛的压力测量仪表，具有结构简单、性能可靠、使用方便和价格便宜等特点。常用弹性压力计的测量元件有弹簧管式、薄膜式和波纹管式，如表 3-2 所示。其中，薄膜式和波纹管式多用于微压和低压的测量场合，单圈和多圈弹簧管式适用于高、中、低压（真空度）等测量场合。

表 3-2 弹性压力计测压元件的结构及其特性

类别	名称	示意图	测量范围/Pa		输出特性	动态特性	
			最小	最大		时间常数/s	自振频率/Hz
薄膜式	平薄膜		$0 \sim 10^4$	$0 \sim 10^8$		$10^{-5} \sim 10^{-2}$	$10 \sim 10^4$
	波纹膜		$0 \sim 1$	$0 \sim 10^6$		$10^{-2} \sim 10^{-1}$	$10 \sim 10^2$
	挠性膜		$0 \sim 10^{-2}$	$0 \sim 10^5$		$10^{-2} \sim 1$	$1 \sim 10^2$
波纹管式	波纹管		$0 \sim 1$	$0 \sim 10^6$		$10^{-2} \sim 10^{-1}$	$10 \sim 10^2$
弹簧管式	单圈弹簧管		$0 \sim 10^2$	$0 \sim 10^9$		—	$10^2 \sim 10^3$
	多圈弹簧管		$0 \sim 10$	$0 \sim 10^8$		—	$10 \sim 10^2$

单圈弹簧管式压力计的工作原理如图3-3所示。该压力计的主要部件包括弹簧管、齿轮传动机构、指针、分度盘以及外壳等。单圈弹簧管是截面为椭圆的圆弧形空心金属管，管子的一端为固定端（A端），连接在接头9上，另一端为封闭的自由端（B端），通过齿轮传动机构和指针相连接。工作时，椭圆截面在压力作用下会趋于圆形，使得圆弧形的弹簧管产生向外挺直的扩张形变，由于形变，自由端将产生位移。压力越大，产生的形变也越大。测量的压力与弹簧管自由端的位移成正比，故通过测量自由端的位移即可计算压力的大小。

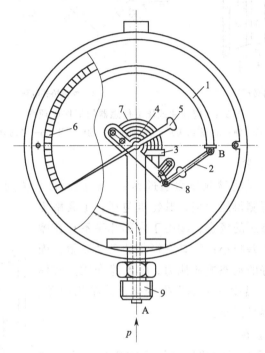

图3-3 弹簧管式压力计工作原理图

1—弹簧管；2—拉杆；3—扇形齿轮；4—中心齿轮；5—指针；
6—面板；7—游丝；8—调整螺钉；9—接头

3.2.2 压力（差）传感器

随着科技的发展和工业自动化程度的提高，仅有就地指示功能的压力测量仪表难以满足所有场合的需求，故需要将测量的压力转换成易于远传的电信号，以便集中监测和控制。能够测量压力并将电信号远传的装置称为压力和压差传感器。传感器式压力计即通过压力（差）传感器直接将被测压力（差）转换成电流、电压、电阻、频率等形式的信号来测量压力（差）。常见的压力传感器包括应变片式压力传感器、电容式压力传感器、压阻式压力传感器等。

（1）应变片式压力传感器

该传感器的工作原理如图3-4所示。应变筒2的上端与外壳1进行固定，下端与密封膜片（不锈钢材料）紧密接触，应变片r_1和r_2分别沿应变筒的轴向和径向放置。工作时，被测压力作用于膜片使应变筒因轴向受压产生轴向形变，应变片r_1将产生轴向压缩应变ε_1，于是r_1的阻值变小；而应变片r_2由于受到横向压缩将产生纵向拉伸应变ε_2，r_2的阻值增大。然后通过桥式电路即可产生对应的电势输出，并用毫伏计或者其他记录仪表显示被测的压力值。该传感器的特点是灵敏度和精确度高，输出的信号为线性，性能良好。

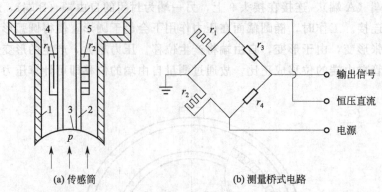

图 3-4　应变片式压力传感器的工作原理图
1—外壳；2—应变筒；3—密封膜片；4—轴向放置的应变片；5—径向放置的应变片

(2) 电容式压力传感器

该传感器的测量原理是将被测压力通过膜盒（敏感元件）传到膜片上，从而改变电容值，再通过测量电路即可测得压力值。其特点包括：①灵敏度很高，适合测量低压和微压的场合；②由于内部几乎不存在摩擦，能量消耗小，测量误差减小；③具有极小的可动质量，固有频率较高，能保证良好的动态响应能力；④绝缘介质为气体或者真空，介质损失小，温度几乎不发生变化；⑤结构简单、不易损坏，过载后性能容易恢复。

(3) 压阻式压力传感器

该传感器通常称为固态压力传感器或者扩散硅压力传感器。其结构是将单晶硅膜片和电阻采用集成电路工艺连接在一起组成硅压阻芯片，然后将芯片封接在传感器的外壳内，接出电极引线，如图 3-5 所示。硅膜片两侧有两个压力腔，其一是与被测压力环境相连通的高压腔；其二是通常与大气或者其他参考压力源相通的低压腔。该传感器具有结构简单、测量范围宽（$1\times10^2 \sim 5\times10^9$Pa）、精度高（0.1%）、频率响应高（数万赫兹）、尺寸小（最小直径可达 0.5mm）、便于实现数字化等特点。

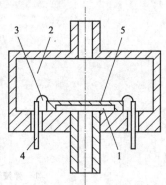

图 3-5　压阻式压力传感器
传感筒的工作原理图
1—高压腔；2—低压腔；3—硅杯；
4—引线；5—硅膜片

3.2.3　压力（差）计安装和使用中的注意事项

① 被测流体为液体时应注意以下几个方面：a. 为了防止气体以及固体颗粒进入导压管，水平或侧斜管道的取压口应安装在管道的下半平面，且与垂线之间的夹角 $\alpha=45°$；b. 实验前需将导压管内原有的气体排净；c. 当取压点与测量仪表不在同一水平面上时，应当进行校正，以减小测量误差；d. 当两根导压管中的液体温度不相同时，会产生由密度不同而引起的压差测量误差。

② 被测流体为气体时，为了防止粉尘粒和液体进入导压管，宜将测量仪表安装在取压口上方。如果必须安装在取压口的下方，此时，应当在导压管最低处安装沉降器和排污阀，

以便于排出液体或者粉尘。在水平或者侧斜管道中，取压口应安装在管道的上半平面，且与垂线之间的夹角 $\alpha \leqslant 45°$。

③ 被测流体为蒸气时，以接近取压点的冷凝器内的冷凝液液面为分界面，将导压系统分为两部分，第一部分是取压点至冷凝液液面（含有蒸气），要求进行保温；第二部分是冷凝液液面至测量仪表（内含冷凝液），要求两冷凝器液面高度相等。第二部分的作用是传递压力信号。导压系统的第二部分和压差测量仪表均应安装在取压点和冷凝器的下方，且冷凝器应该具备足够大的水平截面积和容积。

④ 弹性元件的温度过高（超过一定限度）会影响其测量精度。金属材料的弹性模量会随着温度升高而逐渐降低。如果弹性元件与高温介质直接接触或者受到高温设备热辐射的影响，弹性压力计的指示值将会产生一定的误差，故弹性压力计通常的工作温度应在 50℃ 以下或者采取必要的防高温和隔热措施进行测量。

⑤ 弹性压力计量程的选择。为了防止仪表因超负荷而损坏以及保证测量的准确度，测量的压力范围应该小于仪表全量程的 3/4，被测压力的最小值应该大于仪表全量程的 1/3。

⑥ 隔离器和隔离液的使用。当被测流体具有腐蚀性、易冻结、易析出固体或者高黏度等性质，应当采用隔离器和隔离液。

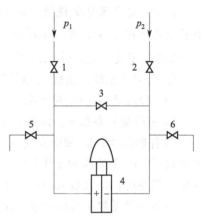

图 3-6　压差测量系统的安装示意图
1,2—切断阀；3—平衡阀；
4—压差测量仪表；5,6—放空阀

⑦ 放空阀、切断阀和平衡阀的正确用法。切断阀是为了仪表检修时使用，放空阀起到排出对测量有害的气体或者液体的作用，平衡阀打开时能平衡压差测量仪表两个输入口之间的压力，使仪表所承受的压差为零，可以避免因过大的压差（$\Delta p = p_1 - p_2$）信号冲击或者操作不当而损坏压差测量仪表。放空阀、切断阀和平衡阀在压差测量系统中的安装示意图见图 3-6。

⑧ 导压管应该密封。全部导压管应该密封良好，无渗漏。在一些测量场合，即使很小的渗漏也会造成很大的测量误差。因此，在导压管安装完成后要进行耐压试验，试验压力为最大正常操作压力的 1.5 倍。气密性试验压力为 400mmHg（1mmHg=133.325Pa）。

⑨ 导压管的长度。为了防止反应迟缓，导压管的长度不得超过 50m。

⑩ 测压孔的开取。测压孔的开取应以不影响流体的流动为前提，以免因流速的变化导致测量的误差。

3.3 流量测量技术

3.3.1 节流式流量计

节流式流量计又称为差压式流量计，是通过流体流经节流件时产生压差，而压差与流量之间存在特定的函数关系，实现流量测量的。该流量计通常是由能将被测流量转换成压差信号的节流件（如孔板、文丘里管、喷嘴等）以及测量压力差的压差计所组成的。

(1) 流量与压差之间的函数关系

节流式流量计的流量与压差之间的函数关系如式(3-8)所示，是由流体的连续性方程和伯努利方程导出的，即

$$Q = \alpha A_0 \varepsilon \sqrt{\frac{2(p_1-p_2)}{\rho}} = \alpha A_0 \varepsilon \sqrt{\frac{2\Delta p}{\rho}} \tag{3-8}$$

式中，Q 为流体的流量，m^3/s；α 为实际流量系数，简称流量系数，无量纲；A_0 为节流孔开孔面积，m^2，$A_0 = \pi d_0^2/4$，d_0 为节流孔直径，m；ε 为流束膨胀校正系数，无量纲；ρ 为流体的密度，kg/m^3；Δp 为节流孔上下游两侧压力差，Pa。

① 流束膨胀校正系数 ε。对不可压缩流体，$\varepsilon = 1$；对可压缩流体，$\varepsilon < 1$。ε 与直径比 β（$\beta = d_0/D$）、压力的相对变化值 $\Delta p/p_1$、气体等熵指数 k 以及节流件的形式等因素有关。

② 实际流量系数 α。该系数的影响因素复杂、变化范围较大。主要的影响因素包括：a. 节流件的形式；b. 截面积比 m，$m = A_0/A = d_0^2/D^2$，其中，A 和 D 分别为管道的截面积和内径；c. 节流件的取压方式；d. 按管道计算的雷诺数 Re_D（$Re_D = Du_D\rho/\mu$）；e. 管道内壁的粗糙度；f. 孔板入口边缘的尖锐程度。

实际流量系数 α 与诸因素的函数关系表示如下：

标准孔板：

$$\alpha = k_1 k_2 k_3 \alpha_0 \tag{3-9}$$

其他标准节流件：

$$\alpha = k_1 k_2 \alpha_0 \tag{3-10}$$

式中，α_0 为原始流量系数（在光滑管中，管内雷诺数 Re_D 大于界限雷诺数 Re_k 的条件下通过实验来测定）；k_1 为黏度的校正系数；k_2 为管壁粗糙度的校正系数；k_3 为孔板入口边缘尖锐程度的校正系数。以上各个参数值均可以从有关专著中查询得到。

(2) 流量系数与雷诺数 Re_D 之间的关系

流量系数包括实际流量系数 α 和原始流量系数 α_0。尽管二者数值不同，但是二者与 Re_D 的变化规律类似。

在节流件的结构、尺寸、取压方式以及管道的粗糙度一定的情况下，α 是 Re_D 和截面积比 m 的函数，即

$$\alpha = f(Re_D, m) \tag{3-11}$$

当 m 一定时，α 仅是 Re_D 的函数，即

$$\alpha = f(Re_D) \tag{3-12}$$

对于标准节流件，α_0 与 Re_D 的关系曲线如图 3-7 所示。由图可知，当 Re_D 较小时，α_0 随 Re_D 的变化而变化且关系复杂；当 Re_D 的数值超过某一界限值（Re_k）时，α_0 不再随 Re_D 的变化而变化，α_0 趋于某一常数，此时，流量 Q 与 (p_1-p_2) 具有简单、确定的数学关系，即 $Q \propto \sqrt{p_1-p_2}$。

(3) 标准节流装置

标准节流装置由标准节流件、标准取压装置和节流件前后的测量管等三部分组成。常见节流件包括孔板、喷嘴和文丘里管，如图 3-8 所示。

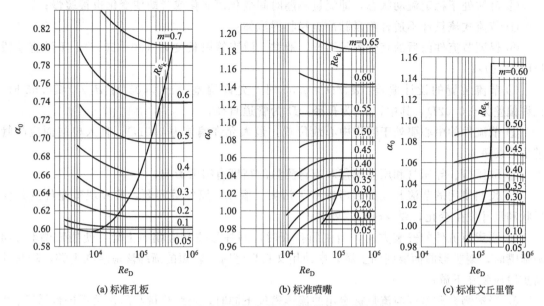

(a) 标准孔板　　　　　　　(b) 标准喷嘴　　　　　　　(c) 标准文丘里管

图 3-7　标准节流件的原始流量系数与雷诺数的关系

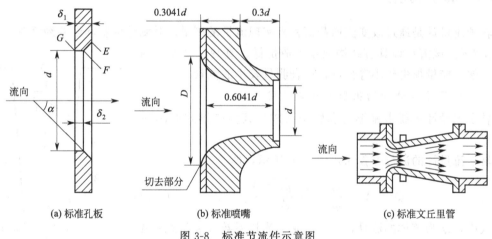

(a) 标准孔板　　　　　　　(b) 标准喷嘴　　　　　　　(c) 标准文丘里管

图 3-8　标准节流件示意图

① 孔板。孔板具有结构简单、加工容易、造价低等优点，但是能量损失大于喷嘴和文丘里管。孔板安装时要注意方向，不得反装，而且 E、F 和 G 处要尖锐，无毛刺，否则将会影响测量精度。对于容易使节流装置磨损、变形和变脏的腐蚀性和脏污的流体，不宜使用孔板。

② 喷嘴。喷嘴的能量损失大于文丘里管，但测量精度较高，对腐蚀性强、易磨损喷嘴和脏污的介质不敏感，可用于测量这类介质。另外，喷嘴前后所需的直管段长度较短。

③ 文丘里管（该流量计有时简称文丘里流量计）。其特点是能量损失为节流件中最小的，流体经过文丘里管后压力基本能恢复，然而，其制造工艺复杂，造价高。

（4）使用节流式流量计的技术问题

① 牛顿型流体、单相流体且流经节流件时不发生相变；

② 流体在节流装置前后必须完全充满管道；

③ 流体处于稳定流动状态，即流量不随时间变化而变化或者即使变化也很缓慢；

④ 节流式流量计不适合测量脉冲流和临界流体；

⑤ 保证节流件前后的直管段足够长，通常上游直管段长度为 $(30\sim 50)D$，下游直管段长度为 $10D$；

⑥ 节流装置的设计偏差：$d_0/D > 0.55$ 时，允许偏差为 $\pm 0.005D$；$d_0/D \leqslant 0.55$ 时，允许偏差为 $\pm 0.02D$，其中，d_0 为孔径，D 为管道直径。

⑦ 节流件的中心要处于管道中心线位置，最大允许偏差为 $0.01D$，且入口端面应与管道中心线垂直；

⑧ 取压口、导压管和压差测量对流量测量的精度有很大影响；

⑨ 长期使用的节流装置必须考虑有无污垢、磨损、腐蚀等问题，若发现节流件的几何形状和尺寸发生变化，要及时有效处理；

⑩ 注意节流件的安装方向，当使用孔板时，圆柱形锐孔应朝向上游，使用喷嘴和 1/4 圆喷嘴时，喇叭形曲面要朝向上游，在使用文丘里管时，较短的渐缩段应装在上游，较长的渐扩段应装在下游；

⑪ 当被测介质密度与流量标定用的流体密度不同时，要对流量与压差关系进行修正。

3.3.2 转子流量计

转子流量计是通过改变流通截面积来实现流量的测量，其测量的基本误差约为刻度最大值的 $\pm 2\%$。该流量计具有结构简单、造价低、直观、刻度均匀、使用方便、能量损失较小等特点，适合测量较小的流量。

(1) 转子流量计的结构形式及其应用

转子流量计主要由锥形管和转子组成，其结构形式如图 3-9 所示。

转子流量计的流量方程如式(3-13) 所示，即

$$Q = \alpha A_0 \sqrt{\frac{2g}{\rho} \times \frac{V_f(\rho_f - \rho)}{A_f}} \quad (3\text{-}13)$$

式中，Q 为流体的流量，m^3/s；α 为流量系数，无量纲；A_0 为转子最大截面处环形通道面积，m^2；ρ_f，ρ 分别为转子密度和流体密度，kg/m^3；V_f 为转子的体积，m^3；A_f 为转子的最大截面积，m^2。

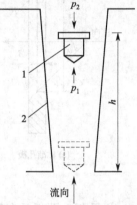

图 3-9 转子流量计示意图
1—转子；2—锥形管

从上式可知，流量与 A_0 有关，而 A_0 与转子在锥形管中的位置有关，故可以通过转子停留的位置确定被测流体的流量。

(2) 使用转子流量计的注意事项

① 必须垂直安装，流体的流向是从下往上流动；

② 转子对污染物较敏感，沾有污染物的转子的质量和 A_f 会发生改变，从而引起一定的测量误差；

③ 调节或控制流量不宜采用快开阀门，以防转子冲到顶部，损坏锥形管；

④ 流量计的正常测量值应在测量上限的 1/3~2/3 之间；

⑤ 转子流量计在出厂之前要对流量与流量读数之间的关系进行标定，通常，标定用的

流体为20℃、标准大气压条件下的水（测量液体）或者空气（测量气体），其密度ρ_0分别为998.2kg/m³和1.205kg/m³。当被测流体密度（ρ）与标定时用的流体密度（ρ_0）不相等时，必须对流量标定值（Q_0）按式(3-14)进行校正，才能得到测量条件下的实际流量值（Q），其中，ρ_f为转子密度：

$$Q = Q_0 \sqrt{\frac{\rho_f - \rho}{\rho_f - \rho_0} \times \frac{\rho_0}{\rho}} \tag{3-14}$$

3.3.3 涡轮流量计

涡轮流量计为速度式流量计，是基于动量矩守恒原理进行设计的。涡轮叶片因流体流动冲击而旋转，其旋转速度随流量的变化而变化，再通过其他装置将涡轮转速转化成脉冲频率或者脉冲电信号输出，从而测量流体的流量。

涡轮流量计的优点：

① 测量精度高（低于0.5级），在某些范围内甚至可达到0.1%，故可以作为校验1.5～2.5级普通流量计的标准计量仪表；

② 对被测信号的变化反应快，例如，测量水的时间常数一般只有几毫秒至几十毫秒，故特别适用于对脉动流量的测量。

（1）涡轮流量计的结构和工作原理

涡轮流量计结构如图3-10所示，主要由前、后导流器，涡轮，磁电感应转换器（包括永久磁铁和感应线圈），前置放大器，外壳等部分组成。导流器由导向环（片）以及导向座组成，涡轮由数片导磁的不锈钢螺旋形叶片组成。当导磁性叶片旋转时，便周期性地改变电磁系统的磁阻值，使通过涡轮上方线圈的磁通量发生周期性改变，从而在线圈内感应出脉冲的电信号输出。由于叶片的旋转速度与流量成正比，故通过脉冲电信号的频率来测量流体的流量。

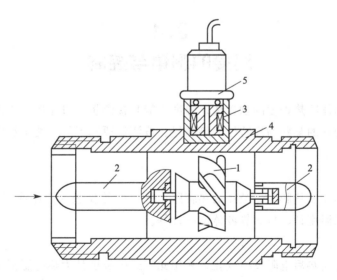

图3-10 涡轮流量计的结构

1—涡轮；2—导流器；3—磁电感应转换器；4—外壳；5—前置放大器

（2）涡轮流量计的特性

涡轮流量计的特性有两种表示方法，其一是脉冲信号的频率（f）与流量（Q）之间的关系曲线；其二是仪表常数（ξ）与流量（Q）之间的关系曲线，仪表常数 ξ 为每升流体经过时的电脉冲数（脉冲数/L），则

$$Q = \frac{f}{\xi} \quad (3\text{-}15)$$

ξ 与 Q 之间的特性曲线如图 3-11 所示，是普遍使用的关系曲线。由图可知，当流量很小时，涡轮不转动，只有当流量超过某一临界值克服启动摩擦力矩时，涡轮才能转动；当流量大于某一数值时，f 与 Q 的关系才接近线性曲线。

（3）使用涡轮流量计的技术问题

① 在了解流体的物性、腐蚀性和清洁度的基础上才能对涡轮流量计的材料和类型进行选择；

② 其工作点一般在测量范围上限值的 50% 以上；

③ 由于流体的密度和黏度对涡轮流量计的特性产生很大的影响，故当介质的密度、黏度变化时，要适当进行校正；

④ 必须水平安装；

⑤ 流体的流动方向须与流量计所标示的箭头方向一致；

⑥ 感应线圈不应轻易转动或者移动，否则将会引入很大的测量误差，若要移动时，需要重新校验。

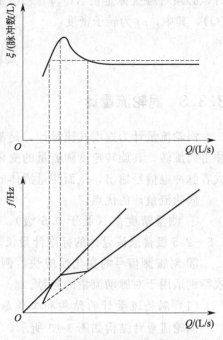

图 3-11 涡轮流量计的特性曲线

3.4 温度的测量与控制

温度是表征物体冷热程度的物理量。温度不能直接测量，只能借助于冷热物体的热交换以及随冷热程度变化的某些物理特征间接测量。按测温原理不同，测量温度大体上有如下四种方式。

（1）热膨胀

热膨胀分为固体的热膨胀、液体的热膨胀、气体的热膨胀（定压或定容）。采用此方式的温度计有双金属温度计、玻璃管液体温度计等。

（2）电阻变化

导体或半导体受热后电阻发生变化。采用此方式的温度计为热电阻温度计。

（3）热电效应

由不同材质的导线连接的闭合回路，如果两接点的温度不同，回路内就会产生热电势。采用此方式的温度计为热电偶温度计。

(4) 热辐射

物体的热辐射随温度的变化而变化。采用此方式的温度计有辐射式高温计、光学高温计等。

以下主要介绍热电偶温度计和热电阻温度计。

3.4.1 热电偶温度计

(1) 热电偶测温原理

将两种不同种类的半导体或者导体连接成如图3-12所示的闭合回路。若将它们的两个接点分别放在温度为 t 和 t_0 ($t > t_0$) 的热源中，则在该回路内就会产生热电动势，简称热电势，此现象称为热电效应。两种不同导体的组合称为热电偶。每根单独的导体称为热电极。

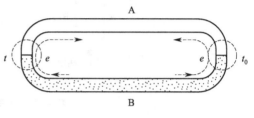

图3-12 热电偶回路

两个接点中，其中一端称为工作端（热端或者测量端），如 t 端；另一端称为自由端（冷端或者参比端），如 t_0 端。当热电偶材质一定时，热电偶的总热电势 $E_{AB}(t,t_0)$ 是温度 t 和 t_0 的函数差，即

$$E_{AB}(t,t_0) = f(t) - f(t_0) = e_{AB}(t) - e_{AB}(t_0) \tag{3-16}$$

若工作端和自由端的温度分别为 t_1、t_2，热电偶还具有以下特点：

① 热电偶AB产生的热电势与A、B材料的中间温度 t_3、t_4 无关，只与接点温度 t_1、t_2 有关，即

$$E_{AB}(t_1,t_2) = f(t_1,t_2) \tag{3-17}$$

② 若热电偶AB在接点温度为 t_1、t_2 时的热电势为 $E_{AB}(t_1,t_2)$，在接点温度为 t_2、t_3 时的热电势为 $E_{AB}(t_2,t_3)$，则在接点温度为 t_1、t_3 时的热电势为

$$E_{AB}(t_1,t_3) = E_{AB}(t_1,t_2) + E_{AB}(t_2,t_3) \tag{3-18}$$

③ 若任何两种金属（A、B）对于参考金属（C）的热电势已知，那么由这两种金属结合而成的热电偶的热电势是它们对参考金属的热电势的代数和，即

$$E_{AB}(t_1,t_2) = E_{AC}(t_1,t_2) + E_{CB}(t_1,t_2) \tag{3-19}$$

④ 如果在热电偶的回路任意处接入材质均匀的第三种金属导线，只要该第三种金属导线的两端温度相同，则第三种金属导线的接入不会对热电偶的热电势产生影响。

(2) 热电偶冷端的温度补偿

由热电偶测温原理可知，只有当热电偶的冷端温度保持不变时，热电势才是热端温度的单值函数，因此，必须设法维持冷端温度恒定。可以采用下述几种措施维持冷端温度恒定。

① 使用补偿导线将冷端延伸至温度恒定处。若冷端距离热端（工作端）很近，冷端温度往往不易恒定。常用的方法是将冷端远离热端，延伸至恒温或温度波动较小的地方（如检测室和控制室内）。若热电极是比较贵重的金属，用热电极的材料做冷端延伸线不经济，可在热电偶线路中接入适当的补偿导线，如图3-13所示。只要热电偶的原冷接点4、5两处的温度在0～100℃之间，将热电偶的冷接点移至恒温器内补偿导线的端点2和3处，就不会

影响热电偶的热电势。

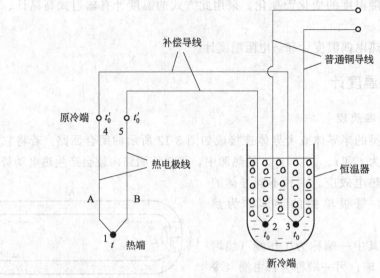

图 3-13 补偿导线的接法和作用

这些补偿导线的特点是：在 0～100℃范围内与所要连接的热电极具有相同的热电性能，属于价格比较低廉的金属。若热电偶也是廉价金属，则补偿导线就是热电极的延长线。

连接和使用补偿导线时应注意检查补偿导线的型号与热电偶的型号是否匹配、极性连接是否正确（补偿导线的正极应连接热电偶的正极），如果极性连接不对，测量误差会很大。在确定补偿导线的长度时，应保证两根补偿导线的电阻与热电偶的电阻之和不超过仪表外电路电阻的规定值。热电极和补偿导线连接端处的温度不超过 100℃，否则，会由于热电特性不同产生新的误差。

② 维持冷端温度恒定

a. 冰浴法：此法通常先将热电偶的冷端放在盛有绝缘油的试管中，然后将试管放入盛满冰水混合物的容器中，使冷端温度维持在 0℃。通常的热电势-温度关系曲线都是在冷端温度为 0℃下得到的。

b. 将热电偶的冷端放入恒温器中，并使恒温器的温度维持在高于常温的某一恒温 t_0。此时，与热端温度 t 相对应的热电势 $E(t,0)$ 可由下式算出：

$$E(t,0)=E(t,t_0)+E(t_0,0) \tag{3-20}$$

式中，$E(t,t_0)$ 是冷端温度为 t_0 时测得的热电势；$E(t_0,0)$ 是由标准热电势-温度关系曲线（冷端温度为 0℃）查得的 t_0 时的热电势。

当多对热电偶配用一台仪表时，为节省补偿导线和不使用特制的大恒温器，可以加装补偿热电偶，其连接线路如图 3-14 和图 3-15 所示。

③ 补偿电桥法。补偿电桥法是利用不平衡电桥产生的电势来补偿热电偶因冷端温度变化而引起的热电势的变化，如图 3-16 所示。不平衡电桥（即补偿电桥）由电阻 r_1、r_2、r_3 和 $r_{Cu}(t_0)$（铜丝绕制）的四个桥臂和桥路的电源组成，串联在热电偶测量回路

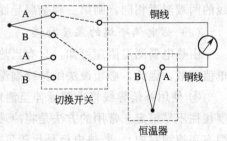

图 3-14 使用热电偶补偿的补偿热电偶的连接线路

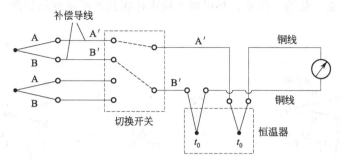

图 3-15　使用补偿导线补偿的补偿热电偶的连接线路

中。热电偶的冷端与电阻 $r_{Cu}(t_0)$ 具有相同的环境温度。通常先使热电偶的冷端和补偿电桥同时处于 20℃下,使电桥处于平衡状态,此时,a、b 两点处的电位相等 ($V_{ab}=0$),即电桥对热电势测量仪表的读数无任何影响。当环境温度高于 20℃时,热电偶冷端温度升高,热电势减小 ΔE_1,测量仪表的读数应减小 ΔE_1。与此同时,温度升高,铜电阻 $r_{Cu}(t_0)$ 增大,电桥平衡被破坏,a、b 间输出不平衡电位差 ΔE_2,测量仪表的读数应增大 ΔE_2。因为 ΔE_1 与 ΔE_2 相等,正好相互抵消,故测量仪表的读数维持不变,即热电偶冷端温度的变化对测量结果没有影响。补偿电桥的电源电压应该稳定,否则,将产生较大的补偿误差。

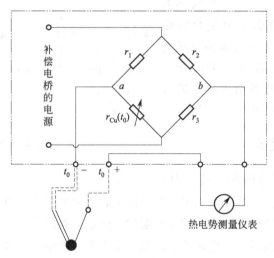

图 3-16　具有补偿电桥的热电偶线路

（3）热电偶的串、并联应用

① 通过串联两支热电偶测量两点之间的温度差。应用时要求两支热电偶的型号相同,配用的补偿导线相同,两支热电偶的热电势 E 与温度 t 的关系应为线性,两支热电偶用补偿导线延伸出的新冷端温度必须一致。因为两支热电偶在回路中等效于反接,故仪表测得的是其热电势之差,由此可测出 t_1 和 t_2 的差值。两支热电偶同极性相接的串联电路如图 3-17 所示。

② 通过串联多支热电偶测量热电势之和。当串联时热电偶 1 的正极与热电偶 3 的负极相接,这种串联电路测出的热电势之和除以串联数,即得热电势的平均值,从而得到 t_1、t_2、t_3 的平均值。测量微小温度变化或微弱辐射能时,这种串联电路可以获得较大的输出热电势或较高的输出灵敏度。在串联电路中,每一支热电偶引出的补偿导线必须回接到冷端

t_0，并避免测量接点（热端）接地。热电偶不同极性相接的串联电路如图3-18所示。

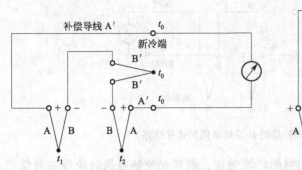

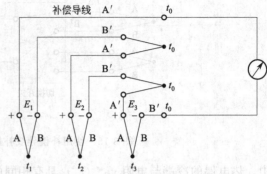

图3-17 两支热电偶同极性相接的串联电路　　图3-18 热电偶不同极性相接的串联电路

③ 通过热电偶并联测量多点温度的平均值。当采用并联电路时，可以测得3个热电偶的热电势的平均值，即 $E=(E_1+E_2+E_3)/3$，如果3个热电偶均处于特性曲线的线性部分，可由 E 值得到各点温度的算术平均值。为避免 t_1、t_2、t_3 不等时热电偶回路内的电流受热电偶电阻变化的影响，通常在电路中串联阻值较大的（相对于热电偶电阻而言）电阻 R_1、R_2、R_3。本法的缺点是当某一热电偶烧断时不能及时察觉。热电偶并联线路如图3-19所示。

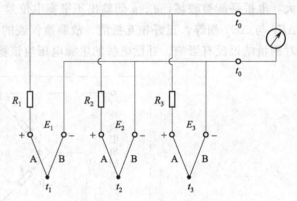

图3-19 热电偶并联线路

3.4.2 热电阻温度计

在测温领域，除了热电偶温度计外，常用的还有热电阻温度计。热电阻温度计是利用随着温度的变化，测温元件的电阻值发生变化的原理，通过检测电阻值的大小来测定温度的。热电偶温度计在500℃以下温度的测量中输出的热电势很小，测量容易产生误差。因此，在工业生产中，-120～500℃范围内的温度测量常常使用热电阻温度计。在特殊情况下，热电阻温度计测量温度的下限可达-270℃，上限可达1000℃。

热电阻温度计的突出优点是：①测量精度高，630℃以下可用铂电阻温度计作为基准温度计；②灵敏度高，在500℃以下用热电阻温度计测量比用热电偶温度计测量时产生的检测信号强。因此，热电阻温度计更准确。

纯金属以及大部分合金的电阻率会随温度升高而有所增加，说明这些材料具有正的温度系数。通常，在特定的测量温度内，电阻随温度变化的关系曲线是线性的。若已知金属导体在温度为0℃时电阻为 R_0，则在温度为 t 时的电阻 R 为

$$R=R_0+\alpha R_0 t \tag{3-21}$$

式中，α 为平均电阻温度系数。

金属具有不同的平均电阻温度系数，只有具有较大平均电阻温度系数的金属才有可能作

为测温用的热电阻。最佳和最常用的热电阻温度计材料是铂，其测量范围为－200～500℃。铜丝电阻温度计的测量范围为－150～180℃。为了减小导线的电阻对测量的影响，常采用三线制的线路来测量热电阻的阻值，如图3-20所示。要注意对通过 R_t 的电流加以限制，否则会引起较大的误差。

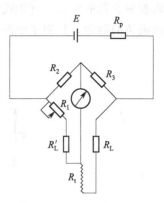

图 3-20 三线制连接线路

3.4.3 温度计的校验和标定

热电偶在实际所处的环境下，由于热端被氧化、腐蚀以及高温下热电偶金属/合金材料的再结晶，热电特性将会发生较大变化，从而增加测量误差。因此，为了保证测量精度，热电偶必须定期进行校验，以便检测热电势的变化情况。当发现热电偶特性变化超出允许的误差范围时，可以更换热电偶丝或者把热电偶的低温端剪去一段，再重新焊接后使用。当然，使用前必须重新进行校验直至合格后才能使用。根据国家的相关规定，各种热电偶必须在表3-3规定的温度校验点下进行校验，且各温度点的最大误差不能超过允许的误差范围，否则，此热电偶不能使用。

表 3-3 常用热电偶校验允许偏差

型号	热电偶材料	校验点/℃	热电偶允许偏差			
			温度/℃	偏差/℃	温度/℃	偏差/%
S	铂铑-铂	600,800,1000,1200	0～600	±2.4	>600	±0.4
K	镍铬-镍硅(铝)	400,600,800,1000	0～400	±4	>400	±0.75
E	镍铬-铜镍(康铜)	300,400,600	0～300	±4	>300	±0.1

工作基准或标准热电阻的校验通常要在几个平衡点下进行，如0℃的冰-水平衡点等。校验要求高，方法复杂，设备也复杂，我国有统一的规定。工业用热电阻的校验方法相对简单，只要 R_0（0℃时的电阻值）及 R_{100}/R_0（R_{100} 为100℃时的电阻值）的数值不超过规定的范围即可。

3.5
液位测量技术

液位是表征设备或容器内液体储量的量度。液位计因物系性质的变化而异，种类较多，常见分类有：直读式液位计（玻璃管式液位计、玻璃板式液位计），差压式液位计（压力式液位计、吹气法压力式液位计），浮力式液位计（浮球式液位计、浮子式液位计、浮筒式液位计、磁性翻板式液位计），电气式液位计（电接点式液位计、磁致伸缩式液位计、电容式液位计），超声波式液位计，雷达液位计，放射性液位计。

下面主要介绍实验室常用的直读式液位计、差压式液位计和浮力式液位计。

3.5.1 直读式液位计

(1) 测量的基本原理

直读式液位计测量的基本原理是利用仪表与被测容器内的液相和气相直接接触来直接读

取被测容器的液位。直读式液位计测量简单、读数直观,但是不能将信号远传,适合就地直读液位的测量。其测量原理如图 3-21 所示。

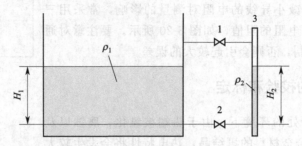

图 3-21 直读式液位计的测量原理
1—气相截止阀;2—液相截止阀;3—玻璃管

利用液相压力平衡原理,则

$$H_1\rho_1 g = H_2\rho_2 g \tag{3-22}$$

当 $\rho_1 = \rho_2$ 时,$H_1 = H_2$。当容器中的液相密度与玻璃管中的液相密度不相等时,会出现误差。但是,由于其结构简单,应用非常广泛。有时也用于自动液位计零位和最高液位的校准。

(2) 玻璃管式和玻璃板式液位计

常用的玻璃管式液位计上下两端采用法兰与设备连接并带有阀门,上下两个阀内均装有钢球。当玻璃管由于意外事故发生损坏时,钢球会在容器内压力的作用下阻塞流体流动的通道,这样容器便自动密封,防止容器内的液体向外流出。还可以采用蒸汽夹套加热以防止易冷凝液体堵塞管道。

玻璃板式液位计前后两侧的玻璃板交错排列,可以克服每段测量存在盲区的缺点。从液位计前面的玻璃板可看到其与后面玻璃板之间的盲区,反之亦然。

3.5.2 差压式液位计

(1) 测量原理

差压法液位测量原理如图 3-22 所示。测得的压差为

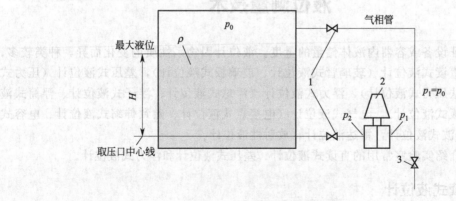

图 3-22 差压法液位测量原理
1—截止阀;2—差压仪表;3—气相管排液阀

$$\Delta p = p_2 - p_1 = \rho g H \tag{3-23}$$

即
$$H = \frac{\Delta p}{\rho g} \tag{3-24}$$

式中，Δp 为测得的压差，Pa；ρ 为被测液体的密度，kg/m^3；H 为液位高度，m。

通常被测液体的密度是已知的，差压变送器测得的压差与液位高度成正比，即可以通过上式计算出液位高度。

(2) 带有正负迁移的差压法液位测量原理

该法适用于气相易于冷凝的场合，如图 3-23 所示。图中 ρ_1 为气相冷凝液的密度，h_1 为冷凝液的高度。当气相不断冷凝时，冷凝液会自动从气相口溢出，回流至被测容器内而保持 h_1 不变。当液位在零位时，变送器的负端受到 $\rho g h_1$ 的压力，该压力必须加以抵消，这称为负迁移。其负迁移量为

$$SR_1 = \rho g h_1 \tag{3-25}$$

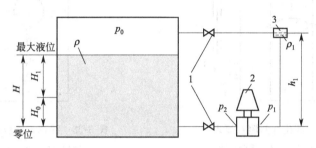

图 3-23 带有正负迁移的差压法液位测量原理
1—截止阀；2—差压仪表；3—平衡容器

若测量液位的起始点为 H_0 处，变送器的正端有 $\rho g H_0$ 的压力要加以抵消，这称为正迁移。其正迁移量为

$$SR_0 = \rho g H_0 \tag{3-26}$$

此时，变送器的总迁移量为

$$SR = SR_1 - SR_0 = \rho g h_1 - \rho g H_0 \tag{3-27}$$

在有正负迁移的情况下，仪表的量程为 $\Delta p = \rho g H_1$。

当被测介质有腐蚀性、易结晶时，可选用带有隔离膜片的双法兰式差压变送器，迁移量及仪表量程的计算仍然可用上述表达式，只是 ρ_1 为毛细管中所充的硅油的密度，h_1 为两个法兰中心高度之差。

3.5.3 浮力式液位计

浮力式液位计是利用浮力的原理来测量液位的。常见的有浮子式液位计、浮球式液位计、浮筒式液位计和磁性翻板式液位计。

(1) 浮子式液位计

浮子随着液面的升降而上下移动，可以通过浮子停留的位置来测量液位，其测量原理如图 3-24 所示。当液位升高时，浮子随着液面上浮，钢丝绳依靠指示仪表中的预紧发条产生的拉力逐渐收回，以使浮子所受的重力、浮力和发条的拉力达到平衡，此时，指示仪表指示液位高度或变送器输出正比于液位高度的信号。变送器的主要技术指标包括：①精度为 1~

2mm；②测量范围为0~20m。

(2) 浮球式液位计

当液位变化时，浮球（带有磁性）会随液面上下移动，通过测量浮球的位置即可得到液位高度。若将浮球的位置信号转换成标准电信号，则能够进行变送和控制。其测量原理如图3-25所示。

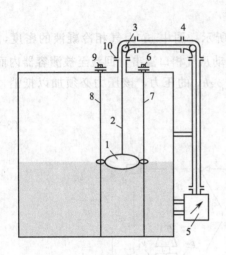

图 3-24 浮子式液位计的测量原理
1—浮子；2—钢丝绳；3,4—导向滑轮；
5—变送器或者指示仪表；6,9—导向钢索牵引螺栓；
7,8—导向钢索；10—法兰

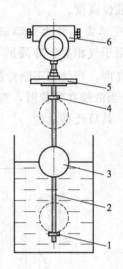

图 3-25 浮球式液位计的测量原理
1—液位下限；2—导杆；3—浮球；
4—液位上限；5—法兰；
6—变送器或者指示仪表

(3) 浮筒式液位计

浮筒式液位计的测量原理如图3-26所示。当液位在测量基准即零位时，浮筒的重力对扭力管产生的扭力矩最大。当液位逐渐升高至最高时，浮筒受到的浮力逐渐增加至最大，而扭力管所受到的扭力矩将逐渐减小至最小。在此过程中，指示仪表会转过相应的角度，或者变送器将此转角转换成直流信号（4~20mA），该电信号正比于介质液位，从而能够测量液位。

(4) 磁性翻板式液位计

磁性翻板式液位计的测量原理如图3-27所示。非导磁不锈钢浮子室内装有带磁钢的浮子，翻板标尺紧靠浮子室的外壁安装。当液位变化时，浮子的位置也随之变化，翻板

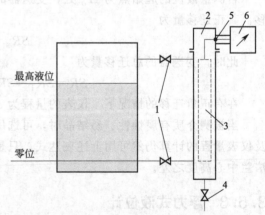

图 3-26 浮筒式液位计的测量原理
1—截止阀；2—浮筒体；3—浮筒；4—排液阀；
5—扭力管组件；6—变送器或者指示仪表

标尺中的翻板由于受到浮子内磁钢的吸引而出现翻转，其中，翻转的部分为红色，未翻转的部分仍为白色，红白分界处即为液面所在位置。该液位计除了采用指示标尺进行就地指示外，还能够配备报警开关和变送装置。报警开关可以用作液位上限和下限报警，变送装置将液位转换成直流信号（4~20mA），该电信号正比于液位，从而实现

液位测量。

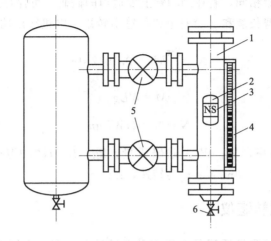

图 3-27 磁性翻板式液位计的测量原理
1—浮子室；2—浮子；3—磁钢；4—翻板标尺；5—截止阀；6—排污阀

3.6 功率的测量

化工原理实验中，许多设备的功率在操作过程中是变化的，常常需要测定功率与某个参数的变化关系（如离心泵性能测定）。常用测定功率的仪器或方法有：马达-天平式测功器、电阻应变式转矩仪和功率表测功法。

3.6.1 马达-天平式测功器

马达-天平式测功器是常用的测功仪器之一，具有测定结果可靠且准确的优点。装置结构如图3-28所示。在电动机外壳两端加装轴承，使外壳能自动转动，外壳连接测功臂和平

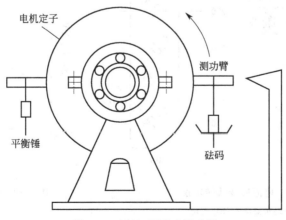

图 3-28 马达-天平式测功器

衡锤，后者用以调整零位。其测量原理是电机带动泵旋转时，反作用力会使外壳反向旋转，反向转矩大小与方向转矩相同，若在测功臂上加适当的砝码，可保持外壳不旋转，此时，所加的砝码质量乘以测功臂长度和 g 就是电机的输出转矩。电机输出功率为

$$N = \frac{2\pi}{60} Mn = 0.1047 Mn \tag{3-28}$$

$$M = WLg \tag{3-29}$$

$$N = 0.1047 WLgn \tag{3-30}$$

式中，N 为输出功率，W；W 为砝码质量，kg；L 为测功臂长度，m；M 为转矩，N·m；g 为重力加速度，9.8m/s^2；n 为转速，r/min。

3.6.2 电阻应变式转矩仪

电阻应变式转矩仪的测量原理是电机带动泵转动时，在空心轴的外表面与轴的母线呈45°的方向产生应力，应力与电机功率相对应，因此在这个位置（共四处）贴上电阻应变片，其中一对应变片 R_1、R_3 [图 3-29(a)] 承受最大拉力，而另一对应变片承受最大压缩力，使电阻应变片阻值发生相应的变化，四片电阻应变片组成电桥 [图 3-29(b)]。电阻变化的值是 W_2、W_4 耦合输出，经放大和检波后得到输出值。

与马达-天平式测功器相比，电阻应变式转矩仪的优点是无需增减砝码且能自动记录。然而，测试线路复杂，所用仪表较多，易出故障，准确度受仪表精度限制，不如马达-天平式测功器准确度高。

3.6.3 功率表测功法

功率表测功法是用功率表直接测量电机的输入点功率，然后利用电机输入-输出功率特性曲线（图 3-30）求出电机的输出功率。对于轴与电机直接连接的泵，电机输出功率与泵轴功率基本相等。电机的功率特性曲线应提前通过实验测出。

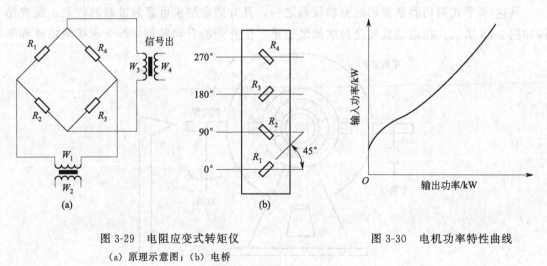

图 3-29　电阻应变式转矩仪　　　　　图 3-30　电机功率特性曲线
(a) 原理示意图；(b) 电桥

3.7 显示仪表

显示仪表是指与测量仪表相配合,通过接收测量仪表输出的信号,显示测量仪表所获取的参数。

3.7.1 模拟式显示仪表

模拟式显示仪表是以仪表指针的角位移或者线位移来显示被测参数的。常用的是自动电子电位差记录仪和平衡电桥记录仪等。这类仪表历史悠久,制造工艺成熟,然而,由于其内部结构限制,参数显示所需时间长,仪表精度较低,而且容易受到环境因素的干扰,使用范围在缩小。

3.7.2 数字式显示仪表

数字式显示仪表通过模/数转换模块将连续的模拟信号转换成间断的数字信号,以数字形式显示被测参数,此外,还可以与计算机和其他数字仪表联用。该类仪表克服了传统的模拟式显示仪表的相关缺点,随着电子技术的发展,使用越来越广泛。数字式显示仪表根据结构和功能可以分为普通数字显示仪表、智能数字显示仪表和无纸记录仪等。

(1) 普通数字显示仪表

该仪表是由前置放大、模/数转换、标度变换以及数字显示等电路组成,其工作示意图如图 3-31 所示。测量仪表输出模拟信号传递到数字显示仪表,由前置放大装置将信号放大后,通过模/数转换装置将模拟信号转换成数字信号,然后经过标度变换单元使数字信号转换为被测参数数值,最后由数字显示单元显示被测参数。

图 3-31 普通数字显示仪表的工作示意图

(2) 智能数字显示仪表

该仪表由于配置了中央处理器 (CPU),具备强大的逻辑运算能力。此外,若增加存储模块还具备保存数据的功能,可对测量的历史数据进行查询和显示。该仪表不仅结构较简单,而且可靠性和精度高。由于配置了 CPU,该仪表可以通过软件实现标度变化以及测量信号的非线性化校正,此外,还可以实现不同输入信号、数据单位、显示形式等参数的设定,而且能够实现故障自诊断、自动校正以及与计算机或其他智能设备之间的通信,应用领域逐渐扩大。智能数字显示仪表的工作示意图如图 3-32 所示。

图 3-32 智能数字显示仪表的工作示意图

(3) 无纸记录仪

该设备可以实现多通道信号同时采集、显示、记录、存储以及追溯，此外，还可以实现与计算机或其他智能设备之间的通信，比智能数字显示仪表功能更为强大，是计算机技术在显示仪表中的应用。无纸记录仪由 CPU、时钟电路、模/数转换装置、只读存储器（ROM）、随机存储器（RAM）、显示单元以及输出通信单元等组成。该设备可以将采集的数据以棒状图、曲线等其他形式进行显示，并能以模拟量、开关量等形式将信号进行输出，此外，还可以与打印机或者上位机进行联系和通信，实现打印以及信息交换等功能。

3.7.3　屏幕显示仪表

屏幕显示仪表是利用计算机的数据存储和运算能力，将测量的相关数据显示在显示屏上的仪表。该仪表可以将数据、字符、图形、曲线和工艺过程等信息显示在一个或者多个显示屏上，并可以对显示的内容进行调整，此外，还可以通过外接设备（如键盘、鼠标和触摸屏等）实现人机对话和其他功能。

第二篇
化工原理基础实验

第 4 章
化工原理必修实验

4.1 流体流动阻力的测定

4.1.1 实验目的

1. 了解流体输送设备的主要结构、基本原理及特点。
2. 了解流体流动过程中的主要管件、阀门和流量计的结构和原理,初步建立化工工程化概念。
3. 学习压差的几种测量方法,以及提高其测量精度的一些技巧。
4. 掌握直管摩擦阻力的测定方法,通过对比光滑直管和粗糙直管的阻力损失,进一步理解和掌握流体在直管中流动时的摩擦系数 λ 与雷诺数 Re 和相对粗糙度 ε/d 之间的关系。
5. 测定流体流经管件、阀门时的局部阻力损失,并掌握局部阻力系数 ζ 的测定方法。
6. 掌握节流式流量计(孔板或文丘里流量计)的标定方法,了解其流量系数 C 随雷诺数 Re 的变化规律。

4.1.2 实验原理

本实验的主要任务有:测定流体流经光滑直管和粗糙直管时的摩擦阻力损失,并确定摩擦系数 λ 与雷诺数 Re 和相对粗糙度 ε/d 之间的关系;测定流体流经阀门(闸阀)时的局部

阻力系数 ζ；非标节流式流量计的标定。

流体流经直管时，由于流体本身的黏性，会产生一定的摩擦阻力损失，一般称之为沿程阻力损失或直管阻力损失。流体流经不规则管道（阀门、三通、弯头等管件）时也会由于流动方向或大小的急剧变化，产生大量旋涡，造成形体阻力损失，也称局部阻力损失。管道的总阻力损失为以上两种阻力损失之和。

(1) 直管阻力摩擦系数 λ 的测定方法

研究表明，流体在直管中流动时产生的阻力大小会受到管径 d、管长 l、流速 u 以及摩擦系数 λ 的影响，通常可用范宁公式 $w_f = \lambda \dfrac{l}{d} \times \dfrac{u^2}{2}$ 进行计算。

对于层流流动，不可压缩流体的直管阻力损失可通过机理分析，并推导出计算公式——哈根-泊谡叶（Hagen-Poiseuille）公式 $\Delta p_f = \dfrac{32\mu l u}{d^2}$，再结合范宁公式 $\Delta p_f = \lambda \dfrac{l}{d} \times \dfrac{\rho u^2}{2}$ 或 $w_f = \lambda \dfrac{l}{d} \times \dfrac{u^2}{2}$，不难得出，层流流动时的摩擦系数为 $\lambda = \dfrac{64}{Re}$。

但是，对于比较复杂的湍流流动而言，目前尚不能完全用理论分析的方法推导 λ 的计算公式，工程中常采用的方法是通过实验建立经验关联式。为减少实验工作量，并使之具有一定的通用性，应当在量纲分析法（因次分析法）的指导下进行实验。通过量纲分析法可将较多的变量组合成较少的特征数，用特征数来代替原有变量，从而大幅简化实验与关联工作。

量纲分析法的依据是白金汉（Buckingham）的 π 定理：一个表示 n 个物理量间关系的方程式，通常可转换成包含 $(n-r)$ 个独立特征数之间的关系式，r 指 n 个物理量中所涉及的基本量纲的数目。根据量纲分析可知，阻力损失的影响因素主要有：流速 u、黏度 μ、密度 ρ、管长 l、管径 d 和管壁的绝对粗糙度 ε。这些因素可分为三类：流速 u 属于流动参数，密度 ρ 和黏度 μ 属于流体本身性质，而其他三个因素则涉及管路的几何尺寸。

据此，可列出普遍的函数关系式(4-1)

$$w_f = f(d, l, u, \rho, \mu, \varepsilon) \tag{4-1}$$

通过量纲分析过程，可将以上含有 6 个物理量的式(4-1) 转变为只含有 4 个特征数的式(4-2)

$$\frac{w_f}{u^2} = F\left(Re, \frac{\varepsilon}{d}, \frac{l}{d}\right) \tag{4-2}$$

结合范宁公式，可进一步化简得

$$w_f = \phi\left(Re, \frac{\varepsilon}{d}\right) \frac{l}{d} \times \frac{u^2}{2} \tag{4-3}$$

可知

$$\lambda = \phi\left(Re, \frac{\varepsilon}{d}\right) \tag{4-4}$$

至此可以发现，雷诺数 Re 和相对粗糙度 ε/d 只对直管摩擦系数 λ 有一定影响。如前所述，层流时可由理论推导得 $\lambda = 64/Re$，而湍流时 λ 与 Re 和 ε/d 的关系，需由实验确定。

针对本实验装置，直管的参数 (d 和 l) 已定，若固定水的温度，则其黏度 μ 和密度 ρ 也将不变。因此，本实验可看作是流体流经直管段所造成的压降 Δp_f 随流速 u 的变化规律。压降 Δp_f 用倒置 U 形管和压差传感器来测量，体积流量由转子流量计和涡轮流量计等测量。

流体流过直管时的摩擦系数与阻力损失之间的关系可用式(4-5) 表示

$$w_f = \lambda \frac{l}{d} \times \frac{u^2}{2} \tag{4-5}$$

式中，w_f 为直管阻力损失，J/kg；l 为直管长度，m；d 为直管内径，m；u 为流体的速度，m/s；λ 为摩擦系数，无量纲。

在一定的流速和雷诺数下，测出阻力损失，按式(4-6)即可求出摩擦系数 λ。

$$\lambda = w_f \frac{d}{l} \times \frac{2}{u^2} \tag{4-6}$$

阻力损失 w_f 可通过对两截面间进行机械能衡算求出，如式(4-7)所示

$$w_f = (z_1 - z_2)g + \frac{p_1 - p_2}{\rho} + \frac{u_1^2 - u_2^2}{2} \tag{4-7}$$

对于水平等径直管，$z_1 = z_2$，$u_1 = u_2$，上式可简化为式(4-8)

$$w_f = \frac{\Delta p_f}{\rho} = \frac{p_1 - p_2}{\rho} \tag{4-8}$$

式中，Δp_f 为两截面的压差，N/m²；ρ 为流体的密度，kg/m³。

不难看出，若要测定 λ 的值，则需先确定管道参数 l 和 d、流体的物性参数 ρ 和 μ，并测定流速 u 和压降 Δp_f 等。其中，l 和 d 由装置参数表格给出；流速 u 可由流量计先测得流量，再经管径计算得到；ρ 和 μ 可通过测定流体温度，再查有关手册而得；压降 Δp_f 可由普通 U 形管压差计，或倒 U 形管压差计等测定，也可以借助差压变送器及相应的二次仪表测定。

求取一系列的 Re 和 λ 值后，标绘在双对数坐标系中，即可分析 λ 随 Re 的变化趋势。将光滑管和粗糙管的结果汇总，可观察相对粗糙度 ε/d 对 λ 的影响。

(2) 局部阻力系数 ζ 的测定方法

当量长度法和阻力系数法，是计算局部阻力损失的两种常用方法。

① 当量长度法

当量长度法将局部阻力损失看作与某一长度为 l_e 的等径直管的沿程损失相当，由此折合的管路长度 l_e 称为当量长度。用其表示的局部损失计算式为

$$w_f = \lambda \frac{l_e}{d} \times \frac{u^2}{2} \tag{4-9}$$

若计算管路流动阻力的总损失 $\sum w_f$（直管损失+局部损失）时，可将阀门、管件的当量长度 l_e 与直管的长度 l 合并，用式(4-10)进行计算

$$\sum w_f = \lambda \frac{l + \sum l_e}{d} \times \frac{u^2}{2} \tag{4-10}$$

② 阻力系数法

如前所述，流体流经某管件或阀门时，会产生局部阻力损失，将此局部损失用平均动能的某一个倍数来计算的方法，即为阻力系数法。其表达式为

$$w_f = \frac{\Delta p_f'}{\rho} = \zeta \frac{u^2}{2} \tag{4-11}$$

即

$$\zeta = \frac{2}{\rho} \times \frac{\Delta p_f'}{u^2} \tag{4-12}$$

式中，ζ 为局部阻力系数，无量纲；u 为液体在小管径管路中的平均流速，m/s；$\Delta p_f'$ 为局部阻力引起的压降，Pa。

如图 4-1 所示，可用如下方法来测量局部阻力引起的压降 $\Delta p'_f$：在一条等径直管段上，安装一个阀门并在其上、下游各开两个测压口：a、b 和 a'、b'，使 $ab=bc$，$a'b'=b'c'$，则

$$\Delta p_{f,ab}=\Delta p_{f,bc}；\Delta p_{f,a'b'}=\Delta p_{f,b'c'}$$

在 a-a' 之间列伯努利方程：

$$p_a - p_{a'} = 2\Delta p_{f,ab} + 2\Delta p_{f,a'b'} + \Delta p'_f \tag{4-13}$$

在 b-b' 之间列伯努利方程：

$$p_b - p_{b'} = \Delta p_{f,bc} + \Delta p_{f,b'c'} + \Delta p'_f = \Delta p_{f,ab} + \Delta p_{f,a'b'} + \Delta p'_f \tag{4-14}$$

联立式(4-13) 和式(4-14)，则

$$\Delta p'_f = 2(p_b - p_{b'}) - (p_a - p_{a'}) \tag{4-15}$$

为方便起见，将 $(p_b - p_{b'})$ 称为近点压差，$(p_a - p_{a'})$ 称为远点压差，其数值由差压传感器测量得到。

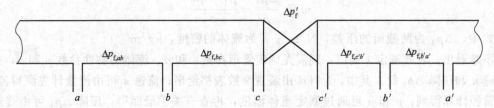

图 4-1　局部阻力测量取压口布置图

③ 节流式流量计测定的基本原理

流体流过节流式（孔板、文丘里、喷嘴）流量计时，由于喉部流速大压力小，文丘里管前端与喉部产生压差，此差值可用倒 U 形管压差计或单管压差计测出，而压差与流量大小有关。

标准流量 V_s 可采用涡轮流量计来测量。测量每一个流量时，压差计上也有一个相应读数，若将压差计的读数 Δp 对流量 V_s 作图，即可得到流量标定曲线，再经进一步的整理，可得流量系数 C_0 随雷诺数 Re 的变化曲线。

$$V_s = C_0 A_0 \sqrt{\frac{2(p_上 - p_下)}{\rho}} \tag{4-16}$$

式中，C_0 为节流式流量计的流量系数；V_s 为被测流体（水）的体积流量，m^3/s；A_0 为开孔截面积，m^2；$p_上$，$p_下$ 分别为文丘里流量计上、下游压力，Pa；ρ 为流体的密度，kg/m^3。

4.1.3　实验装置与流程

(1) 实验装置与流程图

实验装置流程图见图 4-2，化工流动过程综合实验装置面板图见图 4-3。

(2) 实验流程

该实验装置由水箱，离心泵，不同材质和管径的水管、各种管件和阀门、大、小转子流量计，文丘里流量计，涡轮流量计，以及倒 U 形管压差计等组成。管路部分一共有三段长直管并联，第一根和第二根分别用于光滑直管和粗糙直管摩擦阻力系数的测量，而第三根用于局部阻力系数的测量。光滑直管的材质为内壁比较光滑的不锈钢，粗糙直管所用材质为管内壁较粗糙的镀锌管，而局部阻力部分同样使用不锈钢管，其上装有待测管件。

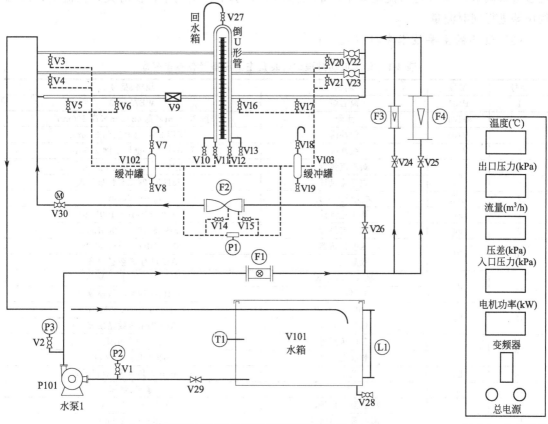

图 4-2 化工流动过程综合实验装置流程示意图

图 4-3 化工流动过程综合实验装置面板图

P1—压差传感器；P2—泵入口真空表；P3—泵出口压力表；T_1—温度传感器；L_1—液位计；F1—涡轮流量计；F2—文丘里（或孔板）流量计；F3—小转子流量计；F4—大转子流量计；V1—泵入口真空表控制阀；V2—泵出口压力表控制阀；V3，V20—实验管路 1（光滑管）测压阀；V4，V21—实验管路 2（粗糙管）测压阀；V5，V17—实验管路 3（测局部阻力）远端阀；V6，V16—实验管路 3（测局部阻力）近端阀；V7，V18—缓冲罐放空阀；V8，V19，V28—放水阀；V9—局部阻力阀；V10，V13—倒 U 形管排水阀；V11，V12—倒 U 形管进水阀；V14，V15—文丘里流量计测压阀；V22，V23—光滑管、粗糙管切断阀；V24，V25，V26—流量调节阀；V27—倒 U 形管放空阀；V29—泵入口阀；V30—电动调节阀

① 直管流动阻力的测量

水箱中的水经水泵 1 抽出后，进入实验系统，采用转子流量计 F3 或 F4 对其流量进行测量，送入被测直管段（光滑管或粗糙管）测量流体流动阻力，最后经回流管重新流回水箱。待测直管流动阻力的大小，根据实际情况选用空气-水倒 U 形管压差计或压力传感变送器（差压传感器）P1 来测量。

② 局部阻力的测量

水箱中的水经水泵 1 抽出后，进入实验系统，采用转子流量计 F3 或 F4 来测其流量大小，之后被送入待测直管段。打开局部阻力阀 V9 后，即可测量流体流经该处的局部阻力损失，最后经回流管重新流回水箱。被测局部阻力的大小根据近点压差和远点压差来计算。

③ 流量计的标定

水箱中的水经水泵 1 抽出后，进入实验系统，采用涡轮流量计 F1 对其流量进行测量，

第 4 章 化工原理必修实验 57

通过流量调节阀 V26 进行流量调节,最后重新回到水箱。实验中,需对文丘里流量计两端的压差进行同时测量。

(3) 设备的主要技术参数(表 4-1)

表 4-1 化工流动过程综合装置主要设备及仪器型号表

序号	位号	名称	规格、型号
1	P101	离心泵	WB70/055
2	V101	水箱	长 780mm×宽 420mm×高 500mm
3	V102	缓冲罐	不锈钢 304,壁厚实测 2.0mm
4	V103	缓冲罐	不锈钢 304,壁厚实测 2.0mm
5	F1	涡轮流量计	LWGY-40,0~20m^3/h
6		数显流量计	AI519BV24X3S 数显仪表
7	F2	文丘里流量计	d_o=0.020mm
8	F3	转子流量计	VA10-15F(10~100L/h)
9	F4	转子流量计	LZB-25(100~1000L/h)
10	P1	压差传感器	SM9320DP;0~200kPa
		数显压差计	AI702BJ5S 数显仪表
11	P2	泵入口真空表	Y-100,-0.1~0MPa
		数显压差计	AI519BV24X3S 数显仪表
12	P3	泵出口压力表	Y-100,0~0.25MPa
		数显压差计	AI702BJ5S 数显仪表
13	T1	温度传感器	Pt100 热电阻
		数显温度计	AI501B 数显仪表
14	L1	液位计	Φ16mm 直角卡套;有机玻璃
15	V	阀门	球阀、闸阀
16		离心泵入口管路	Φ45mm×2.5mm
17		离心泵出口管路	Φ45mm×2.5mm
18		倒 U 形管压差计	玻璃;指示液为红墨水
19		电机	效率 60%
20		实验管路 1	光滑管,管径 d=0.0080m 管长 l 为 1.70m,材质为不锈钢
21		实验管路 2	粗糙管,管径 d=0.010m 管长 l 为 1.70m,材质为不锈钢
22		实验管路 3	局部阻力测量管,管径 d=0.020m 材质为不锈钢

注:泵进出口高度差为 0.31m。

4.1.4 实验步骤

(1) 实验前准备工作

① 首先检查贮槽内的水位是否正常,一般要求水位在 75% 左右。如果缺水先加水(蒸馏水或去离子水),但不要注满,实验中保持水体清洁。

② 检查所有阀门是否关闭。

③ 打开总电源,打开相应的仪表开关。

(2) 光滑管流体阻力的测定

① 赶出导压管内气泡。将管路 1 中光滑管上下游的阀门 V22、V20 和 V3 全开,在流量为零条件下,打开倒 U 形管进水阀 V11 和 V12,检查导压管内是否有气泡存在。若倒 U 形管内液柱高度差不为零,表明导压管内存在气泡,需进行赶气泡的操作。

导压系统如图 4-4 所示，具体操作方法如下：启动泵后，先开启大转子流量计的调节阀 V25，调流量至最大；接着打开倒 U 形管进水阀 V11、V12，使倒 U 形管内液体充分流动，以赶出管路内的气泡；观察气泡，若已被赶尽，关闭大转子流量计的流量调节阀 V25，关闭倒 U 形管进水阀 V11、V12，慢慢旋开倒 U 形管上部的放空阀 V27 后，分别缓慢打开倒 U 形管排水阀 V10、V13，使液柱降至标尺中点附近时马上关闭，管内形成空气-水柱，此时管内液柱高度差不一定为零。然后关闭倒 U 形管放空阀 V27，打开倒 U 形管进水阀 V11、V12，此时倒 U 形管两液柱的高度差应为零（1～2mm 可以忽略），若相差较大则表明管路中仍有气泡存在，需重复进行赶气泡操作。

若反复操作，两玻璃管液柱仍不平，将阀门 V20、V22 和 V3 打开，开启大转子流量计流量调节阀 V25，调节流量至最大使倒 U 形管内有水流动，缓慢将缓冲罐放空阀 V18、V7 打开，待两阀门有水流出，将缓冲罐放空阀 V18、V7 关闭，再进行上述操作，基本可以使两液柱高度差为零。

② 该装置中两个转子流量计并联连接。当流体的流量较小（10～100L/h）时，其压差采用倒 U 形管压差计进行测量；流量较大（100～1000L/h）时，则采用差压变送器进行测量。在最小流量和最大流量间取 15～20 组数据。每改变一次流量，需等流动达到稳定状态后，再记录对应数据（压差值、温度和流量）。

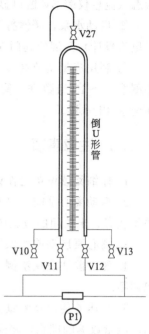

图 4-4　导压系统示意图
V10，V13—倒 U 形管排水阀；
V11，V12—倒 U 形管进水阀；
V27—倒 U 形管放空阀；
P1—压差传感器

注：流量较大时，为避免水利用倒 U 形管形成回路造成压差测量的误差，应关闭倒 U 形管进水阀 V11、V12。

③ 数据测量完毕，关闭大、小流量调节阀，关闭光滑管路阀门 V22、V20、V3，停泵，关闭电源。

(3) 粗糙管流体阻力的测定

粗糙管阻力测量方法同上，只是流体所用直管不同，关闭光滑管阀，打开粗糙管路的阀门 V23、V21 和 V4。由小到大改变流量，测取 15～20 组数据。

(4) 局部阻力系数的测定

① 远端压差测定实验

将局部阻力阀 V9 打开，启动离心泵，缓慢打开流量调节阀 V25，待系统稳定即有水回到水箱，将流量调节阀 V25 固定在某一开度（阀门开度不宜过大或过小），打开实验管路 3（测局部阻力）远端阀 V5、V17，读取流量，并记录水温以及压差传感器压差数据。

② 近端压差测定实验

远端压差测定之后，将实验管路 3（测局部阻力）远端阀 V5、V17 关闭，将实验管路 3（测局部阻力）近端阀 V6、V16 打开，将流量调至与测定远端压差实验时相同，读取并记录水温以及压差传感器压差数据。

③ 改变流量，重复前两个步骤，测取 2～3 组实验数据。

(5) 孔板（或文丘里流量计）的标定

① 检查流量调节阀 V24、V25、V26 是否关闭（应关闭），开机后电动球阀应处于全开

状态（流量仪表 SV 窗口显示 M100，表示电动球阀处于手动状态且全开）。

② 启动水泵，缓慢打开流量调节阀 V26 至全开。待系统内流体稳定，打开孔板（或文丘里流量计）两端的阀门 V14、V15。

③ 利用流量调节阀 V26（或电动调节阀 V30）调节流量，从小到大或从大到小，按顺序测取 10～15 组数据，同时记录涡轮流量计 F1 流量、孔板（或文丘里流量计）的压差，并记录 T1 水温。

4.1.5 注意事项

1. 仔细阅读设备操作说明书，熟悉其性能和使用方法后再开始操作。
2. 启动离心泵前，以及管路切换之前，都需检查流量调节阀 V24、V25、V26 是否处于关闭状态，未关闭的应关闭，以避免离心泵启动时电流过大损坏电机。
3. 离心泵启动前要保证泵入口阀 V29 为打开状态，以防离心泵因空转而损坏。
4. 测量前注意观察倒 U 形管压差计两侧液柱高度差是否为零，若不为零，应注意赶气泡调零。
5. 用压差传感器测量大流量时的压差时，需将空气-水倒 U 形压差计的阀门切断。否则，测量数据的准确性将受到影响。
6. 开启、关闭各阀门及倒 U 形管压差计上的阀门时，注意动作要缓慢，不能用力过猛，避免测量仪表因突然减压或受压而损坏。
7. 实验过程中，每调节一次流量，需待流量、直管压降等数据稳定后，方可进行记录。
8. 若该实验装置较长时间未使用，启动离心泵前，应先盘轴转动进行检查以防电机烧坏。
9. 启动离心泵前，应先检查流量调节阀、压力表和真空表的开关是否关闭，以免测量仪表受损，因阀门 V30 为电动阀门，开泵前请将涡轮流量计仪表 M100 改成 M0。
10. 实验用水要用清洁的蒸馏水，以免影响涡轮流量计运行和使用寿命。

4.1.6 实验原始数据记录

（1）光滑管阻力实验测量数据记录表（表 4-2）

表 4-2 光滑直管阻力实验数据记录表

光滑管内径　　mm，管长　　m						
液体温度　　℃，液体密度 $\rho=$　　kg/m^3，液体黏度 $\mu=$　　$mPa \cdot s$						
序号	流量 Q /(L/h)	压差 Δp		Δp /Pa	流速 u /(m/s)	Re	λ
		mmH_2O	kPa				
1							
2							
3							
4							
5							
6							
7							
8							
9							

续表

光滑管内径　mm,管长　m
液体温度　℃,液体密度 $\rho=$　kg/m³,液体黏度 $\mu=$　mPa·s

序号	流量 Q /(L/h)	压差 Δp mmH$_2$O	kPa	Δp /Pa	流速 u /(m/s)	Re	λ
10							
11							
12							
13							
14							
15							
16							
17							
18							
19							
20							

(2) 粗糙管阻力实验测量数据记录表（表4-3）

表4-3　粗糙直管流体阻力实验数据记录表

绝对粗糙度 ε　mm,粗糙管内径　mm,管长　m
液体温度　℃,液体密度 $\rho=$　kg/m³,液体黏度 $\mu=$　mPa·s

序号	流量 Q /(L/h)	压差 Δp mmH$_2$O	kPa	Δp /Pa	流速 u /(m/s)	Re	λ
1							
2							
3							
4							
5							
6							
7							
8							
9							
10							
11							
12							
13							
14							
15							
16							
17							
18							
19							
20							

(3) 局部阻力实验测量数据记录表（表 4-4）

表 4-4 局部阻力实验数据记录表

序号	流量 Q /(L/h)	远端压差 Δp /kPa	近端压差 Δp /kPa	流速 u /(m/s)	局部阻力压差 /kPa	局部阻力系数 ζ
1						
2						
3						

(4) 孔板（文丘里流量计）标定实验测量数据记录表（表 4-5）

表 4-5 孔板（文丘里流量计）标定实验数据记录表

序号	孔板(文丘里流量计)Δp /kPa	流量 Q /(m³/h)	流速 u /(m/s)	Re	C_0
1					
2					
3					
4					
5					
6					
7					
8					
9					
10					
11					
12					
13					
14					
15					

4.1.7 实验数据处理及分析

1. 根据直管（光滑管和粗糙管）的实验结果，在双对数坐标系中绘出 λ-Re 曲线。并结合教材相关曲线图，估算出该粗糙管的相对粗糙度 ε/d，进而可计算粗糙管的绝对粗糙度 ε。

2. 根据光滑管的实验结果，与经验式——柏拉修斯方程进行对照，计算其误差。

3. 计算局部阻力系数 ζ。

4. 对孔板（或文丘里流量计）的实验数据进行处理，求出其孔流系数 C_0，并绘制 C_0 与雷诺数 Re 的关联图。

5. 对实验结果进行分析讨论。

注：建议借助计算机对实验数据进行计算，并采用 Origin 软件绘图。每个实验内容，至少以一组数据为例，详细列出其具体处理过程。

4.1.8 思考题

1. 实验前需检验测试系统内的空气是否已被排尽，检验方法是什么？

2. 在本实验中，以水为工作介质得到的 λ-Re 关系，对于其他种类的牛顿型流体是否适用？请说明原因。

3. 采用不同水温、不同设备（包括不同管径）测得的摩擦系数 λ 与雷诺数 Re，能否关联在同一条曲线上？

4. 测得的直管摩擦阻力与直管的放置状态有关吗？为什么？

5. 若要拓宽雷诺数 Re 的范围，可以采取哪些措施？

4.2
离心泵特性曲线的测定

4.2.1 实验目的

1. 了解离心泵的基本结构、工作原理和操作方法。
2. 掌握离心泵的特性曲线（H-Q 曲线、N-Q 曲线和 η-Q 曲线）的测定方法。
3. 掌握管路特性曲线的测定方法，并能根据离心泵特性曲线和管路特性曲线确定最佳工作点。
4. 掌握正确使用、维护保养离心泵的通用技能，能够根据工艺条件正确选择离心泵的类型及型号。
5. 掌握压力表、真空表的工作原理和使用方法。
6. 培养安全、规范、环保、节能的生产意识及敬业爱岗、严格遵守操作规程的职业道德和团队合作精神。

4.2.2 实验原理

本实验的基本任务有：测定离心泵在某一指定转速下的特性曲线；测定流量调节阀在某一开度下的管路特性曲线。

工业生产中经常用流体输送机械将流体从一处送往另一处，在此过程中，无论是位能的提高，或是压力能的提升，或只是沿途阻力损失的克服，都可以采用向流体提供机械能的方式来实现。简言之，流体输送机械就是对流体做功，以提高其机械能的一种装置，而离心泵是最常见的液体输送设备，主要依靠高速旋转的叶轮产生的离心力来工作。离心泵的具体工作原理为：启动前先将泵壳和吸水管灌满液体，然后启动电机，泵轴带动叶轮和液体高速旋转，液体在离心力的作用下被甩向叶轮外缘，经蜗形泵壳的流道流入排出管路。叶轮内的液体在离心力的作用下被抛出后，叶轮中心瞬间形成真空，外界液体在液面压力（常为大气压）与泵内压力（负压）的压差作用下，被压进泵壳内，从而填补了被排出液体的位置。因此，随着叶轮的不停转动，液体被不断地吸入和排出，就可以实现连续输送的目的。

选择和使用一台泵时，既要满足工艺要求的流量和压头，还要具有较高的工作效率才能节能。离心泵的特性曲线，常作为确定泵的适宜操作条件和选用泵的重要依据之一。特性曲线，是指在一定的转速下，离心泵的压头 H、功率 N 和效率 η 随流量 Q 的变化规律。根据 $H\text{-}Q$ 曲线可评价离心泵在一定管路系统中，泵的实际流量大小能否满足要求；利用 $N\text{-}Q$ 曲线可预测离心泵在某一流量下运行时消耗的能量，以配置合适的动力设备；而 $\eta\text{-}Q$ 曲线可用来判断其在某一个工作点运行时效率的高低，以使其能够在适宜的条件下运行，发挥最高效率。离心泵的特性曲线是流体在泵内流动规律的外在表现形式，而流体在泵内的流动情况十分复杂，难以用简单的数学方法进行计算，所以只能通过实验来进行测定。

(1) 离心泵特性曲线

① 压头 H 的测定

泵向单位质量液体提供的机械能，称为泵的压头（也叫扬程），用符号 H 表示，单位为 J/N（或 m）。当泵在管路输送系统中正常工作时，泵所提供的压头 H 与管路所需的压头 h_e 相等，即供需平衡。实验测定压头 H 的原理如下。

在泵的吸入口和排出口之间列伯努利方程为：

$$z_1 + \frac{p_1}{\rho g} + \frac{u_1^2}{2g} + H = z_2 + \frac{p_2}{\rho g} + \frac{u_2^2}{2g} + \sum h_f \tag{4-17}$$

$$H = z_2 - z_1 + \frac{p_2 - p_1}{\rho g} + \frac{u_2^2 - u_1^2}{2g} + \sum h_f \tag{4-18}$$

上式中 h_f 是流体从泵的吸入口到排出口之间产生的阻力损失，由于两截面间的管长很短，一般可忽略。于是式(4-18)变为：

$$H = z_2 - z_1 + \frac{p_2 - p_1}{\rho g} + \frac{u_2^2 - u_1^2}{2g} \tag{4-19}$$

将测得的高度差 $z_2 - z_1$、压差 $p_2 - p_1$，以及计算所得的流速 u_1、u_2 代入式(4-19)，即可求得泵的压头 H。

式中，p_1、p_2 分别为泵的进口和出口压力，Pa；ρ 为流体的密度，kg/m³；u_1、u_2 分别为流体在泵进口处和出口处的流速，m/s；g 为重力加速度，m/s²。

② 轴功率 N 的测定

电动机的输入功率 $N_电$ 为采用功率表测得的功率，而泵由电动机直接带动，因此轴功率 N 和电机功率 $N_电$ 之间的关系可用式(4-20)表示：

$$N = N_电 \eta \tag{4-20}$$

式中，N 为泵的轴功率，W；$N_电$ 为电机功率，W；η 为电机传动效率。

根据上式可知，要测定泵的轴功率，需读出电机功率表显示的电机功率。

③ 效率 η 的计算

根据泵的压头 H 和流量 Q，按照式 $N_e = HQ\rho g$ 算出的功率是泵输出的功率，是单位时间内流体流经泵获得的实际功，即有效功率。而外界通过泵轴输入给泵的功率则为轴功率 N。N_e 小于 N，主要是由于输入的功率在泵内有一部分损失，包括水力损失、容积损失和机械损失等。泵的效率 η 是泵的有效功率 N_e 与轴功率 N 的比值，该值大小反映了泵对外加能量的利用程度。

其计算式为：

$$\eta = \frac{N_e}{N} = \frac{HQ\rho g}{N} \tag{4-21}$$

④ 转速改变时的换算

泵的特性曲线，是在固定转速下测得的数据，即在某一条特性曲线上所有实验点的转速都一致。但实际中由于感应电动机在转矩改变时转速也会发生变化，因此多个实验点的转速会随着流量的变化而不同。因此，在绘制泵的特性曲线之前，需对实测数据进行换算，一般统一换算为指定转速（2900r/min）下的数据。可按如下关系进行换算：

流量：
$$Q' = Q\frac{n'}{n} \tag{4-22}$$

扬程：
$$H' = H\left(\frac{n'}{n}\right)^2 \tag{4-23}$$

轴功率：
$$N' = N\left(\frac{n'}{n}\right)^3 \tag{4-24}$$

效率：
$$\eta' = \frac{H'V'\rho g}{N'} = \frac{HV\rho g}{N} = \eta \tag{4-25}$$

(2) 管路特性曲线

通过某一特定管路的流量与所需压头之间的关系，称为该管路特性方程，其方程可写为：

$$h_e = \Delta z + \frac{\Delta p}{\rho g} + \frac{\Delta u^2}{2g} + \sum h_f \tag{4-26}$$

对于某一特定管路，在完全湍流区，该式可简写为 $h_e = A + BQ^2$。

离心泵在特定的管路系统中工作时，实际的流量和压头除了与其本身的性能有关，也与管路的特性有关。可以说，在液体输送过程中，泵和管路是相互制约的关系。

若将泵的特性曲线和管路特性曲线画在同一坐标图中，两曲线存在一个交点，此交点即为泵在该管路的工作点。为调节流量、改变工作点，可采用改变管路特性曲线或改变泵的特性曲线的方法。其中，在改变管路特性曲线的方法中，最简单的措施是利用阀门调节，阀门开大或关小，其局部阻力系数也将相应变小或变大，管路特性曲线发生变化，工作点也将移动，进而可以得到泵的特性曲线。同理，可通过改变泵的转速来改变泵的特性曲线来得到管路特性曲线。

4.2.3 实验装置与流程

(1) 实验装置流程图

离心泵特性曲线测定实验装置与流体流动阻力实验装置相同，如图 4-5 所示，面板图见图 4-6。

(2) 实验流程

该实验装置由水箱，离心泵，不同材质和管径的水管、各种管件和阀门、大、小转子流量计，文丘里流量计，涡轮流量计，倒 U 形压差计，压力传感器，电动调节阀和转速传感器等组成。

水箱中的水经水泵 1 抽出后，经流量调节阀 V26 后进入实验系统，采用涡轮流量计测量流量，采用电动调节阀 V30 来调节流量，最后经回流管重新流回水箱。

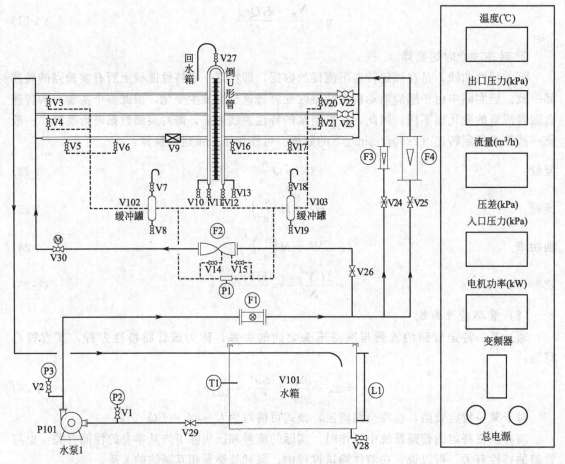

图 4-5 化工流动过程综合实验装置流程示意图

图 4-6 化工流动过程综合实验装置面板图

P1—压差传感器；P2—泵入口真空表；P3—泵出口压力表；T1—温度传感器；L1—液位计；F1—涡轮流量计；F2—文丘里（或孔板）流量计；F3—小转子流量计；F4—大转子流量计；V1—泵入口真空表控制阀；V2—泵出口压力表控制阀；V3，V20—实验管路1（光滑管）测压阀；V4，V21—实验管路2（粗糙管）测压阀；V5，V17—实验管路3（测局部阻力）远端阀；V6，V16—实验管路3（测局部阻力）近端阀；V7，V18—缓冲罐放空阀；V8，V19，V28—放水阀；V9—局部阻力阀；V10，V13—倒U形管排水阀；V11，V12—倒U形管进水阀；V14，V15—文丘里流量计测压阀；V22，V23—光滑管、粗糙管切断阀；V24，V25，V26—流量调节阀；V27—倒U形管放空阀；V29—泵入口阀；V30—电动调节阀

(3) 设备的主要技术参数（表 4-6）

表 4-6 化工流动过程综合装置主要设备及仪器型号表

序号	位号	名称	规格、型号
1	P101	离心泵	WB70/055
2	V101	水箱	长 780mm×宽 420mm×高 500mm
3	V102	缓冲罐	不锈钢 304，壁厚实测 2.0mm
4	V103	缓冲罐	不锈钢 304，壁厚实测 2.0mm
5	F1	涡轮流量计	LWGY-40，0～20m³/h
6	F1	数显流量计	AI519BV24X3S 数显仪表
7	F2	文丘里流量计	$d_o=0.020$mm
8	F3	转子流量计	VA10-15F(10～100L/h)

续表

序号	位号	名称	规格、型号
9	F4	转子流量计	LZB-25(100～1000L/h)
10	P1	压差传感器	SM9320DP;0～200kPa
		数显压差计	AI702BJ5S 数显仪表
11	P2	泵入口真空表	Y-100,-0.1～0MPa
		数显压差计	AI519BV24X3S 数显仪表
12	P3	泵出口压力表	Y-100,0～0.25MPa
		数显压差计	AI702BJ5S 数显仪表
13	T1	温度传感器	Pt100 热电阻
		数显温度计	AI501B 数显仪表
14	L1	液位计	Φ16mm 直角卡套;有机玻璃
15	V	阀门	球阀、闸阀
16		离心泵入口管路	Φ45mm×2.5mm
17		离心泵出口管路	Φ45mm×2.5mm
18		倒 U 形管压差计	玻璃;指示液为红墨水
19		电机	效率 60%
20		实验管路 1	光滑管,管径 $d=0.0080$m 管长 $l=1.70$m,材质为不锈钢
21		实验管路 2	粗糙管,管径 $d=0.010$m 管长 $l=1.70$m,材质为不锈钢
22		实验管路 3	局部阻力测量钢,管径 $d=0.020$m 材质为不锈钢

4.2.4 实验步骤

(1) 离心泵特性曲线的测定

① 向储水槽内注水约 75%（注意水不要注满）。

② 检查流量调节阀 V24、V25、V26 是否处于关闭状态（应关闭），开机后电动球阀处于全开状态（流量仪表 SV 窗口显示 M100,表示电动球阀处于手动状态且全开）。

③ 打开总电源，启动泵，逐步将流量调节阀 V26 调至最大。待系统内流体达到稳定之后，再打开真空表和压力表的控制阀 V1、V2,开始数据测量。

④ 用电动调节阀 V30 逐步调节流体的流量，从大到小或从小到大，测取 10～15 组数据，记录下水温、涡轮流量计读数、泵的进出口压力及功率。

⑤ 实验结束后，将电动调节阀 V30、流量调节阀 V26、压力表和真空表开关阀关闭，关泵，关电源。

(2) 管路特性曲线的测定

① 向储水槽内注水约 75%（注意水不要注满），检查流量调节阀 V24、V25、V26 是否处于关闭状态（应关闭）。

② 打开总电源，启动泵，将流量调节阀 V26 调至为某一开度，使电动调节阀 V30 处于全开状态（流量仪表 SV 窗口显示 M100,表示电动球阀处于手动状态且全开）。

③ 用出口压力仪表调节离心泵电机频率（50～20Hz,开机后变频器处于 50Hz,其相关仪表出口压力 SV 窗口显示 M100,可用 STOP 或者 RUN 按键调节开度，改变变频器频

率，推荐每次 M 改变为 4）。逐步调节流体的流量，从大到小或从小到大，测取 10～15 组数据，记录下水温、涡轮流量计读数、泵的进出口压力及功率。

④ 实验结束后，将电动调节阀 V30、流量调节阀 V26、压力表和真空表的开关阀关闭，关泵，关电源。

4.2.5 注意事项

1. 实验前需进行灌泵，以防离心泵发生气缚现象。
2. 离心泵启动前，应先检查出口流量调节阀、压力表和真空表的开关是否关闭，以免电机和测量仪表受损。
3. 切记在管路阀门关闭的状态下，离心泵不能长时间运转（一般不能超过 3min），否则泵中液体将不断循环而升温，产生气泡，使泵抽空。
4. 定期对泵进行保养，防止叶轮被固体颗粒损坏。若该装置较长时间未被使用，为避免电机烧坏，启动前应先进行盘轴转动检查。
5. 在泵运转中，切勿触碰泵的主轴部分，因其高速转动，易造成缠绕并对身体接触部位造成伤害。
6. 实验过程中，每改变一次流量，应确保其他数据稳定后再进行记录。

4.2.6 实验原始数据记录

（1）离心泵特性曲线测定实验数据记录表（表 4-7）

表 4-7　离心泵特性曲线测定实验数据记录表

泵进出口高度差＝　　m，液体温度　　℃，液体密度 $\rho=$　　kg/m³

序号	入口压力 p_1 /MPa	出口压力 p_2 /MPa	电机功率 /kW	流量 Q /(m³/h)	压头 H /m	轴功率 N /W	效率 η
1							
2							
3							
4							
5							
6							
7							
8							
9							
10							
11							
12							
13							
14							
15							

(2) 管路特性曲线测定实验数据记录表（表 4-8）

表 4-8　管路特性曲线测定实验数据记录表

泵进出口高度差＝　　m，液体温度　　℃，液体密度 $\rho=$ 　　kg/m^3

序号	电机频率 /Hz	入口压力 p_1 /MPa	出口压力 p_2 /MPa	流量 Q /(m^3/h)	压头 h_e /m
1					
2					
3					
4					
5					
6					
7					
8					
9					
10					
11					
12					
13					
14					
15					

4.2.7　实验数据处理及分析

1. 在同一张坐标纸上绘制一定转速下泵特性曲线（H-Q、N-Q、η-Q 曲线）和管路特性曲线。

2. 根据实验结果分析讨论，确定离心泵适宜的工作范围。

注：建议借助计算机对实验数据进行计算，并采用 Origin 软件绘图。每个实验内容，至少以一组数据为例，详细列出其具体处理过程。

4.2.8　思考题

1. 对实验测得的离心泵特性曲线进行分析，启动泵之前为什么要将出口阀门关闭？

2. 离心泵启动前为什么要灌泵？如果灌泵后，泵在启动后仍不能输送水，可能的原因是什么？

3. 正常工作的离心泵，在其进口管路上安装阀门是否合理？为什么？

4. 若在流量相同条件下，用清水泵输送盐水（密度为 1200kg/m^3，忽略黏度影响），泵的压力和轴功率是否会发生变化？

4.3 恒压过滤实验

4.3.1　实验目的

1. 了解过滤设备（板框过滤设备和真空过滤设备）的构造和操作方法。

2. 学习并掌握恒压过滤常数 K、V_e（q_e）、θ_e 的基本原理和测定方法，了解其工程意义。

3. 了解操作压力对过滤速率的影响。

4. 了解物料常数 k 和滤饼压缩性指数 s 的实验测定方法。

5. 学习 $\mathrm{d}\theta/\mathrm{d}q$-$q$ 一类问题的实验测定方法。

6. 学习并掌握应用数学模型法处理工程实际问题的研究方法。

4.3.2 实验原理

该实验的基本任务为：测定恒定压力条件下的过滤常数 K、V_e（q_e）和 θ_e；测定不同压力下的过滤常数和过滤速率的关系，以及滤饼的压缩指数 s。

过滤是分离固、液混合物的常见操作之一，是利用多孔介质（称为过滤介质）在压差作用下使液体通过而固体截留的过程。过滤介质通常采用带有许多毛细孔的物质，如帆布、毛毯、多孔陶瓷等，推动力一般有重力、压力和离心力，过滤的阻力主要与过滤介质和滤饼层厚度有关。随着过滤的进行，悬浮液中的固体颗粒不断地被截留，滤饼厚度增加，液体流过固体颗粒之间的孔道加长，因而流体流动阻力增加。故在推动力恒定的情况下，单位时间通过的滤液量不断减少，过滤速率变慢，若得到相同的滤液量，则过滤时间增加。

过滤速率，一般定义为单位时间内通过单位过滤面积的滤液体积，用符号 u 表示，其表达式为

$$u = \frac{\mathrm{d}V}{A\mathrm{d}\theta} = \frac{\mathrm{d}q}{\mathrm{d}\theta} \tag{4-27}$$

式中，u 为瞬时过滤速率，$\mathrm{m}^3/(\mathrm{m}^2 \cdot \mathrm{s})$，即 $\mathrm{m/s}$；V 为通过过滤介质的滤液体积，m^3；q 为单位过滤面积所得的滤液量（过滤速率），$q = V/A$，$\mathrm{m}^3/\mathrm{m}^2$；$A$ 为过滤面积，m^2；θ 为过滤时间，s。

可以预测，在恒定压差下，过滤速率 $\mathrm{d}q/\mathrm{d}\theta$ 和滤液量 q 与过滤时间 θ 的关系如图 4-7 和图 4-8 所示。

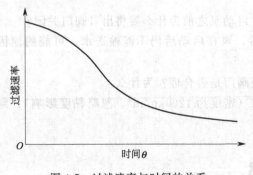

图 4-7 过滤速率与时间的关系

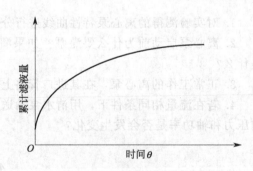

图 4-8 累计滤液量与时间的关系

虽然过滤属于流体力学问题，但在过滤过程中，过滤速率除了与推动力（压差）Δp、滤饼厚度 L 有关，还受到悬浮液的温度和性质、过滤介质的阻力，以及滤饼等诸多因素的影响。因此，不能直接采用流体在圆形管内流动的相关公式来计算，需要根据过滤过程的本质特征做适当简化，进而借助合适的数学方程（模型）进行描述。

将过滤过程与流体通过固定床的流动进行比较可知，过滤速率即为流体经过固定床的表

观速率 u。同时，液体在细小颗粒构成的滤饼空隙中的流动很慢，雷诺数较小，即滤液通过滤饼和过滤介质的流动过程基本属于层流流动。因此，可利用流体通过固定床压降的简化数学模型，来推导滤液量 V 与过滤时间 θ 的关系。

由于滤液流动处于层流区，利用哈根-泊谡叶公式不难推导得出过滤速率的计算式——康采尼公式，如式(4-28) 所示：

$$u = \frac{dV}{Ad\theta} = \frac{dq}{d\theta} = \frac{1}{K_0} \times \frac{\varepsilon^3}{2a^2(1-\varepsilon)^2} \times \frac{\Delta p_1}{\mu L} \tag{4-28}$$

式中，K_0 为与滤饼空隙率、颗粒形状、排列方式等有关的常数，层流时 $K_0 = 5$；ε 为滤饼的空隙率，m^3/m^3；a 为颗粒的比表面积，m^2/m^3；Δp_1 为通过滤饼的压差，Pa；μ 为滤液黏度，Pa·s；L 为滤饼厚度，m。

令 $\dfrac{1}{r} = \dfrac{1}{K_0} \times \dfrac{\varepsilon^3}{2a^2(1-\varepsilon)^2}$，则有：

$$u = \frac{dV}{Ad\theta} = \frac{\Delta p_1}{r\mu L} \tag{4-29}$$

式中，r 为滤饼的比阻，m^{-2}，$r = r_0 \Delta p^s$，与滤饼的比表面积、空隙率等特性有关。

式(4-29) 仅考虑了滤饼层对过滤的影响，未考虑过滤介质，若两者都加以考虑，并出于方便起见，将介质阻力折合成厚度为 L_e 的滤饼阻力，该式可改写为：

$$u = \frac{dV}{Ad\theta} = \frac{\Delta p_1}{r\mu L} = \frac{\Delta p_2}{r\mu L_e} = \frac{\Delta p}{r\mu(L+L_e)} \tag{4-30}$$

式中，Δp_2 为通过过滤介质的压差，Pa；Δp 为通过滤饼和过滤介质的总压差，$\Delta p = \Delta p_1 + \Delta p_2$，Pa；$L_e$ 为过滤介质的虚拟厚度，m。

假设一个系数 c（m^3 滤饼/m^3 滤液），其含义为每获得单位体积滤液时，被过滤介质所截留的滤饼体积，那么得到的滤液体积为 V 时，截留的滤渣体积为 cV，而滤渣层厚度为 L，则滤渣体积 $cV = AL$，可得 $L = cV/A$，同理可得 $L_e = cV_e/A$（V_e 为滤出厚度为 L_e 的一层滤饼所获得的滤液量）。

于是，式(4-30) 可进一步改写为

$$u = \frac{dV}{Ad\theta} = \frac{\Delta p A}{r\mu c(V+V_e)} = \frac{\Delta p^{1-s} A}{r_0 \mu c(V+V_e)} \tag{4-31}$$

令 $K = \dfrac{2\Delta p^{1-s}}{r_0 \mu c}$，可得

$$\frac{dV}{d\theta} = \frac{KA^2}{2(V+V_e)} \tag{4-32}$$

或

$$\frac{dq}{d\theta} = \frac{K}{2(q+q_e)} \tag{4-32a}$$

式(4-32) 和式(4-32a) 是过滤基本方程的微分式，表示任一瞬间的过滤速率。其中，K、V_e（或 q_e）称为过滤常数，其值需由实验测定。

恒压条件下，对上述微分式进行积分，最终可得

$$V^2 + 2VV_e = KA^2\theta \tag{4-33}$$

$$q^2 + 2qq_e = K\theta \tag{4-33a}$$

式中，V 为滤液体积，m^3；V_e 为虚拟滤液体积，m^3；q 为单位过滤面积的滤液体积，m^3/m^2；q_e 为单位过滤面积的虚拟滤液体积，m^3/m^2；θ 为实际过滤时间，s；K 为过滤常数，m^2/s，与物料特性和过滤压差有关。

注：θ_e 为虚拟过滤时间，s，一般比较小，可忽略。

利用恒压过滤方程进行计算时，首先必须知道 K、V_e 和 q_e 等过滤常数的值，为方便实验测定，先对式(4-33a)进行变形，两边同时除以 qK 可得

$$\frac{\theta}{q} = \frac{1}{K}q + \frac{2}{K}q_e \tag{4-34}$$

或将式(4-33a)两边进行微分，可得

$$\frac{d\theta}{dq} = \frac{2}{K}q + \frac{2}{K}q_e \tag{4-35}$$

式(4-34)和式(4-35)都是直线方程，在普通坐标纸上标绘 $\frac{d\theta}{dq}$-q 或 $\frac{\theta}{q}$-q 的关系后，可得到斜率为 $2/K$、截距为 $2q_e/K$ 的直线。通过直线斜率即可求得过滤常数 K 和 q_e。在实验测定中，为便于具体的计算，可用 $\frac{\Delta\theta}{\Delta q}$ 来代替 $\frac{d\theta}{dq}$，将式(4-35)改写成

$$\frac{\Delta\theta}{\Delta q} = \frac{2}{K}q + \frac{2}{K}q_e \tag{4-36}$$

在恒定条件下，一系列的时间间隔 $\Delta\theta_i$（$i=1,2,3\cdots$）及对应得到的滤液体积 ΔV_i（$i=1,2,3\cdots$）可用秒表和量筒分别记录，也可采用计算机软件自动采集，由此得到一系列的 $\Delta\theta_i$、Δq_i 和 q_i，以 q 为横坐标、以 $\frac{\Delta\theta}{\Delta q}$ 为纵坐标作图，可得到一条直线。由直线的斜率和截距即可求得恒压过滤常数 K 和 q_e。

另外，改变过滤压差 Δp 进行实验，即可测得不同压差对应的过滤常数 K，再对 K 的定义式 $K=2k\Delta p^{1-s}$ 两边取对数，可得

$$\lg K = (1-s)\lg\Delta p + \lg(2k) \tag{4-37}$$

因 $k=\frac{1}{\mu r'v}$=常数，故 K 与 Δp 在对数坐标系上应是斜率为 $1-s$ 的直线关系，据此可进一步求出滤饼的压缩指数 s，然后再代入式(4-37)，由截距可得物料特性常数 k。

值得说明的是，虽然 Δp 是过滤的推动力，增大 Δp 可使过滤速率增大，但过滤速率亦与过滤阻力有关。工业上，经常采用减小阻力的办法来强化过滤操作，例如采用性能良好的过滤介质，在原料悬浮液中添加硅藻土、活性炭等改善滤饼的结构，或加入其他有机的、无机的添加剂以减小悬浮液的黏度等，而这些也是过滤问题研究的重点内容。

4.3.3 实验装置与流程

(1) 实验装置流程示意图和面板示意图

① 板框过滤

板框过滤实验流程图、实验装置及面板示意图以及板框过滤机固定头管路分布如图 4-9～图 4-11 所示。

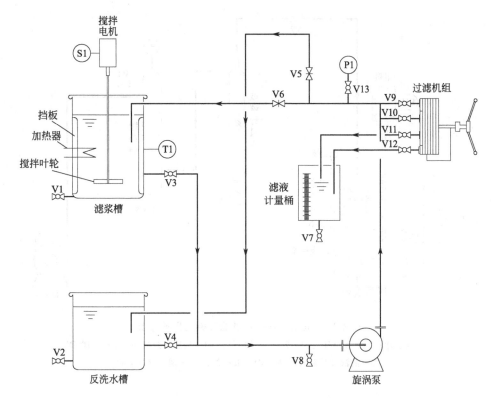

图 4-9　板框过滤实验流程示意图

T1—温度计；P1—压力表；S1—调速电机；V1, V2, V7—出口阀；V3—过滤料液进口阀；V4—反洗液进口阀；V5—反洗液回水阀；V6—料液回水阀；V8—放液阀；V9—料液进水阀；V10—反洗液进水阀；V11, V12—滤液出口阀；V13—压力表切断阀

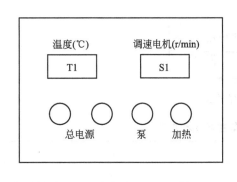

图 4-10　实验装置及面板示意图

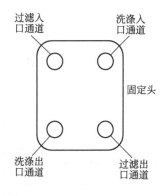

图 4-11　板框过滤机固定头管路分布图

② 真空过滤

真空过滤实验流程示意图及过滤器结构如图 4-12 和图 4-13 所示。

(2) 实验装置基本参数

板框过滤实验和真空过滤实验设备主要技术参数如表 4-9 和表 4-10 所示。

第 4 章　化工原理必修实验　　73

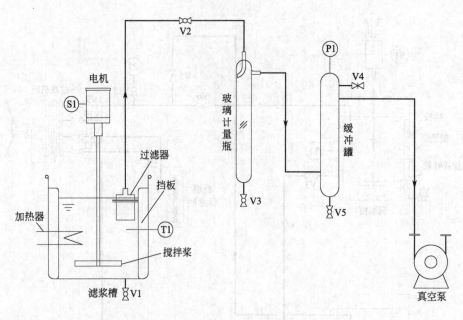

图 4-12　恒压（真空）过滤实验流程示意图

T1—温度计；P1—真空压力表；S1—调速电机；V1—滤浆槽放液阀；V2—切断阀；
V3—滤液计量瓶放液阀；V4—放空阀；V5—缓冲罐放液阀

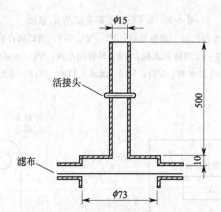

图 4-13　过滤器结构图

表 4-9　板框过滤实验设备主要技术参数

序号	位号	名称	规格
1	S1	调速电机	KDZ-1
2		滤布	工业用，直径 73mm
3		滤液计量桶	长 327mm，宽 286mm
4	T1	温度传感器	Pt100 热电阻
5	T1	数显温度计	AI501B 数显仪表
6	P1	压力表	0～0.2MPa
7		旋涡泵	DW2-30/037

表 4-10　真空过滤实验设备主要技术参数

序号	位号	名称	规格
1	S1	调速电机	KDZ-1
2		滤布	工业用,直径 73mm
3		滤浆槽	$\Phi 400mm \times 500mm$
4	T1	温度传感器	Pt100 热电阻
5	T1	数显温度计	AI501B 数显仪表
6	P1	真空压力表	$-0.1 \sim 0MPa$
7		真空泵	XZ-2
8		玻璃计量瓶	1000 mL

4.3.4　实验步骤

(1) 板框过滤

① 接通系统电源，打开搅拌器开关，打开电动调速仪，滤浆槽内配有一定浓度的轻质碳酸钙悬浮液（浓度在 6%～8%左右），用电动搅拌器对其进行均匀搅拌（以浆液不出现旋涡为好），将调速钮由"小"到"大"进行调节。

转速状态下出现异常时，应立即将调速钮调到最小。实验完毕后，也应将调速钮调到最小，切忌调速器高位挡下启动电源。

② 板框过滤机板和框的排列顺序为：固定头-非洗涤板（·）-框（ :: ）-洗涤板（ ⋮ ）-框（ :: ）-非洗涤板（·）-可动头。用压紧装置压紧后待用。

③ 使阀门 V3、V6、V11、V12 处于全开状态，其余阀门处于全关状态。启动旋涡泵，打开阀门 V13，利用料液回水阀 V6 使压力 P1 达到规定值。

④ 待压力表 P1 数值稳定后，打开过滤后料液进口阀 V9 开始过滤。当滤液计量桶内见到第一滴液体时开始计时，记录滤液每增加高度 10mm 时所用的时间。当滤液计量桶读数为 150mm 时停止计时，并立即关闭料液进口阀 V9。

⑤ 打开料液回水阀 V6 使压力表 P1 指示值下降，关闭泵开关。放出滤液计量桶内的滤液并倒回槽内，保证滤浆浓度恒定。

⑥ 洗涤实验时关闭阀门 V3、V6，打开阀门 V4、V5。调节反洗液回水阀 V5 使压力表 P1 达到过滤要求的数值。打开滤液出口阀 V11、V12，等到滤液出口阀 V11 有液体流下时开始计时，洗涤量为过滤量的四分之一。实验结束后，放出计量桶内的滤液到反洗水箱内。

⑦ 开启压紧装置卸下过滤框内的滤饼并放回滤浆槽内，将滤布清洗干净。

⑧ 改变压力值，从步骤②开始重复上述实验。

⑨ 实验结束，将电动调速仪的速度调为最小，关闭搅拌器，一切复原。

(2) 真空过滤

① 接通系统电源，打开搅拌器开关，打开电动调速仪，滤浆槽内配有一定浓度的轻质碳酸钙悬浮液（浓度在 6%～8%左右），用电动搅拌器对其进行均匀搅拌（以浆液不出现旋涡为好），待槽内浆液搅拌均匀后，打开加热开关，将过滤漏器按图 4-13 所示位置安装好，固定于滤浆槽内。

② 打开放空阀 V4，关闭切断阀 V2，关闭滤液计量瓶放液阀 V3。

③ 启动真空泵，利用放空阀 V4 来调节系统内的真空度，使真空表的读数略大于指定值，然后打开切断阀 V2 进行抽滤。

之后注意观察真空表读数应恒定于指定值。当滤液开始流入计量瓶时，按下秒表开始计时，记录滤液每增加 100mm 所用的时间，直至计量瓶读数为 900mm 时停止计时，并立即关闭切断阀 V2。

④ 全开放空阀 V4，关闭真空泵，打开切断阀 V2，利用系统内大气压和液位高度差把吸附在过滤介质上的滤饼压回槽内，放出计量瓶内的滤液并倒回槽内，以保证滤浆浓度恒定。卸下过滤漏斗洗净待用。

⑤ 改变真空度，重复上述实验。

⑥ 根据不同的实验要求，自行选择不同的真空度，测定过滤常数 K、q_e、θ_e、s、k。

4.3.5 注意事项

1. 过滤板与过滤框之间的密封垫注意要放正，过滤板与过滤框上面的滤液进出口要对齐。滤板与滤框安装完毕后要用摇柄把过滤设备压紧，以免漏液。
2. 计量桶的流液管口应紧贴桶壁，防止液面波动影响读数。
3. 由于电动搅拌器为无级调速，使用时首先接上系统电源，打开调速器开关，调速钮一定由小到大缓慢调节，切勿反方向调节或调节过快以免损坏电机。
4. 启动搅拌前，用手旋转一下搅拌轴以保证启动顺利。
5. 电动搅拌器搅拌速度不要调得太快，以免浆液溢出，并产生大量气泡。
6. 真空泵启动之前要打开放空阀，启动后用放空阀开度来调节系统内的真空度。
7. 操作过程中真空泵读数要保持恒定。
8. 关闭真空泵之前，要先把放空阀全开。

4.3.6 实验原始数据记录

(1) 过滤实验原始及整理数据表（表 4-11）

表 4-11 过滤实验原始及整理数据表

序号	计量瓶读数 /mL	q /(m³/m²)	$\bar{q}$ /(m³/m²)	操作压力：			操作压力：			操作压力：		
				θ /s	$\Delta\theta$ /s	$\frac{\Delta\theta}{\Delta q}$ /(s/m)	θ/s	$\Delta\theta$ /s	$\frac{\Delta\theta}{\Delta q}$ /(s/m)	θ /s	$\Delta\theta$ /s	$\frac{\Delta\theta}{\Delta q}$ /(s/m)
1												
2												
3												
4												
5												
6												
7												
8												
9												
10												

（2）过滤实验数据整理结果表（表 4-12）

表 4-12 过滤实验数据整理结果表

序号	斜率	截距	压差/Pa	$K/(m^2/s)$	$q_e/(m^3/m^2)$	θ_e/s
1						
2						
3						

物料常数 $k=$　　；压缩性指数 $s=$

4.3.7 实验数据处理及分析

1. 由恒压实验数据绘出 $\frac{\Delta\theta}{\Delta q}$-$q$ 的关系图，求出 K、V_e（q_e）等过滤常数。
2. 改变不同压力，对比 K、V_e（q_e）的值，讨论压差变化对以上参数的影响。
3. 绘出 K-p 或 r-p 关系图，求出压缩指数 s。
4. 对实验结果进行分析和讨论。

4.3.8 思考题

1. 当过滤推动力 Δp 增加一倍，其 K 值是否也增加一倍？若要得到相同体积的滤液，其过滤时间是否缩短一半？
2. 过滤速率的主要影响因素有哪些？
3. 实验数据采集中，第一个点有无偏高或偏低现象？该如何解释？
4. 为什么过滤开始时，滤液常常有一点浑浊，过一段时间才转清？

4.4 传热实验

4.4.1 实验目的

1. 认识和了解简单套管式、强化套管式换热器和列管式换热器的结构及操作方法，测定并比较不同换热器的性能。
2. 通过对空气-水蒸气简单套管及内部插有螺旋线圈的强化套管式换热器的实验研究，掌握对流给热系数 α_i 的测定方法，并明确其影响因素。
3. 学习并掌握线性回归分析法，确定套管传热关联式 $Nu=ARe^m Pr^{0.4}$ 中常数 A 和 m 的数值，以及强化套管传热关联式 $Nu_0=BRe^m Pr^{0.4}$ 中 B 和 m 的数值。
4. 学习强化比 Nu/Nu_0 的概念，根据计算得到强化比 Nu/Nu_0 的值，比较强化传热的效果，明确强化效果的评价方法。
5. 通过改变列管式换热器换热面积实验，计算总传热系数 K_o，并掌握其影响因素。
6. 能够根据换热任务要求进行设计并选择合适的换热面积。
7. 掌握热电阻（热电偶）的测温原理和基本方法。

4.4.2 实验原理

本实验的主要任务有：测定空气在简单套管中做湍流流动时的对流传热特征数关联式；测定空气在强化套管中做湍流流动时的对流传热特征数关联式；通过关联式 $Nu = ARe^m Pr^{0.4}$ 计算出 Nu 和 Nu_0，并确定传热强化比 Nu/Nu_0；改变列管式换热器换热面积，计算总传热系数 K。

传热是自然界中极普遍的一种现象，也是工程技术领域中最常见的过程之一。热量传递是由物体内部或物体之间的温度差所引起的能量转移。根据热力学第二定律可知，凡是有温差存在时，热量就会自动地从高温处向低温处传递。常见的换热器有直接接触式、蓄热式和间壁式三种，其中间壁式换热器应用较广，其又分为夹套式、蛇管式、套管式、列管式、板式、螺旋板式、板翅式、热管换热器等多种形式，尤以套管式和列管式换热器更为普遍。本实验以这两种换热器为例，强化对换热过程的认识和理解。

套管式换热器：是用管件将两种尺寸不同的标准管连接成为同心圆的套管。换热时一种流体在内管流动，另一种流体在套管间的环隙中流动。套管式换热器用标准管与管件组合而成，结构简单、加工方便，排数和程数的伸缩性也很大，能耐高压；但其接头多而易漏，占地面积较大，单位传热面积消耗的金属量大，主要适用于流量不大、所需换热面积不多的场合。

强化套管式换热器：是对普通套管式换热器的一种改进，在套管内部放一根由直径小于 3mm 的铜丝和钢丝按一定节距绕成的螺旋线圈以强化传热。

列管式换热器：又称管壳式换热器，已有较长历史，至今仍是应用最广泛的一种换热设备。其主要有固定管板式换热器、浮头式换热器和 U 形管式换热器三种。本实验中采用的是固定管板式换热器，它由壳体、管束、管箱、管板、折流挡板、接管件等部分组成。其结构特点是：两块管板分别焊于壳体的两端，管束两端固定在管板上。它具有结构简单和造价低廉的优点，适用于壳体和管束温差较小、管外物料比较清洁且不易结垢的场合。

(1) 普通套管式换热器给热系数及准数关联式的确定

① 对流给热系数 α_i 的测定

α_i 可根据牛顿冷却定律，通过实验来测定。

$$Q_i = \alpha_i A_i \Delta t_m \tag{4-38}$$

$$\alpha_i = \frac{Q_i}{A_i \Delta t_m} \tag{4-39}$$

式中，Q_i 为管内传热速率，W；α_i 为管内流体对流给热系数，W/(m²·℃)；A_i 为管内换热面积，m²；Δt_m 为壁面与主流体间的温度差，℃。

管内传热速率 Q_i，由下列热量衡算式确定：

$$Q_i = m_{si} c_{pi}(t_{i2} - t_{i1}) \tag{4-40}$$

$$m_{si} = \frac{\rho_i V_{si}}{3600} \tag{4-41}$$

式中，V_{si} 为套管内冷流体的平均体积流量，m³/h；m_{si} 为套管内冷流体的平均质量流量，kg/h；t_{i1}、t_{i2} 分别为套管内冷流体的进、出口温度，℃；ρ_i 为冷流体的密度，kg/m³；c_{pi} 为冷流体的定压比热容，kJ/(kg·℃)。

c_{pi} 和 ρ_i 可根据定性温度 $t_m = (t_{i1} + t_{i2})/2$ 查得。

管内换热面积：

$$A_i = \pi d_i L_i \tag{4-42}$$

式中，L_i 为传热管测量段的实际长度，m；d_i 为内管管内径，m。

平均温差 Δt_m 由下式确定：

$$\Delta t_m = t_w - \bar{t} \tag{4-43}$$

式中，t_w 为壁面平均温度，℃；$\bar{t}$ 为冷流体的进、出口平均温度，℃。

② 对流给热系数准数关联式的实验测定

对于管内做强制湍流的流体，准数关联式的形式为：

$$Nu = ARe^m Pr^n \tag{4-44}$$

式中，努塞尔数 $Nu = \dfrac{\alpha d}{\lambda}$，为待定特征数，包含待定的给热系数；雷诺数 $Re = \dfrac{ud\rho}{\mu}$，反映流体的流动形态和湍动程度；普朗特数 $Pr = \dfrac{c_p \mu}{\lambda}$，反映与传热有关的流体物性。

对于被加热流体，n 取 0.4；对于被冷却流体，n 取 0.3。本实验中对于管内空气，是被加热对象，所以 $n = 0.4$。根据定性温度 t_m 可查得 ρ、λ、c_p 和 μ 等物性参数，经计算可知，当普兰特数 Pr 变化不大时，对于管内被加热的空气，关联式(4-44) 可简化为：

$$Nu = ARe^m Pr^{0.4} \tag{4-45}$$

对上式加以变形，可将对数表达式转变为直线方程。再通过实验测定几组不同流量下的雷诺数 Re 与努塞尔数 Nu，结合线性回归的方法，便可确定关联式中 A 和 m 的值。

（2）强化套管换热器给热系数、准数关联式及强化比的测定

在实际生产中，经常会用到强化传热技术，该技术可在换热量保持不变的情况下，提高换热器的总传热系数，提高其换热能力，因而可以节约传热面积，节约设备费用。同时，换热器能够在较低温度下工作，减少了换热器工作阻力，从而实现了节能降耗。因而强化传热又被学术界称为第二代传热技术。强化传热的方法有多种，对于本实验，采用的强化方式是在换热器内管插入螺旋线圈。

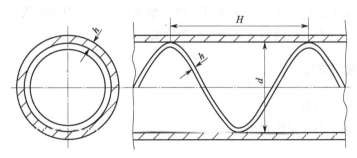

图 4-14 螺旋线圈强化管内部结构

图 4-14 为螺旋线圈的内部结构示意图。螺旋线圈由直径小于 3mm 的铜丝或钢丝按一定节距绕成。将其插入并固定在管内，即可构成一种强化传热管。在靠近壁面区域，流体一方面由于螺旋线圈的作用而发生旋转，另一方面还周期性地受到线圈螺旋金属丝的扰动，因而

可以强化传热。因线圈的铜丝或钢丝直径不到 3mm，流体旋流强度较弱，产生的流体阻力也比较小，利于节能。螺旋线圈的主要技术参数有两个：节距 H 与管内径 d 的比值 H/d 和管壁粗糙度 $(2d/h)$，前者对传热效果和阻力系数的影响较大。

有研究者通过实验，得到了强化传热的经验公式 $Nu = ARe^m$，其中待定常数 A 和 m 的值与强化方式（螺旋丝尺寸）有关。不难发现，可以通过实验改变不同的流量，得到相应的 Re 与 Nu，再结合线性回归的方法，即可确定其中 A 和 m 的值。

一般可用强化比 Nu/Nu_0 来评判强化的效果（不考虑阻力的影响），其中 Nu 和 Nu_0 分别代表强化管和普通管的努塞尔数。显然，Nu/Nu_0 应该是大于 1 的一个数，且该数值越大，代表强化效果越好。另外，需要指出的是，在强化传热过程中，阻力损失的影响也不能忽视，因为阻力损失会影响到能耗和经济效益。阻力系数会随着传热系数的增加而增加，进而使换热性能下降、能耗增加。所以，最佳的强化方式既需要强化比较高，同时也需要阻力系数较小。

(3) 总传热系数 K_o 的计算

K_o 是以外表面积为基准的总传热系数（与以内表面积为基准的传热系数 K_i 相对应），是换热器进行传热计算的重要依据，也是评价换热器性能的一个重要参数。其考虑了从热流体通过间壁到冷流体的整个传热过程，与壁面的导热系数 λ 及两侧的给热系数 α_i、α_o 有关。对于已有的换热器，可通过测定流体的温度、流量及设备尺寸等有关数据，根据总传热速率方程来计算 K_o 的值。

由总传热速率方程

$$Q = K_o A_o \Delta t_m \tag{4-46}$$

可得

$$K_o = \frac{Q}{A_o \Delta t_m} \tag{4-47}$$

$$Q = \frac{Q_1 + Q_2}{2} \text{（若热量损失为零,则 } Q_1 = Q_2\text{）} \tag{4-47a}$$

式中，Q_1 为热流体放出的热量，$Q_1 = m_{s1} c_{p1}(T_1 - T_2)$，W；$Q_2$ 为冷流体吸收的热量，$Q_2 = m_{s2} c_{p2}(t_2 - t_1)$，W；

m_{s1} 为热流体的质量流量，kg/s；m_{s2} 为冷流体的质量流量，kg/s；c_{p1} 为热流体的定压比热容，J/(kg·℃)；c_{p2} 为冷流体的定压比热容，J/(kg·℃)；T_1、T_2 分别为热流体进、出口温度，℃；t_1、t_2 分别为冷流体进、出口温度，℃；A_o 为以外表面积为基准的总传热面积，m²；Δt_m 为冷、热两种流体的对数平均温差，℃。

4.4.3 实验装置与流程

(1) 实验装置流程图

图 4-15 为该实验的装置流程图。

(2) 测量仪表

测量仪表的面板如图 4-16 所示。

(3) 实验设备的主要技术参数

实验设备主要技术参数如表 4-13 所示。

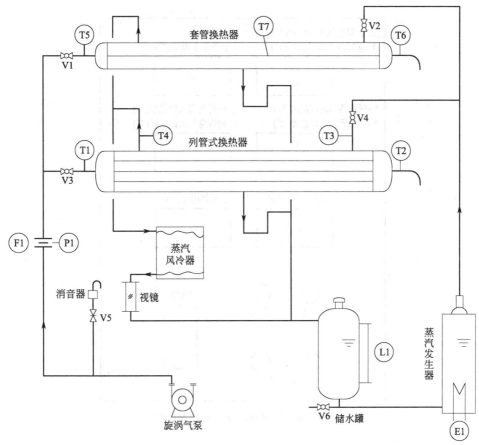

图 4-15 传热实验装置流程示意图

V1，V3—空气进口阀；V2，V4—蒸汽进口阀；V5—空气旁路调节阀；V6—排水阀；L1—液位计；
T1，T2—列管式换热器空气进出口温度传感器；T3，T4—列管式换热器蒸汽进出口温度传感器；
T5，T6—套管式换热器空气进出口温度传感器；T7—套管式换热器内管壁面温度传感器；F1—孔板流量计；
E1—蒸汽发生器内加热电压变送器；P1—压差传感器

表 4-13　实验设备主要技术参数

序号	位号	设备名称	规格、型号
1		套管式换热器	紫铜管 $\Phi 22mm \times 1mm, L=1.2m$
2		列管式换热器	不锈钢管 $\Phi 22mm \times 1.5mm$，管长 $L=1.2m$，6根
3		强化传热内插物	螺旋线圈丝径 1mm，节距 40mm
4		孔板流量计	$C_0=0.65, d_0=0.017m$
5		储水槽	不锈钢，带盖
6		加热器	2.5kW，长 250mm
7		风扇	FF10 型
8		旋涡气泵	XGB-12
9		变频器	E310-401-H3
10	T1~T6	温度传感器	Pt100 热电阻
11		数显温度计	AI-702MFJ0J0
12	T7	温度传感器	铜-康铜热电偶
13		数显温度计	AI-701MF
14	P1	压差传感器	0~10kPa
15		数显压差计	AI-519FV24X3
16	E1	电压变送器	0~250V
17		加热电压显示计	AI-519FX3
18	L1	玻璃液位计	

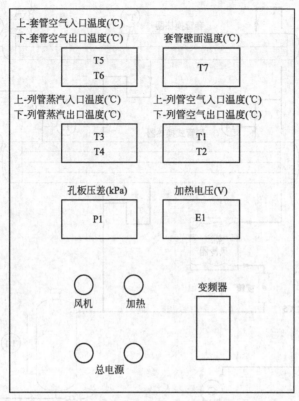

图 4-16 传热过程综合实验面板图

4.4.4 实验步骤

(1) 实验前准备工作
① 向储水罐加入蒸馏水,液位大概为 2/3 左右。
② 全开空气旁路调节阀 V5;
③ 打开蒸汽管支路蒸汽进口阀 V2 和 V4,保证蒸汽和空气管线的畅通。
④ 打开电源,设定加热电压。

(2) 光滑套管实验
① 打开蒸汽进口阀 V2,启动仪表面板加热开关,对蒸汽发生器内液体进行加热。当套管换热器内管壁温升至 100℃左右并保持 5min 不变时,打开空气进口阀 V1,全开空气旁路调节阀 V5,启动风机开关。
② 采用空气旁路调节阀 V5 来调节空气流量的大小,每个流量调好并稳定 3~5min 后,方可对空气的进口温度、出口温度、壁面温度、空气流量,以及管内压降 Δp 等数据进行记录。
③ 按照顺序逐步改变流量,重复上述操作。一般要测 6~8 组数据,包括最小流量和最大流量。

(3) 强化套管实验
全部打开空气旁路调节阀 5,关风机。把强化丝(螺旋线圈)装进套管式换热器内并安装好。实验方法同步骤 (2)。

(4) 列管式换热器传热系数测定实验

① 列管式换热器冷流体全流通实验：打开蒸汽进口阀 V4，当蒸汽出口温度接近 100℃ 并保持 5min 不变时，打开空气进口阀 V3，全开空气旁路调节阀 V5，启动风机，利用空气旁路调节阀 V5 来调节流量。每个流量调好并稳定 3~5min 后，方可对空气进口温度、出口的温度、蒸汽的进出口温度和空气的流量进行记录。

② 列管式换热器冷流体半流通实验：用准备好的丝堵堵上一半面积的内管，打开蒸汽进口阀 V4，当蒸汽出口温度接近 100℃ 并保持 5min 不变时，打开空气进口阀 V3，全开空气旁路调节阀 V5，启动风机，利用空气旁路调节阀 V5 来调节流量，调好某一流量稳定 3~5min 后，分别记录空气的流量、空气的进出口温度及蒸汽的进出口温度。

(5) 结束实验

实验完成，先关闭加热电源，待 5min 后将旁路阀全开，关闭鼓风机，最后切断总电源。若距离下次实验时间间隔较久，则应将电加热釜和冰水保温瓶中的水放干净。

4.4.5 注意事项

1. 实验前，注意检查电加热釜中的水是否需要补充，若水位过低，应及时补给蒸馏水。
2. 由于采用热电偶测温，一定要确保热电偶的冷端全部浸没在冰水混合物中，以维持其冷端温度恒定，减小测温误差。
3. 在接通蒸汽加热釜电源之前，两蒸汽支路控制阀之一必须全开，以确保蒸汽上升管路的畅通。切换支路时，应先开启新支路阀，再关闭原支路阀。为防止管路截断或蒸汽压力过大突然喷出，注意开启和关闭控制阀时须缓慢。
4. 实验中须保证空气管路的畅通，即在接通风机电源之前，两个空气支路控制阀之一和旁路调节阀须全开。在转换支路时，应先将旁路调节阀全开，然后开启需要的支路阀，再关闭原支路阀。
5. 流量调节后，应至少稳定 5~8min 后再读取实验数据。
6. 实验中勿改变加热电压，以稳定上升蒸汽量，一般控制蒸汽的压力在 0.02MPa（表压）以下。

4.4.6 实验原始数据记录

数据记录表与数据结果表如表 4-14 和 4-15 所示。

表 4-14 套管对流给热系数测定实验原始数据记录表

管型	序号	设备编号：	管型：	管长：	蒸汽压力：
		流量 V_s /(m³/h)	空气进口温度 t_1/℃	空气出口温度 t_2/℃	蒸汽进口温度 T_1/℃	蒸汽出口温度 T_2/℃
光滑管	1					
	2					
	3					
	4					
	5					
	6					
	7					
	8					

续表

管型	序号	流量V_s /(m³/h)	空气进口温度t_1/℃	空气出口温度t_2/℃	蒸汽进口温度T_1/℃	蒸汽出口温度T_2/℃
		设备编号:	管型:	管长:	蒸汽压力:	
强化管	1					
	2					
	3					
	4					
	5					
	6					
	7					
	8					

表 4-15 列管式换热器传热系数测定实验数据结果表

序号	V_s /(m³/h)	$\bar{t}$ /℃	λ /[W/(m·℃)]	μ /Pa·s	ρ /(kg/m³)	Δt_m /℃	α /[W/(m²·℃)]	K /[W/(m·℃)]	Re	Nu
1										
2										
3										
4										
5										
6										
7										
8										

4.4.7 实验数据处理及分析

1. 计算光滑管和强化管空气侧的对流给热系数,并列出计算实例。
2. 在双对数坐标系上绘制光滑管和强化管的 Nu_0-Re 和 Nu-Re 的关联曲线。
3. 计算特征数关联式的待定参数 A 和 m,将计算结果整理成关联式。
4. 比较两种管型的结果,计算强化比 Nu/Nu_0 的值,并分析总结。
5. 计算列管式换热器的传热系数,并对结果进行分析。

4.4.8 思考题

1. 试分析实验中空气和蒸汽的流动方式对传热效果的影响。
2. 在蒸汽冷凝过程中,如果不及时移走冷凝水会有什么影响?如何及时排出冷凝水?
3. 在蒸汽冷凝过程中,若存在不凝气,对传热会有何影响?应采取什么措施?
4. 实验中,所测的壁面温度会更接近空气侧温度,还是蒸汽侧温度?请解释原因。
5. 实验中,如果蒸汽的压力增加,会对计算 α 的关联式产生什么影响?

4.5 吸收实验

4.5.1 实验目的

1. 了解填料吸收塔的基本结构、性能和特点,学习填料塔的操作方法。
2. 掌握填料塔流体力学特性——压降规律与液泛规律的研究方法。
3. 了解空塔气速和液体喷淋密度对总传质系数的影响。
4. 掌握气/液相总传质系数($K_y a$、$K_x a$)和传质单元高度 H_{OL} 的测定方法,了解吸收剂用量对总传质系数的影响。

4.5.2 实验原理

本实验的主要任务有:实验测定填料层压降 Δp 随操作气速 u 的变化规律,并确定某一液体喷淋量下填料的液泛气速;保持入塔混合气的浓度和液相流量恒定,在液泛条件下,选取差异较大的两个气相流量,分别测定填料塔的传质能力(传质单元数 N_{OL}、回收率)和传质效率(传质单元高度 H_{OL}、总吸收传质系数 $K_x a$),并比较气相流量的影响;用水吸收混合气体中的 CO_2 以及用空气解吸水中 CO_2,同时测定填料塔液侧的传质膜系数 $k_x a$ 和总吸收传质系数 $K_x a$。

在化学工业中,经常需要对气体混合物的各组分进行分离,要么回收或捕获其中的有用物质,要么除去工艺气体中的有害成分,有时可能兼有回收与净化双重目的。吸收,作为分离气相混合物的一种常见操作,依据各组分在某种溶剂中溶解度的不同而实现分离的目的。吸收操作中,溶质在气、液两相间进行传质过程,产生足够的相界面使两相充分接触,是吸收设备的主要功能。工业吸收操作一般采用塔器设备,其中应用最为广泛的是填料塔和板式塔,在一些情况下也用喷雾塔、鼓泡塔和降膜塔。

由于无味、无毒、价廉等特点,CO_2 气体常用作吸收实验中的溶质组分。本实验采用的实验体系即为用水吸收空气中的 CO_2 组分。实验配制的混合气中 CO_2 的含量在 10% 以内,可按低浓度气体的吸收来处理。又因其在水中难溶,所以该吸收体系可认为是液膜控制过程。因此,在本实验中,最主要任务是测定液相总体积传质系数 $K_x a$ 和液相的传质单元高度 H_{OL}。

(1) 填料塔流体力学特性

填料塔是一种重要的气、液传质设备,主要由塔体、填料及塔内件构成,塔体一般为圆筒形,可由塑料、金属或陶瓷制成,同时,常在金属筒体内壁衬以一层防腐材料。吸收液在塔顶喷淋装置的作用下,均匀喷洒在填料上,借助重力作用沿着填料表面向下流动,混合气体在压差作用下从下向上穿过填料空隙,气、液两相在填料上发生传热和传质过程。常见的塔内件主要有液体与气体分布器、液体再分布器、填料支撑与压紧支撑,以及气体除沫器等。填料是填料塔的核心,是气、液接触传质的场所。填料的流体力学性能和传质性能与填料的大小、材质和几何形状有关,材质一定时,表征填料特性的参数主要有填料的尺寸、比表面积与空隙率。填料一般可分为散堆填料（拉西环、鲍尔环、θ环、矩鞍环、共轭环等）和规整填料两大类。

填料塔的效率主要取决于填料的流体力学性能和传质性能。填料的流体力学性能包括气体通过填料层的压降、液泛气速、填料层中的持液量，以及气、液两相的分布等，对填料塔的设计和操作参数的确定至关重要。

为了计算填料塔所需的动力消耗和确定填料塔的适宜操作范围，选择合适的气液负荷，一般需要测定填料塔的压降和液泛气速。压降受气、液流量的影响，干塔实验（气体通过干填料）时，流体流动引起的压降和湍流流动时引起的压降规律基本一致，将$\lg(\Delta p/Z)$与$\lg u$在双对数坐标系作图，可得到一条斜率为1.8~2的直线（图4-17 aa线）。

如图4-17所示，当有一定喷淋量时，$\lg(\Delta p/Z)$-$\lg u$关系变成折线，并存在两个转折点（c_1点和d_1点，以$b_1c_1d_1$为例）。在气速比较低时（c_1点之前），压降与气速的1.8~2次幂成正比，与aa线基本呈平行关系，但略大于同一气速下的干塔压降（图4-17中b_1c_1段）；当气速继续增加至c_1点时，气体对液体的"拦截"能力大大增强，即填料层中的持液量随气速的增加而快速增加，而填料层供气体流通的通道则随持液量的增加大大减

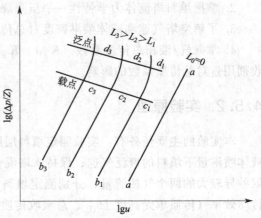

图4-17 填料层的$\lg(\Delta p/Z)$-$\lg u$关系

小，气、液相互作用，结果导致压降快速增加，c_1d_1曲线斜率变大。c_1点称为载点，是填料层的持液量和压降开始显著增加的一个转折点，对应的气速称为载点气速。

当气速继续增加至d_1点，填料层内持液量不断增多，液体将充满填料层空隙，并在填料上方形成液层，压降快速上升，液体被气流带出塔顶，出现液泛现象。转折点d_1称为泛点，对应的气速称为液泛气速，是填料塔正常操作的上限气速。泛点d_1后，填料传质效率很低，塔已不能正常操作。

载点和泛点将其分为三个区段：恒持液区（b_1c_1段）、载液区（c_1d_1段）和液泛区（d_1点以上），载液和液泛对传质有不同的影响。气速增加到载点以后，持液量增加，气、液两相之间相互作用增强，相界面接触面增大，湍动程度也随之增强，因而传质过程得以有效强化，填料效率提高。随着气速继续增加，液沫夹带量相应增加，因此会产生液相返混现象，进而导致填料传质效率下降。因此，正常的填料塔操作点一般控制在载点和泛点之间，处于载液区内，这样既能保证具有较高的传质效率，也不会造成过大的填料层压降。

实验在空气-水体系下进行，调节不同的喷淋量，缓慢调大气速，记录相应数据直至刚出现液泛为止。但需注意气速不能过高，以免冲跑和冲破填料。

（2）传质系数$K_x a$的测定

吸收传质系数$K_x a$（$K_y a$）是反映吸收过程速率大小的重要参数，一般通过实验测定。对于填料类型与尺寸固定、物系不变的情况，随着操作条件及气液接触状况的变化，吸收系数也有所不同。

Z、N_{OL}、H_{OL}、$K_y a$、η可用下列公式进行计算。

① 填料层高度 h_0 的计算公式

$$Z = \int_0^h dh = \frac{L}{K_x a} \int_{x_a}^{x_b} \frac{1}{x^* - x} dx = H_{OL} N_{OL} \tag{4-48}$$

式中，Z 为填料层的高度，m；L 为空气的摩尔流率，$kmol/(m^2 \cdot h)$；$K_x a$ 为液相总体积传质系数，$kmol/(m^3 \cdot h)$；x_a、x_b 分别为进、出口液相中溶质组分 CO_2 的浓度（摩尔分数），无量纲；N_{OL} 为液相总传质单元数，无量纲；H_{OL} 为液相总传质单元高度。

② 传质单元数 N_{OL} 的计算（对数平均推动力法）

$$N_{OL} = \frac{x_b - x_a}{\Delta x_m} \tag{4-49}$$

其中

$$\Delta x_m = \frac{\Delta x_b - \Delta x_a}{\ln \frac{\Delta x_b}{\Delta x_a}}, \Delta x_a = x_a^* - x, \Delta x_b = x_b^* - x \tag{4-50}$$

③ 总吸收传质系数 $K_x a$ 或 $K_y a$ 的计算

$$H_{OL} = \frac{L}{K_x a} \tag{4-51}$$

再结合式(4-48)可得

$$K_x a = \frac{L}{H_{OL}} = \frac{L N_{OL}}{Z} \tag{4-52}$$

液相总体积传质系数 $K_x a$ 与气相总体积传质系数 $K_y a$ 之间的换算关系为

$$K_x a = m K_y a \tag{4-53}$$

④ 吸收率 η 的计算公式

$$\eta = \frac{y_b - y_a}{y_b} \tag{4-54}$$

式中，y_b、y_a 分别为进、出口气体中溶质组分的浓度（摩尔分数），无量纲，均通过滴定法获得。

⑤ 吸收 CO_2 后液相的浓度 x_b（出塔浓度）的计算

本实验采用清水进料吸收，则 $x_a = 0$。

由全塔物料衡算式

$$G(y_b - y_a) = L(x_b - x_a) \tag{4-55}$$

可得

$$x_b = \frac{G}{L}(y_b - y_a) + x_a \tag{4-56}$$

4.5.3 实验装置与流程

(1) 实验装置

本实验装置为吸收-解吸联合操作流程，如图 4-18 所示。

(2) 实验流程

将新鲜的自来水送入填料塔塔顶，经塔顶的喷头喷淋向下流动，由气泵送来的空气和由二氧化碳气瓶送来的 CO_2 混合后，被一起送入气体混合罐，然后从塔底通入吸收塔，自下

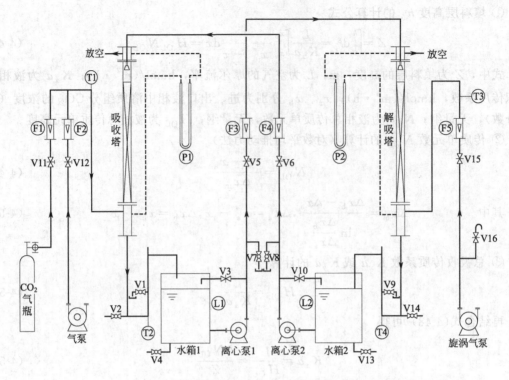

图 4-18 二氧化碳吸收与解吸实验装置流程示意图

L_1，L_2—液位计；V1，V7，V8，V9—取样阀；V2，V4，V13，V14—放水阀；V3，V10—循环阀；
V5，V6，V11，V12，V15—流量调节阀；V16—旁路调节阀；F1，F2，F3，F4，F5—流量计；
P1，P2—U 形管压差计；T1，T2，T3，T4—温度计

而上与吸收剂——水在塔内进行逆流接触，进行传质和传热（传热过程一般可以忽略）。吸收液从吸收塔的塔底流出后，再由泵输入解吸塔的塔顶，从上喷淋而下，空气作为解吸气，通过气泵通入解吸塔的塔底，自下而上，在解吸塔中与吸收液逆流接触进行传质。吸收液中的溶质 CO_2 不断转移到空气中，进而被带出放空，解吸塔底部流出的吸收液由于脱除了大部分溶质，又可以作为吸收剂，重新打入吸收塔进行回收利用。

在本实验中，混合气体中的 CO_2 浓度较低，属于低浓度气体吸收，热量交换可以忽略，因而整个过程可认为是等温操作。

(3) 设备的主要技术参数

实验主要设备型号及结构参数如表 4-16 所示。

表 4-16 实验主要设备型号及结构参数

序号	位号	名称	规格、型号
1		填料吸收塔	Φ85mm×4.5mm、填料层高度 1.07m、陶瓷拉西环填料、比表面积 $\sigma=833m^2/m^3$
2		填料解吸塔	Φ85mm×4.5mm、填料层高度 1.07m、不锈钢鲍尔环填料、比表面积 $\sigma=833m^2/m^3$
3		水箱 1	500mm×370mm×580mm
4		水箱 2	500mm×370mm×580mm
5		离心泵 1	WB50/025
6		离心泵 2	WB50/025

续表

序号	位号	名称	规格、型号
7		气泵	ACO-818
8		旋涡气泵	XGB-12
9	F1	转子流量计	LZB-6；0.06~0.6Nm^3/h
10	F2	转子流量计	LZB-10；0.25~2.5Nm^3/h
11	F3	转子流量计	LZB-15；40~400L/h
12	F4	转子流量计	LZB-15；40~400L/h
13	F5	转子流量计	LZB-40；4~40Nm^3/h
14	T1	混合气体温度计	Pt100 热电阻、温度传感器、远传显示
15		混合气体温度测量仪表	AI501B 数显仪表
16	T2	吸收液体温度计	Pt100 热电阻、温度传感器、远传显示
17		吸收液体温度测量仪表	AI501B 数显仪表
18	T3	解吸气体温度计	Pt100 热电阻、温度传感器、远传显示
19		解吸气体温度测量仪表	AI501B 数显仪表
20	T4	解吸气体温度计	Pt100 热电阻、温度传感器、远传显示
21		解吸气体温度测量仪表	AI501B 数显仪表
22	P1	吸收塔压差计	U 形管压差计
23	P2	解吸塔压差计	U 形管压差计
24	V1~V16	不锈钢阀门	球阀、针形阀和闸板阀

其操作面板如图 4-19 所示。

4.5.4 实验步骤

(1) 实验前准备工作

① 向水箱 1 和水箱 2 加入蒸馏水或去离子水至水箱 2/3 处，接通实验装置电源，按下总电源开关。

② 准备好 10mL、20mL 移液管，100mL 的三角瓶，50mL 酸式滴定管，洗耳球，0.1000mol/L 左右的盐酸标准溶液，0.1000mol/L 左右的 Ba(OH)$_2$ 标准溶液和甲酚红等化学分析仪器和试剂备用。

③ 检查二氧化碳气瓶与设备上二氧化碳流量计连接是否密闭。

(2) 测量解吸塔干填料层的 Δp-u 曲线

① 全开空气旁路调节阀 V16，启动旋涡气泵。

② 将空气流量计 F5 下面的流量调节阀 V15 打开，通过缓慢调小阀门 V15 的开度，来改变进塔空气的流量。待数据稳定后读取 U 形管压差计的数值，即为填料层压降 Δp。

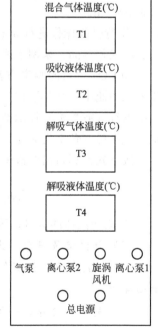

图 4-19 实验装置面板图

③ 重复此操作，空气流量由小到大，一般需测定 8~10 组数据。

④ 实验数据经过分析处理后，将单位高度的压降 Δp 对空塔气速 u 作图（在对数坐标系中），得到干填料层 $\lg\Delta p$-$\lg u$ 曲线。

(3) 测量解吸塔在不同喷淋量下填料层的 $(\Delta p/Z)$-u 曲线

① 分别启动离心泵 1 和离心泵 2，将流量计 F3 和 F4 的水流量维持在 140L/h 左右（水

流量大小可根据设备进行调整）。

② 再按照上述干塔实验步骤，在水流量不变的情况下，逐步调节空气的流量，待数据稳定后分别读取转子流量计的流量、空气温度和填料层的压降 Δp。

③ 在增大空气流量过程中，应注意观察塔内的鼓泡现象，一旦发生液泛，立刻记录对应的空气流量和填料层压降 Δp，之后尽快将空气流量减小，防止塔体填料层上端积液过多而溢出。

④ 对实验记录数据进行处理，绘出该喷淋量下的 $\lg(\Delta p/Z)$-$\lg u$ 关系曲线（对数坐标纸，如图 4-17 所示），并将图中的液泛气速与观察到的液泛气速进行对比，判断二者是否吻合。

⑤ 改变几次不同的水量，重复上述操作，并绘制不同的 $\lg\Delta p$-$\lg u$ 关系曲线，观察吸收剂流量对液泛的影响。

（4）二氧化碳吸收传质系数的测定

① 关闭离心泵 2 的出口阀，启动离心泵 2，关闭空气转子流量计 F1，二氧化碳转子流量计 F2 与气瓶连接。

② 分别启动离心泵 1 和离心泵 2，全开泵的循环阀 V3 和 V10。

③ 打开流量调节阀 V5 和 V6，分别调节吸收液流量计 F4 和解吸液流量计 F3 的流量至 100L/h 左右，待有水从吸收塔顶喷淋而下，从吸收塔底的 π 型管尾部流出后，启动吸收气泵，调节转子流量计 F2 到指定流量，同时打开二氧化碳气瓶调节减压阀，调节二氧化碳转子流量计 F1，使二者流量之比（二氧化碳/空气）约为 10%～20%。启动旋涡气泵调节流量到 5m³/h。

④ 待吸收操作进行 30min 左右并达到稳定后，记录塔底吸收液的温度，同时在塔顶和塔底取液相样品，采用下述方法来确定其中的二氧化碳含量。

⑤ CO_2 含量的测定方法。用移液管移取 10mL 0.1000mol/L 的 $Ba(OH)_2$ 标准溶液，放入三角瓶中，并从取样口处接收塔顶或塔底溶液 20mL，用橡胶塞塞好振荡。向溶液中加入甲酚红（或酚酞）指示剂 2～3 滴，摇匀后，用盐酸标准溶液（约 0.1000mol/L）进行滴定，直至粉红色消失为止。

按下式计算得出溶液中二氧化碳的浓度

$$C_{CO_2} = \frac{2C_{Ba(OH)_2}V_{Ba(OH)_2} - C_{HCl}V_{HCl}}{2V_{溶液}} \text{ mol/L} \tag{4-57}$$

⑥ 改变液体的流量，重复上述步骤继续实验。

（5）数据记录好后，先关闭二氧化碳气瓶的总阀，打开旁路调节阀 V16，将空气流量 F2、F5 调零后，关闭气泵和旋涡气泵，液体流量再喷淋 3～5min 后关闭离心泵 1 和离心泵 2。

（6）关闭总电源，一切复原，结束实验。

4.5.5 注意事项

1. 在 CO_2 的总阀门开启之前，要先将气瓶上的减压阀关闭，阀门开度不宜过大。

2. 为避免 CO_2 从液体中溢出，进而产生误差，在分析 CO_2 浓度时动作要迅速。

3. 实验中要注意保持吸收塔水流量计 F4 和解吸塔水流量计 F3 数值一致，并随时关注水箱中的液位。固定好某个操作点后，应随时留意流量是否稳定，若有波动及时调节。

4. 当填料吸收塔的操作条件发生变化后，需留出足够的时间，使系统稳定，待稳定后方能记录数据。

4.5.6 实验原始数据记录

(1) 填料塔流体力学性能测定（干填料）

干填料塔流体力学性能测定实验数据表见表 4-17。

表 4-17　干填料塔流体力学性能测定实验数据

塔径 $D=0.05$m,填料层高度 $Z=0.94$m,水流量 $L=0$		
序号	填料层压降/mmH$_2$O	空气转子流量计读数/(m^3/h)	空塔气速/(m/s)
1			
2			
3			
4			
5			
6			
7			
8			
9			
10			

(2) 填料塔流体力学性能测定（湿填料）

湿填料塔流体力学性能测定实验数据表见表 4-18。

表 4-18　湿填料塔流体力学性能测定实验数据

塔径 $D=0.05$m,填料层高度 $Z=0.94$m,水流量 $L=$　　L/h			
序号	填料层压强降/mmH$_2$O	空气转子流量计读数/(m^3/h)	空塔气速/(m/s)	操作现象
1				
2				
3				
4				
5				
6				
7				
8				
9				
10				

(3) 液相总体积传质系数 $K_x a$ 的测定

液相总体积传质系数 $K_x a$ 的测定数据表见表 4-19。

表 4-19　液相总体积传质系数 $K_x a$ 的测定实验数据

被吸收的气体:空气-CO$_2$ 混合气体中 CO$_2$;吸收剂:纯水;塔内径:50mm		
序号	名称	实验记录
1	填料的类型	
2	填料层的高度/m	
3	CO$_2$ 的体积流量/(m^3/h)	
4	CO$_2$ 转子流量计处的温度/℃	
5	空气的体积流量/(m^3/h)	

续表

被吸收的气体：空气-CO_2 混合气体中 CO_2；吸收剂：纯水；塔内径：50mm

序号	名称	实验记录
6	水的体积流量/(L/h)	
7	中和 CO_2 所用 $Ba(OH)_2$ 的浓度/(mol/L)	
8	中和 CO_2 所用 $Ba(OH)_2$ 的体积/mL	
9	滴定所用 HCl 的浓度/(mol/L)	
10	滴定塔底吸收液所用 HCl 的体积/mL	
11	滴定空白液所用 HCl 的体积/mL	
12	滴定样品的体积/mL	
13	塔底液相的温度/℃	
14	亨利常数 $E/(10^8 Pa)$	
15	塔底液相浓度 $C_{A1}/(kmol/m^3)$	
16	空白液浓度 $C_{A2}/(kmol/m^3)$	
17	CO_2 溶解度常数 $H/[10^{-7} kmol/(m^3 \cdot Pa)]$	
18	出塔尾气的气相组成 Y_1（摩尔比）	
19	出塔尾气的气相组成 y_1（摩尔分数）	
20	平衡浓度 $C_{A1}^*/(kmol/m^3)$	
21	进塔混合气的气相组成 Y_2（摩尔比）	
22	进塔混合气的气相组成 y_2（摩尔分数）	
23	平衡浓度 $C_{A2}^*/(kmol/m^3)$	
24	塔顶液相侧传质推动力 $(C_{A1}^* - C_{A1})/(kmol/m^3)$	
25	塔底液相侧传质推动力 $(C_{A2}^* - C_{A2})/(kmol/m^3)$	
26	液相平均推动力 $\Delta C_{Am}/(kmol/m^3)$	
27	液相总体积传质系数 $K_x a/(m/s)$	
28	吸收率 $\eta/\%$	

4.5.7 实验数据处理及分析

1. 计算干填料及不同喷淋量下湿填料的填料层压降 Δp 随空气流速 u 的变化情况，在双对数坐标系中绘制 $\lg(\Delta p/Z)$-$\lg u$ 曲线，从图中找出相应的载点和泛点，并对比不同喷淋量的影响。

2. 计算一定实验条件下（空塔气速一定、喷淋量一定）的液相总体积传质系数 $K_x a$。

3. 相应计算均需要列出计算实例。

4.5.8 思考题

1. 填料塔的液泛与哪些因素有关？
2. 分别阐述干填料塔，以及一定喷淋量下湿填料塔的压降曲线的特点。
3. 压降与气体流速的关系图中，有无明显的转折点？有何意义？
4. 根据实际的实验条件，试计算操作采用的实际液气比 L/G 是最小液气比 $(L/G)_{min}$ 的多少倍？
5. 试分析当提高填料吸收塔的液相喷淋量时，会对塔底的液相组成 x_b，以及塔顶尾气的气相组成 y_a 产生的影响。
6. 为什么本实验采用低浓度吸收？试对比低浓度气体吸收和高浓度气体吸收的特点。
7. 试对比分析气膜控制和液膜控制的区别，请根据吸收传质过程的总阻力与分阻力的关系进行解释。

4.6 精馏实验

4.6.1 实验目的

1. 了解板式精馏塔的基本结构和操作方法。
2. 掌握精馏塔全塔效率的测量方法。
3. 研究回流比、进料位置等操作参数对精馏塔的影响。

4.6.2 实验原理

本实验的主要任务有：测定在全回流条件下精馏塔稳定操作后的全塔理论板数，并计算总板效率；测定在某一回流比条件下，精馏塔稳定操作后的全塔理论板数，并计算相应的总板效率；改变回流比，研究回流比对全塔效率的影响；研究进料位置的改变对全塔效率的影响（选做）。

(1) 理论板数 N_T 和总板效率 E_T 的测定

理论板是指离开该塔板的气液两相达到平衡的塔板。一个给定的精馏塔，其实际板数 N_P 是一定的，测出的理论板数 N_T 与塔的总板效率 E_T 的关系如式(4-58)所示：

$$E_T = \frac{N_T}{N_P} \times 100\% \tag{4-58}$$

影响 E_T 的因素很多，比如操作因素、设备结构因素和物系因素等。某塔在某回流比下测得的全塔效率，只能代表该实验全部条件同时存在时的全塔效率的值。如果塔的结构固定，物系相同，影响全塔效率的主要因素是操作条件，而回流比是操作条件中最重要的因素。

当回流比一定时，理论板数可采用逐板计算法和图解法进行求解，其中图解法比较简便，具体计算过程为：

① 在直角坐标系中，首先绘出混合溶液的 y-x 相图，并作出对角线。

② 根据选定的回流比条件，求出精馏段的操作线方程 [如式(4-59)所示]，并在相图中绘出精馏段操作线：

$$y_{n+1} = \frac{R}{R+1} x_n + \frac{1}{R+1} x_D \tag{4-59}$$

式中，x_n 为精馏段内从第 n 块板下降的液体中，所含易挥发组分的组成（摩尔分数）；y_{n+1} 为精馏段内从第 $n+1$ 块板上升的蒸气中，所含易挥发组分的组成（摩尔分数）；x_D 为塔顶产品组成；R 为回流比，$R=L/D$；L 为精馏段内液体回流量，kmol/h；D 为塔顶馏出液量，kmol/h。

③ 在直角坐标系中绘出 q 线，q 线与精馏段操作线相交，其方程见式(4-60)。

$$y = \frac{q}{q-1} x - \frac{1}{q-1} x_F \tag{4-60}$$

式中，x_F 为进料中易挥发组分的组成（摩尔分数）；q 为进料热状态参数，其计算式如式(4-61)所示。

$$q = \frac{1\text{kmol 进料从进料状态变成饱和蒸气所需的热量}}{1\text{kmol 进料的汽化潜热}} = \frac{i_V - i_F}{i_V - i_L} \quad (4\text{-}61)$$

式中，i_F 为进料所具有的焓，kJ/kmol；i_V 为进料变为饱和蒸气所具有的焓，kJ/kmol；i_L 为进料变为饱和液体所具有的焓，kJ/kmol。

对于泡点进料（饱和液体），$q = 1$；

对于露点进料（饱和蒸汽），$q = 0$；

对于气、液混合物进料，$0 < q < 1$；

对于过冷液体进料，$q > 1$；

对于过热蒸汽进料，$q < 0$。

④ 根据塔底产品浓度 x_w 作出点 (x_w, x_w)，与精馏段操作线和 q 线的交点相连，作出的线即为提馏段操作线。

⑤ 从点 (x_D, x_D) 开始，交替采用精馏段操作线方程和相平衡方程，在平衡线和精馏段操作线之间作水平线和垂直线，画出直角阶梯。当梯级跨过精馏段操作线与提馏段操作线的交点 q 点时，需要进行切换，改在平衡线与提馏段操作线之间画阶梯，依此类推，直至所画阶梯的垂线达到或跨过点 (x_w, x_w) 为止。所绘的梯级数，即为理论板数。

（2）操作因素对塔性能的影响

对精馏塔而言，操作因素主要是回流比、进料位置、塔内气速和进料热状态等。

① 回流比 R 的影响

对于一个给定的塔，改变回流比，将会影响产品的浓度、产量、塔效率和加热蒸汽消耗量等。

适宜的回流比 R 应该大于最小回流比 R_{min}，而小于全回流回流比，通过经济衡算且满足产品质量要求来确定。

② 进料位置的影响

不同的进料位置也会对分离效果产生影响。最适宜的进料位置，是指在操作条件或理论板数不变的情况下，所需理论板数最少的进料板位置，或是具有最大分离能力的进料板位置。

在化学工业中，由于有时进料组成会发生变化，需要根据实际条件来调节具体的进料位置，所以大多数精馏塔都设有两个以上的进料板。如果进料组分中的轻组分比正常操作时偏高，为了增加提馏段的塔板数，提高提馏段的分离能力，需将进料板的位置向上移动。相反，如果进料组分中的轻组分比正常操作偏低时，应将进料位置向下调整，以增加精馏段的塔板数，从而提高精馏段的分离效果。

简言之，进料组成 x_F 应大于提馏段最上一块塔板上的轻组分含量，而小于精馏段最下一块塔板上的轻组分含量。只有这样，才能尽量减少进料组成对塔内各层塔板组成的影响，进而维持精馏操作平稳进行。

③ 塔内气速的影响

塔内蒸气速度通常用空塔速度 u (m/s) 来表示，其计算式如式(4-62)所示。

$$u = \frac{V_s}{\frac{\pi}{4} d^2} \quad (4\text{-}62)$$

式中，d 为塔内直径，m；V_s 为上升蒸气的体积流量，m^3/s。

对于精馏段：

$$V = (R+1)D \tag{4-63}$$

$$V_s = 22.4(R+1)D \frac{p_0 T}{p T_0} \tag{4-64}$$

对于提馏段：

$$V' = V + (q-1)F \tag{4-65}$$

$$V'_s = 22.4[V + (q-1)F] \frac{p_0 T}{p T_0} \tag{4-66}$$

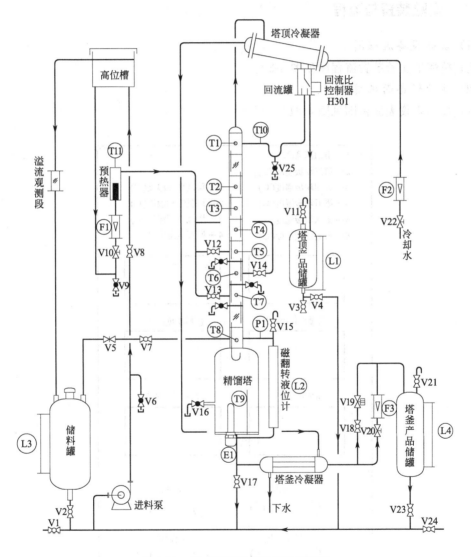

图 4-20 板式精馏塔实验装置流程图

T1～T11—温度计；L1～L4—液位计；F1～F3—流量计；E1—加热器；P1—塔釜压力计；V1，V3，V24—排空阀；V2、V4，V17，V23—出料阀；V5—循环阀；V6，V9，V16，V25—取样阀；V7—直接进料阀；V8—间接进料阀；V10，V20，V22—流量计调节阀；V11，V21—罐放空阀；V12，V13，V14—塔体进料阀；V15—排气阀；V18—再沸器液位手动控制切断阀；V19—电磁阀

第 4 章 化工原理必修实验

式中，d 为塔内直径，m；D 为塔顶馏出液量，kmol/h；V 为精馏段上升蒸气摩尔流率，kmol/h；V_s 为精馏段上升蒸气流量，m³/h；V' 为提馏段上升蒸气摩尔流率，kmol/h；V_s' 为提馏段上升蒸气体积流量，m³/h。

可见，即使塔径相同，精馏段和提馏段的蒸气速度也不一定相等。

空塔速度的高低也会影响精馏塔的分离效果。适当略高的空塔速度，既有利于塔板效率的提高，也有助于塔的生产能力的增强。但若选用的速度过大，也会带来不利影响。比如容易引起雾沫夹带，使气液两相接触时间减少，最终导致塔板效率下降，严重时其至还会产生液泛现象，从而使精馏操作被迫停止运行。因而要根据塔的结构及物料性质，选择适当的空塔速度。

4.6.3 实验装置与流程

（1）实验设备流程图

板式精馏塔实验装置流程图见图 4-20。

（2）实验设备面板图

板式精馏塔仪表面板图见图 4-21。

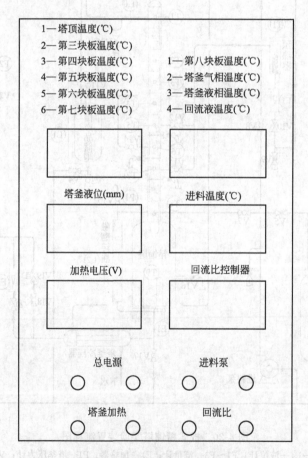

图 4-21 板式精馏塔仪表面板图

（3）实验设备主要技术参数

精馏实验装置主要设备、型号及结构参数见表 4-20。

表 4-20 精馏实验装置主要设备、型号及结构参数

序号	位号	名称	规格、型号
1		筛板精馏塔	9 块塔板、塔内径 $d=50$ mm、板间距 120 mm
2		储料罐	$\Phi 300$ mm×高 400 mm
3		高位槽	长 200 mm×宽 100 mm×高 200 mm
4		玻璃回流罐	$\Phi 60$ mm×2 mm、高 100 mm
5		玻璃塔顶产品储罐	$\Phi 150$ mm×5 mm、高 260 mm
6		玻璃塔釜产品储罐	$\Phi 150$ mm×5 mm、高 260 mm
7		玻璃观测罐	$\Phi 60$ mm×2 mm、高 100 mm
8		进料泵	不锈钢离心泵
9		玻璃进料预热器	$\Phi 80$ mm、长 100 mm、电加热最大功率 250 W
10		塔顶冷凝器	$\Phi 89$ mm、长 600 mm
11		塔釜冷却器	$\Phi 76$ mm、长 200 mm
12		再沸器	$\Phi 140$ mm、高 400 mm、电加热最大功率 2.5 kW
13	T1	塔顶温度计	Pt100 热电阻、温度传感器、远传显示
14	T2	第 3 块板温度计	Pt100 热电阻、温度传感器、远传显示
15	T3	第 4 块板温度计	Pt100 热电阻、温度传感器、远传显示
16	T4	第 5 块板温度计	Pt100 热电阻、温度传感器、远传显示
17	T5	第 6 块板温度计	Pt100 热电阻、温度传感器、远传显示
18	T6	第 7 块板温度计	Pt100 热电阻、温度传感器、远传显示
19	T7	第 8 块板温度计	Pt100 热电阻、温度传感器、远传显示
20	T8	塔釜气相温度计	Pt100 热电阻、温度传感器、远传显示
21	T9	塔釜液相温度计	Pt100 热电阻、温度传感器、远传显示
22	T10	回流液温度计	Pt100 热电阻、温度传感器、远传显示
23	T11	进料预热器温度计	Pt100、温度传感器、远传显示和控制
24	P1	塔釜压力计	$0\sim 6$ kPa、就地显示
25	L1	塔顶产品储罐液位计	玻璃管液位计、就地显示
26	L2	再沸器液位计	玻璃管液位计、就地显示
27	L3	储料罐液位	玻璃管液位计、就地显示
28	L4	塔釜产品储罐液位计	磁翻转液位计量程为 $0\sim 580$ mm、远传显示和控制
29		再沸器液位测量控制仪表	AI501 数显仪表
30	F1	进料流量	LZB-4F(1~10L/h)、就地显示
31	F2	冷却水流量	LZB-10(16~160L/h)、就地显示
32	F3	釜残液出料流量	LZB-4F(1~10L/h)、就地显示
33		摆锤回流比	回流比范围 1~99
34	H301	数显回流比控制器	AI501W1 数显控制仪表
35		塔釜加热器	电压为 0~220V、远传显示和控制
36	E1	塔釜加热电压测量及控制仪表	AI519X3 数显控制仪表
37	V1~V25	不锈钢阀门	球阀、针形阀和闸板阀

(4) 实验仪器及试剂

实验物系：乙醇-正丙醇（化学纯或分析纯）。

实验物系的平衡关系，见附录二。

实验物系浓度：15%~25%（乙醇质量分数），采用阿贝折射仪分析浓度，折射率与溶液浓度的对应关系，见附录三。

乙醇沸点为 78.3℃；正丙醇沸点为 97.2℃。

30℃时，可用下列回归式来计算质量分数 w 与阿贝折射仪的读数 n_D 之间的关系：

$$w = 58.844116 - 42.61325 n_D$$

式中，w 为乙醇的质量分数；n_D 为折射率。

根据摩尔分数（x_A）与质量分数 w 的关系（如下式所示），不难求出摩尔分数（x_A）。

$$x_A = \frac{\dfrac{w_A}{M_A}}{\dfrac{w_A}{M_A} + \dfrac{1-w_A}{M_B}}$$

式中，乙醇分子量 M_A 为 46g/mol；正丙醇分子量 M_B 为 60g/mol。

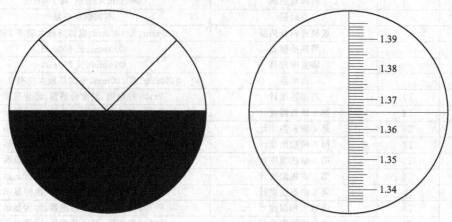

图 4-22　阿贝折射仪影像图与读数图

4.6.4　实验步骤

（1）实验前的检查准备工作

① 先将超级恒温水浴（与阿贝折射仪配套使用）运行所需的温度设置好，并进行记录。提前准备好取样所用的镜头纸和注射器。

② 检查实验装置上的各个阀门和旋塞，应该处于关闭状态。打开总电源开关，设备通电预热。

③ 原料配制：质量浓度为 20% 左右的乙醇-正丙醇混合液，总体积 15L 左右，加入储料罐备用。

④ 启动进料泵开关，打开直接进料阀 V7，全开塔釜排气阀 V15，对精馏塔进行加料，一般加料高度为塔釜总高的 2/3 左右，加好后将直接进料阀 V7 和进料泵关闭，并关闭排气阀 V15。

（2）全回流操作

① 首先打开塔顶冷凝器冷却水的进水阀 V22，调节转子流量计，维持其流量为 60～80L/h。

② 记录下实验时的室温，接通总电源。打开加热开关，调节加热电压 130V 左右，待塔板上产生气泡，建立一定液面厚度后，可适当加大电压，以保持塔内操作正常。

③ 待各层塔板上鼓泡均匀，回流罐回流稳定后，固定加热釜电压不变，保持全回流的操作进行大约 20min。实验进行过程中，要留意塔内传质情况是否正常。之后在塔顶和塔釜同时分别取样，可用 50mL 的三角瓶接取，冷却后，通过阿贝折射仪分析塔顶和塔釜产品的浓度。

(3) 部分回流操作

① 全回流实验结束后，开始部分回流实验。

② 将间接进料阀 V8 和进料泵开关打开，选择塔体某一进料位置，并打开相应阀门 V13（V12 或 V14），利用流量计调节阀 V10 调节转子流量计的流量，使其维持在 2.0～3.0L/h。

③ 设置需用的回流比，比如 $R=4$（20∶5，也可自己选定），全开塔顶产品储罐排空阀 V24，塔顶馏出液由塔顶产品储罐进行收集。塔釜得到的重组分含量较高的产品，经塔釜冷凝器冷却后，由塔釜产品储罐进行收集。

回流比控制调节器：按住仪表上▲键 30s，SV 窗显示数字有闪动时，利用◀键选择所要调节数字的位数，利用▲键调节所需数值，调节完成后再按三次⟲键仪表确认，不动任何按键的情况下 30s 后仪表确认。

④ 注意观察塔板上的传质情况，待操作稳定后，记下相应的原料液的温度、塔顶温度和加热电压等参数，同时在塔顶、塔釜和进料处进行取样，冷却后用阿贝折射仪分析其浓度。

(4) 实验结束

① 测好全回流和部分回流的实验数据，做初步检查分析，无误后可停止实验。停止加热，关闭进料阀门，停泵，关闭回流比调节器，关闭总电源。

② 加热停止 10min 后，再关闭冷却水开关，关闭总水阀，一切复原。

③ 根据物系相图中的 t-x-y 关系，确定实验中部分回流时进料的泡点温度，并对实验数据做相应处理。

4.6.5 注意事项

1. 实验操作中要特别注意安全，因为实验所用的液相物系属易燃物品，操作中应避免洒落。

2. 本实验设备加热功率由仪表自动调节，升温和正常操作过程中，塔釜加热的电功率（电压）不能过大，以免发生暴沸，使釜液从塔顶冲出。一旦发现此类情况，应立即断电，再重新开始。

3. 实验开始前，要先接通塔顶冷却水开关，再打开塔釜再沸器加热开关，停车时操作相反。

4. 采用阿贝折射仪来检测浓度。读取折射率时，不能忘记相应测量温度的记录，并按给定的折射率-质量分数-测量温度关系测定相关数据。

5. 应尽量保持两组实验中的参数（如加热电压、所用料液浓度）相同或接近，以便对全回流和部分回流的实验结果（塔顶产品质量）进行分析比较。实验连续进行时，为了循环使用原料，应先将上组实验时留存在塔顶、塔釜，以及塔顶、塔底产品储罐内的料液重新流回原料液储罐中，和原料进行充分混合。

4.6.6 实验原始数据记录

精馏实验记录表见表 4-21。

表 4-21 精馏实验记录表

实验物系：　　；乙醇-正丙醇折射仪分析温度：　　；实际塔板数　　块

参数	全回流；$R=\infty$		部分回流；$R=$　　　进料量：　　 进料温度：　　泡点温度：		
	塔顶组成	塔釜组成	塔顶组成	塔釜组成	进料组成
折射率					
质量分数					
摩尔分数					
理论板数					
总板效率					

4.6.7 实验数据处理及分析

1. 将实验测得的塔顶温度、塔底温度、塔顶产品组成、塔釜产品组成，以及各流量计读数等原始数据列表。
2. 可采用图解法来计算全回流以及部分回流条件下的理论板数。
3. 计算全回流和部分回流条件下的全塔效率。
4. 分析并讨论实验过程中观察到的现象。

4.6.8 思考题

1. 改变回流比对塔顶产品组成有何影响？
2. 改变塔釜内加热功率，改变上升蒸气量，会对塔性能产生什么影响？
3. 进料板位置能否随意选取？如果选择不当，将会造成什么影响？
4. 在板式塔的操作过程中，气、液两相在塔内的流动，可能会出现几种操作现象？哪些属于不正常的操作？
5. 试分析该实验成功或失败的原因，并提出改进意见。

4.7 萃取实验

4.7.1 实验目的

1. 认识和了解不同类型液-液萃取设备的基本结构、特点，以及萃取操作的基本流程。
2. 观察萃取塔内在不同条件下，分散相液滴变化情况和流动状态。
3. 理解并掌握液-液萃取的基本原理，以及相应萃取塔的操作方法。
4. 了解萃取塔总传质系数或传质单元高度的测定方法，了解强化传质的方法。

4.7.2 实验原理

本实验的基本任务有：观察不同操作条件时，塔内液滴的变化情况和流动状态；固定原料和萃取剂的流量，测定不同脉冲频率、有无空气脉冲、不同往复频率或不同搅拌速度时，萃取塔的总体积传质系数 $K_x a$ 和传质单元高度 H_{OR}。

萃取塔是石油炼制、化学工业和环境保护等部门广泛应用的一种液-液传质设备，具有结构简单、便于安装和制造等特点。在液-液传质系统中，两相间的重度差较小，界面张力差也不大，导致推动相际传质的惯性力较小，已分层的两相分层分离能力也不高。为了提高液-液相传质设备的效率，常常补给外加能量，如搅拌、脉冲、振动等。本实验所采用的设备为转盘萃取塔，通过调节转盘的速度可以改变外加能量的大小。

本实验采用水作萃取剂，从原料煤油中萃取溶质苯甲酸。原料中苯甲酸的含量约为 0.2%（质量分数）。水相为萃取相（又称连续相、重相，用字母 E 表示），煤油相为萃余相（又称分散相、轻相，用字母 R 表示）。由于苯甲酸在水中的溶解度相对较大，而煤油在水中基本不溶，所以可以较容易地使苯甲酸部分地从萃余相转移至萃取相。两相的进、出口浓度通过容量分析法进行测定。考虑水与煤油完全不互溶，且苯甲酸在两相中的浓度都很低，可认为两相液体的体积流量在萃取过程中基本恒定。

萃取塔的分离效率可以用传质单元高度或理论级当量高度表示。在轻重两相流量固定的条件下，增加转盘的速度，可以促进液体分散，改善两相流动条件，提高传质效果和萃取效率，降低萃取过程的传质单元高度。但加入过多的外加能量反而会使萃取效率下降，因此寻找适度的外加能量是本实验的重要目的。

(1) 以萃余相为基准的总传质单元数和总传质单元高度

$$H = H_{OR} N_{OR} \tag{4-67}$$

式中，H 为萃取塔的有效接触高度，m；H_{OR} 为萃余相为基准的总传质单元高度，表示设备传质性能的好坏程度，m；N_{OR} 为萃余相为基准的总传质单元数，表示过程分离的难易程度。

$$N_{OR} = \int_{x_R}^{x_F} \frac{\mathrm{d}x}{x - x^*} \tag{4-68}$$

式中，x 为萃取塔内某处萃余相中溶质的浓度，以质量分数来表示（下同）；x^* 为与相应萃余相浓度成平衡的萃取相中溶质的浓度；x_F、x_R 分别表示进塔和出塔的萃余液中溶质的浓度。若平衡线为直线 $y = kx$，则可按下式计算 N_{OR}：

$$N_{OR} = \frac{x_F - x_R}{\Delta x_m} \tag{4-69}$$

式中，$\Delta x_m = \dfrac{(x_F - y_E/k) - x_R}{\ln \dfrac{x_F - y_E/k}{x_R}}$；$y_E$ 为出塔萃取相中溶质的浓度。

于是 $H_{OR} = H/N_{OR}$，其大小反映萃取设备传质性能的好坏，H_{OR} 越大，设备效率越低。影响萃取设备传质性能 H_{OR} 的因素很多，主要有设备结构因素、两相物性因素、操作因素以及外加能量的形式和大小。

(2) 萃取塔效率的计算

$$\eta = \frac{F x_F - R x_R}{F x_F} \tag{4-70}$$

(3) 按萃余相计算的总体积传质系数

$$K_x a = \frac{S}{H_{OR} \Omega} \tag{4-71}$$

式中，S 为萃取相中纯溶剂的流量，kg/h；Ω 为萃取塔截面积，m^2；$K_x a$ 为按萃余相计算的总体积传质系数，kg/(m^3·h)。

本实验体系采用水作萃取剂,来萃取煤油中的苯甲酸。苯甲酸在煤油中的浓度约为 0.2%(质量分数)。水相为萃取相(E),煤油相为萃余相(R)。萃取相及萃余相的进出口浓度由酸碱滴定法分析。

由苯甲酸与 NaOH 的化学反应式:

$$C_6H_5COOH + NaOH \Longrightarrow C_6H_5COONa + H_2O$$

可知,达到滴定终点时,被滴定物质的物质的量 $n_{C_6H_5COOH}$ 和滴定剂的物质的量 n_{NaOH} 正好相等,即

$$n_{C_6H_5COOH} = n_{NaOH} = M_{NaOH} V_{NaOH} \tag{4-72}$$

式中,M_{NaOH} 为 NaOH 溶液的物质的量浓度,mol 溶质/mL 溶液;V_{NaOH} 为 NaOH 溶液的体积,mL。

4.7.3 实验装置与流程

本实验装置流程分别如图 4-23 和图 4-24 所示。萃取实验装置主要设备、型号及技术参数见表 4-22。

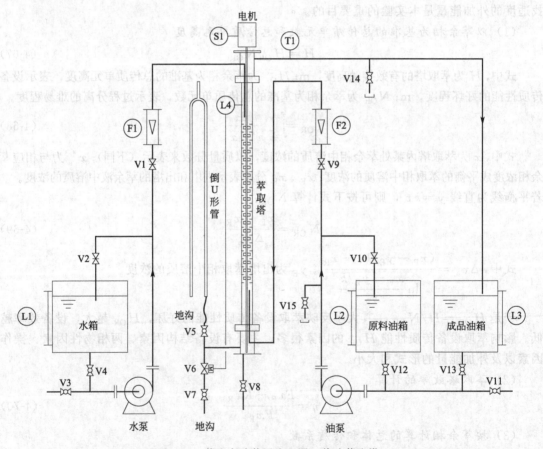

图 4-23 萃取实验装置流程图(桨叶萃取塔)

T1—温度计;S1—调速电机;L1,L2,L3—液位计;L4—界面计;F1,F2—转子流量计;
V1,V9—流量调节阀;V2,V10—循环阀;V3,V11—排料阀;V4,V12,V13—出料阀;
V5—排水阀;V6—电磁阀;V7—放水阀;V8—放空阀;V14,V15—取样阀

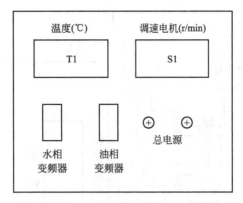

图 4-24 实验装置面板图（桨叶萃取塔）

表 4-22 萃取实验装置主要设备、型号及结构参数

序号	位号	名称	规格、型号
1		水箱	长300mm×宽400mm×高500mm
2		原料油箱	长300mm×宽400mm×高500mm
3		成品油箱	长300mm×宽400mm×高500mm
4		萃取塔体	ϕ85mm×4.5mm×1.2m 玻璃管 有效高度 750mm（桨叶或转盘）
5		油泵	WB50/025
6		水泵	WB50/025
7	F1	水转子流量计	VA-15；4～40L/h
8	F2	油转子流量计	VA-15；4～40L/h
9	T1	温度计	Pt100 热电阻、温度传感器
		温度测量仪表	AI501 数显仪表
10	V6	电磁阀	常闭
11	S1	调速电机	0～1000r/min
12	V1～V15	不锈钢阀门	球阀、针形阀和闸板阀
13		变频器	0～50Hz

其他常用萃取装置流程图及实验装置面板图如图 4-25～图 4-32 所示。

4.7.4 实验步骤

以桨叶萃取塔为例（其他设备类似）。

(1) 实验前准备工作

① 检查所有阀门，确保处于全关闭状态。接通水管，向水箱内加入蒸馏水约至 2/3 处，另将配好的含有苯甲酸的煤油加入原料油箱中，全开 V4 和 V12，启动设备总电源。

② 配制浓度为 0.0100mol/L 的 NaOH 标准溶液，准备好酚酞指示剂和移液管等相应的分析用品。

(2) 实验操作

① 分别启动水相和煤油输液泵的变频器开关（run），打开水相循环阀 V2 和原料油相循环阀 V10，使其循环流动。

② 实验时，先将连续相——充满塔体。打开水泵开关，打开水相转子流量计 F1 的流量调节阀 V1，将水相（连续相）送入塔内。当塔内水面逐渐上升到重相入口与轻相出口之间

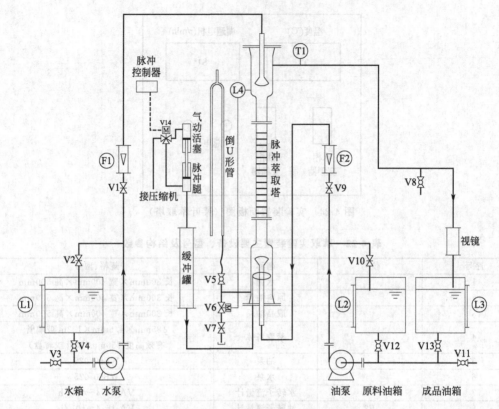

图 4-25 萃取实验装置流程图（脉冲萃取塔）
T1—温度计；L1，L2，L3—液位计；L4—界面计；F1，F2—转子流量计；V1，V9—流量调节阀；
V2，V10—循环阀；V3，V11—排料阀；V4，V12，V13—出料阀；V5—排水阀；V6—电磁阀；
V7—放水阀；V8—取样阀；V14—电磁阀

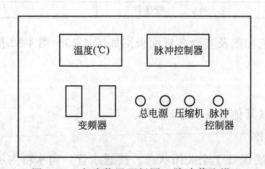

图 4-26 实验装置面板图（脉冲萃取塔）

的中点时，将水流量调至指定值（约 8L/h），并缓慢改变 π 形管高度，使塔内液位稳定在重相入口与轻相出口之间中点左右的位置上。

③ 检查调速器的旋钮是否已归零，归零后再接通电源，打开电机开关，固定在某一转速。

④ 通入分散相——油相。打开油泵和油相流量计 F2 的流量调节阀 V9，将其流量调至指定值（约 10L/h），并注意及时调节 π 形管高度。待分散相在塔顶维持一定液层后，可对两相界面的高度进行调整，使两相的相界面位于塔顶重相入口与轻相出口之间中点位置

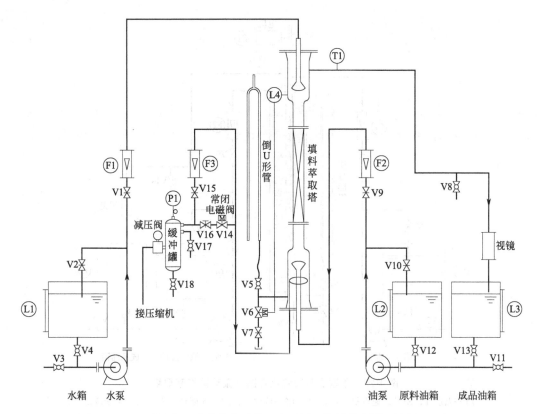

图 4-27 萃取实验装置流程图（填料萃取塔）

T1—温度计；P1—压力计；L1，L2，L3—液位计；L4—界面计；F1，F2，F3—转子流量计；
V1，V9，V15—流量调节阀；V2，V10—循环阀；V3，V11，V18—排料阀；V4，V12，V13—出料阀；V5—排水阀；
V6—电磁阀；V7—放水阀；V8，V17—取样阀；V14—电磁阀；V16—切断阀；

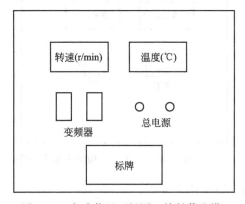

图 4-28 实验装置面板图（填料萃取塔）

左右。

两相界面高度的调节方法：通过连续相出口管路中 π 形管上的阀门开度来进行调节。

⑤ 操作过程中，要绝对避免塔顶的两相界面过高或过低。若两相界面过高，到达轻相出口的高度，则将导致重相混入轻相贮罐。

⑥ 待操作稳定且传质稳定半小时后，用锥形瓶收集油相进、出口样品各 50mL 左右，

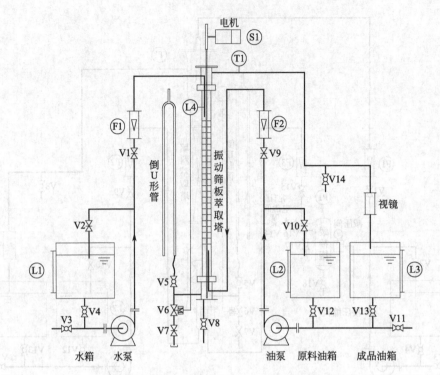

图 4-29 萃取实验装置流程图（振动筛板萃取塔）

T1—温度计；S1—调速电机；L1，L2，L3—液位计；L4—界面计；F1，F2—转子流量计；
V1，V9—流量调节阀；V2，V10—循环阀；V3，V11—排料阀；V4，V12，V13—出料阀；
V5—排水阀；V6—电磁阀；V7—放水阀；V8—放空阀；V14—采样阀

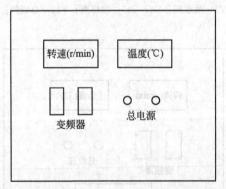

图 4-30 实验装置面板图（振动筛板萃取塔）

水相出口样品 100mL 左右，以做浓度分析。

⑦ 每次取样后，可改变转盘的转速或两相的流量，重复上述实验操作，以分析转速或流量的影响。

(3) 样品分析

采用容量分析法分析样品浓度。具体操作方法为：用移液管分别移取水溶液 25mL、煤油溶液 10mL，以酚酞为指示剂，用 0.0100mol/L 左右的 NaOH 标准溶液来滴定分析样品中的苯甲酸含量。滴定煤油相时，应在样品中加入 10mL 纯净水，滴定中注意边剧烈摇动边

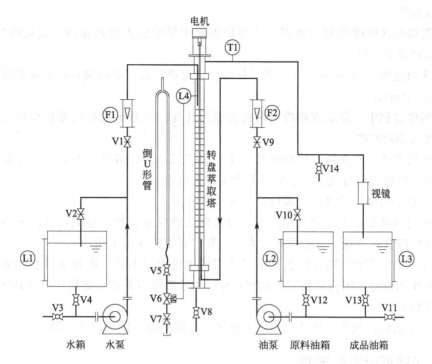

图 4-31 萃取实验装置流程图（转盘萃取塔）

T1—温度计；L1，L2，L3—液位计；L4—界面计；F1，F2—转子流量计；V1，V9—流量调节阀；
V2，V10—循环阀；V3，V11—排料阀；V4，V12，V13—出料阀；V5—排水阀；V6—电磁阀；
V7—放水阀；V8—放空阀；V14—采样阀

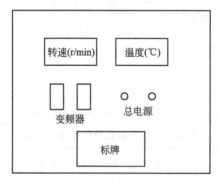

图 4-32 实验装置面板图（转盘萃取塔）

滴定至终点。

（4）实验结束

关闭两相转子流量计的流量调节阀 V1 和 V9，关闭水泵和油泵电源。将调速器调至零位，待搅拌轴停止转动后，切断总电源。实验结束后，应对滴定分析过的煤油进行集中回收。将实验所用的分析仪器洗净复原，保持实验设备整洁。

4.7.5 注意事项

1. 要先认真理解和掌握装置上各个部件、阀门、设备、开关的作用和使用方法后，方能开始实验操作。

2. 配制煤油苯甲酸饱和溶液时，不要把固体苯甲酸倒入物料箱内，以免损坏磁力泵。磁力泵切不可空载运行。

3. 直流调速器在 900r/min 左右为共振区段，对设备有一定的损坏，建议实际操作转速不要大于 800r/min。

4. 在操作过程中，注意观察塔顶两相界面的高度，切忌出现在轻相出口以上，否则易导致水相混入油相贮槽。

5. 每次操作条件改变后，稳定时间一定要足够长，大约需用半小时，因为分散相和连续相在塔顶、塔底滞留量很大，否则容易产生较大误差。

6. 萃余相中的煤油经油水分离后，可重复使用。

7. 煤油的流量不要太大或太小，太大会使煤油消耗量增加，造成浪费；太小易导致煤油出口的苯甲酸含量过低，分析误差太大。一般建议维持在 10L/h 左右。

8. 由于煤油的密度与转子流量标定时所用的水的密度不同，所以测得的煤油的体积流量并非实际体积流量，用流量修正公式对流量计的读数进行修正后方可使用（具体校正公式可见相关教材）。

9. 实验完成后，须排尽塔体内的残余液体。关闭电源，做好清洁工作。

4.7.6 实验原始数据记录

萃取实验原始数据记录表和数据处理结果表如表 4-23 和表 4-24 所示。

表 4-23 萃取实验原始数据记录表

NaOH 的浓度为：　　　　mol/L

编号	原料流量 F/(L/h)	溶剂流量 S/(L/h)	萃余相滴定用 NaOH 量/mL	转速/(r/min)	萃余相滴定用 NaOH 量/mL
1					
2					
3					
4					
5					

表 4-24 萃取实验数据处理结果表

编号	转速 n/(r/min)	萃余相浓度 x_R	萃取相浓度 y_E	平均推动力 Δx_m	传质单元数 N_{OR}	传质单元高度 H_{OR}/m	效率 η/%
1							
2							
3							
4							
5							

4.7.7 实验数据处理及分析

1. 用数据表列出实验的全部数据，并以一组实验数据为例，写出油相、水相浓度及 N_{OR}、H_{OR}、$K_x a$ 等的完整计算过程。

2. 对实验结果进行分析讨论：对不同转速下的塔顶轻相浓度 x_R、塔底重相浓度 y_E 及

$K_x a$、N_{OR}、H_{OR} 值分别进行比较，并加以讨论。

3. 理论级数与传质单元数有什么区别？如何用本实验的数据求取理论级当量高度？

4. 如何判断萃取操作过程达到传质稳定？

4.7.8 思考题

1. 在萃取塔操作中，重相一定是连续相，轻相一定是分散相吗？在逆流萃取实验中，如果用水作为分散相，煤油作为连续相，则两相的分界面在哪里？

2. 在用水萃取煤油中苯甲酸的操作中，若不同温度下苯甲酸在两相中的平衡浓度已知，为测得体积总传质系数，需要测哪些参数？

3. 在搅拌萃取塔中，清水从塔顶进入，含苯甲酸的煤油从塔底进入，两相流量固定不变，那么在操作达到稳态后，预测不同转速下的塔顶轻相浓度、塔底重相浓度及 $K_x a$、N_{OR}、H_{OR} 值的变化规律，并加以讨论。

4. 试分析该实验误差产生的原因主要有哪些。

4.8 干燥实验

4.8.1 实验目的

1. 了解本实验中常压厢式干燥器的基本结构、工作原理和操作方法。
2. 学习湿物料在某一恒定干燥条件下干燥特性的实验测定方法。
3. 掌握根据实验干燥曲线，来求取干燥速率曲线、恒速阶段干燥速率、平衡含水率，以及临界含水量实验分析方法。
4. 通过实验，研究并了解干燥条件的改变对干燥过程特性的影响。

4.8.2 实验原理

本实验的主要任务为：测定物料（纸板）在恒定干燥工况条件下的干燥曲线和速率曲线；研究风速对物料干燥曲线和速率曲线的影响；研究气流温度对物料干燥曲线和干燥速率曲线的影响。

当湿物料与干燥介质接触时，湿物料表面的水分开始汽化，并不断向周围介质进行传递。根据干燥过程中不同阶段的特点，可分为恒速干燥和降速干燥两个阶段。

（1）干燥速率

干燥速率的定义为单位干燥面积（提供湿分汽化的面积）、单位时间内除去的水分质量。即

$$U = \frac{dW}{A d\tau} = -\frac{G_c dX}{A d\tau} \tag{4-73}$$

式中，U 为干燥速率，也称为干燥通量，$kg/(m^2 \cdot s)$；A 为干燥表面积，m^2；W 为汽化的水分量，kg；τ 为干燥时间，s；G_c 为绝干物料质量，kg；X 为干基含水量，kg 水/kg

干料，负号表示 X 随干燥时间增加而减少。

实际的干燥过程中，常用的干燥介质为热空气。当湿物料和热空气接触时，被预热升温并开始干燥。预热升温，一方面可以减小物料的相对湿度，提高干燥程度，另一方面，也可加快干燥速率。若干燥条件保持恒定，当水分在表面的汽化速率小于或等于从物料内层向表层迁移的速率时，物料表面仍被水分完全润湿，干燥速率保持不变，此阶段称为恒速干燥阶段，由于其受表面汽化速率控制，也称为表面汽化控制阶段。

当物料中的含水量低于临界含水量时，物料表面仅被部分润湿，且物料内部的水分向表层的迁移速率低于水分在物料表面的汽化速率时，干燥难度增加，干燥速率将会不断下降，此阶段称为降速干燥阶段，由于其受内部水分迁移速率的影响，也称为内部迁移控制阶段。

恒速干燥阶段的干燥速率和临界含水量，主要与以下几个因素有关：固体物料层的厚度或颗粒大小，固体物料的种类和性质，空气的流速、湿度和温度，以及固体物料与空气间的相对运动方式等。

恒速干燥阶段的干燥速率和临界含水量，是干燥过程研究和干燥器设计的重要数据。本实验以纸板物料为原料，保持干燥条件恒定，通过实验来测定干燥曲线，进一步处理可得到干燥速率曲线，目的是掌握恒定干燥速率和临界含水量的测定方法及其影响因素。

(2) 干燥速率的测定方法

将湿物料试样置于恒定空气流中进行干燥实验，随着干燥时间的延长，水分不断汽化，湿物料质量减少。持续干燥直到物料质量不变为止，即物料在该条件下达到干燥极限为止，此时留在物料中的水分就是平衡含水量 X^*。再将物料烘干后称重得到绝干物料质量 G_c，则物料中瞬时含水量 X 为

$$X = \frac{G - G_c}{G_c} \tag{4-74}$$

计算出每一时刻的瞬时含水量 X，然后将 X 对干燥时间 τ 作图，如图 4-33 所示，即为干燥曲线。

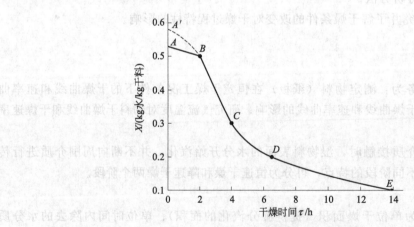

图 4-33 恒定干燥条件下的干燥曲线

对上述干燥曲线加以变换，不难得到干燥速率曲线。根据已测得的干燥曲线，求出不同 X 下的斜率 $dX/d\tau$，再借助式(4-73)可计算得到干燥速率 U，最后作 U-X 图，即为干燥速率曲线，如图 4-34 所示。

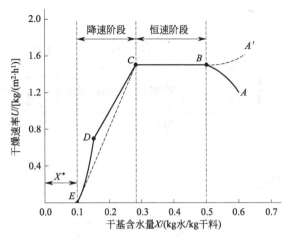

图 4-34　恒定干燥条件下的干燥速率曲线

4.8.3　实验装置与流程

（1）装置流程

实验装置流程和实验装置面板如图 4-35 和图 4-36 所示。

空气由风机输送，经孔板流量计、电加热器送入干燥室，然后返回风机，循环使用。由片式阀门补充一部分新鲜空气，由废气排出阀放空一部分循环气，以使系统湿度保持恒定。触点温度计及晶体管继电器来控制电加热器，以保持进入干燥室空气的温度基本不变。干燥室的前方装有两个温度计，分别为干球温度计和湿球温度计，干燥室后和风机的出口处也装有干球温度计，以便测量干燥室的空气状态。利用蝶形阀来调节空气的流速。实验中切记：蝶形阀在任何时候都要保持打开的状态，否则容易导致电加热器过热而被烧坏。

（2）主要设备及仪器

实验装置基本情况如表 4-25 所示。

表 4-25　实验装置基本情况

序号	位号	名称	规格、型号
1		风机	CX-75 无锡信华
2		洞道干燥器	长 1.16m×宽 0.19m×高 0.24m
3	T1	干球温度传感器	Pt100 热电阻
4		数显温度计	AI519BG 数显仪表
5	T2	湿球温度传感器	Pt100 热电阻
6		数显温度计	AI501B 数显仪表
7	W1	质量传感器	0~200g
8		质量显示仪表	AI501BV24 数显仪表
9	F1	孔板流量计	孔径 φ35mm
10	P1	压差传感器	SM9320DP；0~10kPa
11		数显压差计	AI501BV24 数显仪表
12	T3	温度传感器	Pt100 热电阻
13		数显温度计	AI501B 数显仪表
14		干燥物料	纸板 0.165m×0.081m

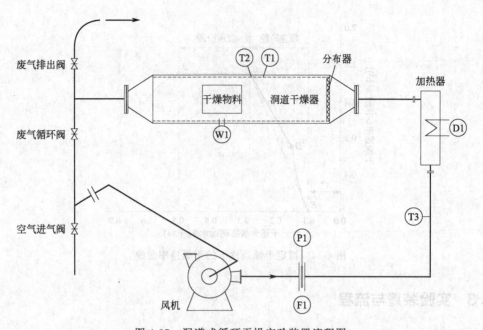

图 4-35 洞道式循环干燥实验装置流程图

W1—质量传感器；T1—湿球温度计；T2—干球温度计；T3—空气入口温度计；F1—孔板流量计；
P1—压差传感器；D1—电加热器

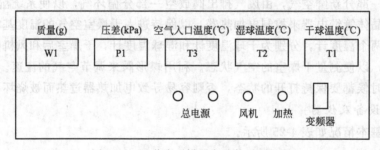

图 4-36 洞道式干燥器实验装置面板图

4.8.4 实验步骤

① 实验前先记录绝干物料（纸板）的质量和面积。

② 开启总电源，调节风机吸入口的蝶阀至全开位置后启动风机。

③ 利用废气排出阀和废气循环阀，将空气的流量调节到指定值后，开始加热。在智能仪表中设置好干球温度，仪表自动调节至指定温度。

④ 待空气流量和温度基本稳定时，用质量传感器对支架的质量进行测定并记录。

⑤ 将纸板放入一定量的水中，使其充分润湿并润湿均匀，但注意水量不能过多或过少，并将其轻轻固定在质量传感器上，与气流平行放置。

⑥ 放入物料后开始记录时间和初始质量，每隔 1min 记录一次时间和质量，以及风量、干球温度和湿球温度。如此重复，直至纸板质量基本不变为止。

⑦ 改变空气流量或温度，重复上述实验。

⑧ 关闭加热电源，小心取下干物料，注意保护质量传感器。待干球温度降至常温后关闭风机电源，切断总电源，清理实验设备。

4.8.5 注意事项

1. 打开电加热器之前，须先开启风机，否则电加热器易因过热而被烧坏。
2. 干燥物料要重复润湿，但不能有水滴自由滴下，否则将影响实验数据的正确性。
3. 质量传感器的量程为 0~200g，精度较高。取放纸板时一定要轻拿轻放，切勿下压，以免损坏质量传感器。

4.8.6 实验原始数据记录

实验数据记录表和实验数据处理结果表如表 4-26 和表 4-27 所示。

设备编号：　　　　　　纸板规格：　　　　　　干燥表面积：
纸板绝干质量：　　　　　纸板湿质量：

表 4-26　干燥曲线和干燥速率曲线测定实验数据记录表

序号	砝码质量/g	干燥时间/s	干球温度 t/℃	湿球温度 t_w/℃	进口温度 t_1/℃	出口温度 t_2/℃	空气压差/Pa

表 4-27　干燥曲线和干燥速率曲线测定实验数据处理结果

序号	$\Delta\tau$/s	τ/s	τ/h	X/(kg 水/kg 干料)	U/[kg/(m²·h)]

4.8.7 实验数据处理及分析

1. 对不同条件的实验原始数据进行计算，得到实验结果数据列表。
2. 在同一坐标系中分别绘制干燥曲线（含水量-时间曲线）和干燥速率曲线。

3. 读取物料的临界含水量。
4. 对实验结果进行分析讨论。

4.8.8 思考题

1. 何为恒定干燥条件？在本实验装置中，都采取了哪些措施以保持干燥条件的恒定？
2. 恒速干燥阶段控制干燥速率的因素有哪些？降速干燥阶段干燥速率的控制因素又是什么？
3. 如何判断实验已经结束？
4. 如果加大干燥过程中热空气的流量，对干燥速率曲线会产生什么影响？恒速阶段的干燥速率和临界含水量会不会受到影响？如何解释？

4.9 多相搅拌实验

4.9.1 实验目的

1. 熟悉搅拌功率曲线的测定方法。
2. 了解流动场和输入能量的主要影响因素及其关联方法。
3. 考察不同搅拌桨在相同流体中的搅拌特性。
4. 观察同一种搅拌桨在不同流体中的流型特点。
5. 通过改变双层搅拌桨的相对位置，观察搅拌流场流型的变化。

4.9.2 实验原理

本实验的主要任务为：用羧甲基纤维素钠（CMC）水溶液，测定液-液相搅拌功率曲线；用 CMC 水溶液和空气，测定气-液相搅拌功率曲线。

搅拌操作常用于互溶液体的混合（如用溶剂将浓溶液稀释）、不互溶液体的混合（如用于液体不互溶的溶剂对前者进行洗涤、用液体萃取另一液体或制备乳浊液等）、气液接触、固体颗粒在液体中的悬浮及强化传热防止局部过热等过程，是重要的化工单元操作之一，在石油工业、废水处理、染料、医药、食品等行业中都有广泛的应用。

搅拌过程通过搅拌器把能量输入被搅拌的流体中以达到搅拌目的。搅拌釜内单位体积流体的能耗是判断搅拌过程优劣的主要依据之一。

由于搅拌釜内液体运动状态十分复杂，搅拌功率目前尚不能由理论得出，只能通过实验获得它和多变量之间的关系，以此作为搅拌器设计放大过程中确定搅拌功率的依据。

液体搅拌功率消耗可表示为下列诸变量的函数：

$$N = f(k, n, d, \rho, \mu, g \cdots) \tag{4-75}$$

式中，N 为搅拌功率，W；K 为无量纲系数；n 为搅拌转速，r/min；d 为搅拌器直径，m；ρ 为流体密度，kg/m^3；μ 为流体黏度，Pa·s；g 为重力加速度，m/s^2。

由量纲分析法可得下列无量纲数群的关联式：

$$\frac{N}{\rho n^3 d^5} = K \left(\frac{d^2 n \rho}{\mu}\right)^x \left(\frac{n^2 d}{g}\right)^y \tag{4-76}$$

令 $\frac{N}{\rho n^3 d^5} = N_p$，$N_p$ 称为功率无量纲数；$\frac{d^2 n \rho}{\mu} = Re$，$Re$ 称为搅拌雷诺数；$\frac{n^2 d}{g} = Fr$，Fr 称为搅拌弗鲁德数。

则

$$N_p = KRe^x Fr^y \tag{4-77}$$

令 $\phi = \frac{N_p}{Fr^y}$，ϕ 称为功率因数，则

$$\phi = KRe^x \tag{4-78}$$

对于不打旋的系统，重力影响极小，可忽略 Fr 的影响，即 $y=0$

则

$$\phi = N_p = KRe^x \tag{4-79}$$

因此，在对数坐标纸上可标绘出 N_p 与 Re 的关系。

搅拌功率计算方法

$$N = IV - (I^2 R + Kn^{1.2}) \tag{4-80}$$

式中，I 为搅拌电机的电枢电流，A；V 为搅拌电机的电枢电压，V；n 为搅拌电机的转速，r/min；R 为搅拌电机内阻，见实验现场给出的数据；K 为常数，见实验现场给出的数据。

4.9.3 实验装置与流程

本实验使用的是标准搅拌槽，其直径为 280mm，装置流程图见图 4-37。搅拌桨有六直叶圆盘涡轮、弧形叶圆盘涡轮、螺旋桨，结构示意图见 4-38。

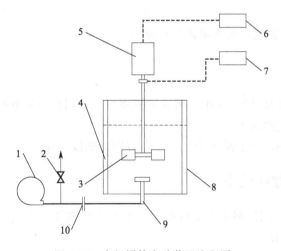

图 4-37 多相搅拌实验装置流程图

1—空压机；2—调节阀；3—搅拌桨；4—挡板；5—电机；6—电机调速器；7—功率测量仪；
8—搅拌槽；9—气体分布器；10—气体流量计

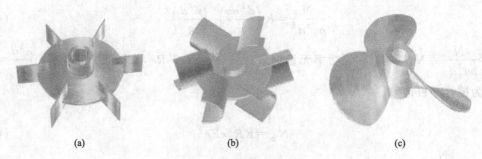

图 4-38 搅拌桨结构示意图
(a) 六直叶圆盘涡轮；(b) 弧形叶圆盘涡轮；(c) 螺旋桨

4.9.4 实验步骤

(1) 测定 CMC 溶液搅拌功率曲线

打开总电源，各数字仪表显示"0"。打开搅拌调速开关，慢慢转动调速旋钮，电机开始转动。在转速约 250~600r/min 之间，取 10~12 个点测试（实验中适宜的转速选择为低转速时搅拌器的转动要均匀，高转速时流体不出现旋涡）。实验中每调一个转速，待数据显示基本稳定后方可读数，同时注意观察流型及搅拌情况。每调节一个转速记录以下数据：电机的电压（V）、电流（A）、转速（r/min）。

(2) 测定气液搅拌功率曲线

各套装置均以空气压缩机为供气系统，用各套装置的气体流量计调节相同的空气流量输入搅拌槽内，应同时记录每一转速下的液面高度，其余操作同上。

(3) 实验结束

把调速降为"0"后，方可关闭搅拌。

(4) 其他要求

实验过程中每组均需测定搅拌槽内流体黏度。

4.9.5 注意事项

1. 电机调速一定要从"0"开始，调速过程要慢，否则易损坏电机。
2. 不得随便移动实验装置。
3. 黏度测定仪使用后要清洗干净、吹干，否则影响以后使用。

4.9.6 实验原始数据记录

CMC 溶液搅拌功率曲线测定实验数据记录表和气液搅拌功率曲线测定实验数据记录表如表 4-28 和表 4-29 所示。

仪器编号：　　　搅拌桨：　　　流体黏度：

表 4-28　CMC 溶液搅拌功率曲线测定实验数据记录表

序号	转速/(r/min)	电压/V	电流/A

序号	转速/(r/min)	电压/V	电流/A

表 4-29　气液搅拌功率曲线测定实验数据记录表

序号	气体流量/(m³/h)	转速/(r/min)	电压/V	电流/A

4.9.7　实验数据处理及分析

1. 将实验数据整理在数据表中。
2. 在对数坐标纸上标绘 N_p-Re 曲线。

4.9.8　思考题

1. 搅拌功率曲线对几何相似的搅拌装置能共用吗？
2. 试说明测定 N_p-Re 曲线的实际意义。
3. 对于气-液两相搅拌，通常选用哪种搅拌桨？

4.10
膜分离实验

4.10.1　实验目的

1. 学习和掌握超滤、纳滤和反渗透膜分离技术的基本原理。
2. 了解多功能膜分离制纯净水的流程、设备组成和结构特点。
3. 通过纳滤和反渗透膜分离技术制得纯净水，再通过测定纯净水的透过率，分析比较分离技术的优劣。

4.10.2 基本原理

本实验的主要任务为：测定超滤膜的透过率；分别测定纳滤和反渗透膜分离的透过率并加以比较和分析。

膜分离技术是近些年发展起来的一类新型分离技术。膜分离是以人工合成的或天然的高分子薄膜（或无机膜）为分离介质（对组分具有选择性透过功能），在膜两侧施加一种或多种推动力（如压力差、浓度差、电位差等），使原料中的某组分选择性地优先透过膜，从而达到分离混合物的目的，并实现产物的提取、浓缩、纯化等的一种新型分离过程。膜分离过程有多种，其中微滤、超滤、纳滤和反渗透都是以压力差为推动力的膜分离过程。当膜两侧施加一定的压差时，可使一部分溶剂及小于膜孔径的组分透过膜，而微粒、大分子、盐等被膜截留下来，从而达到分离的目的。它们的主要区别在于被分离物粒子或分子的大小和所采用膜的结构与性能不同。微滤膜的孔径范围为 $0.1 \sim 10 \mu m$，可以将细菌、污染物等微粒从悬浮液或气体中除去，所施加的压差为 $0.05 \sim 0.2 MPa$；超滤分离的组分是大分子或直径不大于 $0.1 \mu m$ 的微粒，膜的孔径为 $0.1 \sim 100 nm$，其压差范围约为 $0.1 \sim 0.5 MPa$；反渗透常被用于截留溶液中的盐或其他小分子物质，所施加的压差与溶液中溶质的分子量及浓度有关，操作压差为 $1 \sim 10 MPa$；介于反渗透与超滤之间的为纳滤，纳滤膜的脱盐率及操作压力通常比反渗透低，一般用于分离溶液中分子量为几百至几千的物质。

(1) 微滤与超滤

微滤过程中，被膜截留的通常是颗粒性杂质，可将沉积在膜表面上的颗粒层视为滤饼层，则其实质与常规过滤过程近似。本实验中，将含颗粒的浑浊液或悬浮液，经压差推动通过微滤膜组件，改变不同的料液流量，观察透过液侧清液情况。

对于超滤分离机理应用较多的是筛分理论。筛分理论认为，膜表面数量众多的不同孔径的微孔像筛子一样，截留住分子直径大于孔径的溶质和颗粒，从而达到分离的目的。应当指出的是，一般情况下，孔径大小是物料分离的决定因素，但膜材料表面的化学特性也能起到决定性的截留作用。如有些膜的孔径既比溶剂分子大，又比溶质分子大，本不应具有截留功能，但却仍具有明显的分离效果。因此，膜的孔径大小和膜表面的化学特性将分别起着不同的截留作用。

(2) 膜性能的表征

一般而言，膜组件的性能可用截留率（R）、透过液通量（J）和溶质浓缩倍数（N）来表示。

$$R = \frac{c_0 - c_P}{c_0} \times 100\% \tag{4-81}$$

式中，R 为截留率；c_0 为原料液的浓度，$kmol/m^3$；c_P 为透过液的浓度，$kmol/m^3$。

在膜的正常工作压力和工作温度下，对于不同溶质成分的截留率是不相同的，因此截留率也是工业上选择膜组件的基本参数之一。

$$J = \frac{V_P}{St} \tag{4-82}$$

式中，J 为透过液通量，$L/(m^2 \cdot h)$；V_P 为透过液的体积，L；S 为膜面积，m^2；t 为分离时间，h。

其中，$Q=\dfrac{V_p}{t}$，即透过液的体积流量，在某些膜分离过程中，把透过液作为产品（如污水净化、海水淡化等），该值用来表征膜组件的工作能力。一般膜组件出厂，均有纯水通量这个参数，即用钙离子、镁离子等为溶质成分，日常自来水通过膜组件而得出的透过液通量。

$$N=\dfrac{c_R}{c_P} \tag{4-83}$$

式中，N 为溶质浓缩倍数；c_R 为浓缩液的浓度，$kmol/m^3$；c_P 为透过液的浓度，$kmol/m^3$。

溶质浓缩倍数比较了浓缩液和透过液的分离程度，在如大分子提纯、生物酶浓缩等以获取浓缩液为产品的膜分离过程中，是重要的表征参数。

4.10.3 实验装置与流程

实验装置流程示意图见图 4-39，实验装置面板图见图 4-40。

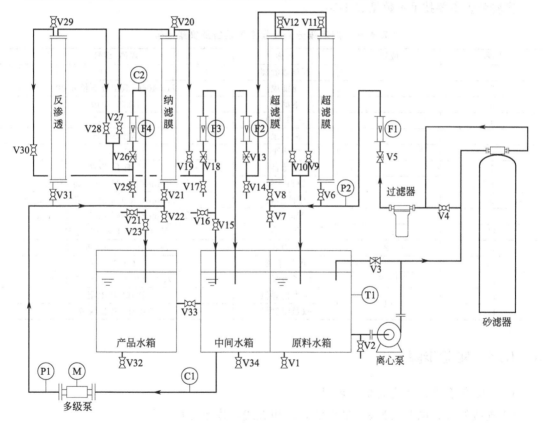

图 4-39 超滤膜分离装置流程示意图

F1，F2，F3，F4—转子流量计；M—多级泵；P1—多级泵出口压力表；P2—超滤膜进口压力表；C1—原水电导率仪；C2—滤过液电导率仪；T1—温度计；V1，V32，V34—水箱放水阀；V2，V14，V16，V17，V24，V25—管路排水阀；V3—离心泵旁路阀；V4—过滤器旁路阀；V5，V13，V18，V26—转子流量计调节阀；V6，V8—超滤膜进口阀；V7—超滤膜排空阀；V9，V10—超滤膜回水阀；V11，V12，V20，V29—放空阀；V15—回水阀；V19—纳滤膜回水阀；V21—纳滤膜进口阀；V22—纳滤膜排空阀；V23—产品阀；V27—纳滤膜产品阀；V28—反渗透膜产品阀；V30—反渗透膜回水阀；V31—反渗透膜进口阀

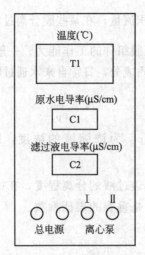

图 4-40 超滤膜分离装置面板图

实验装置主要技术参数见表 4-30。

表 4-30 超滤膜分离装置主要设备及仪器型号

序号	位号	名称	规格、型号
1		石英砂滤器	
2		超滤膜	HF-4040,截留分子量 6000
3		纳滤膜	NE90-4040
4		反渗透膜	LP21-4040
5		离心泵	WB50/025
6		多级泵	DL2-130
7		过滤器	带把手,带芯
8		原料水箱	长 600mm×宽 440mm×高 740mm
9		中间水箱	长 600mm×宽 440mm×高 740mm
10		产品水箱	长 600mm×宽 440mm×高 740mm
11	P1	压力表	Y-100;0~1.6MPa 带油
12	P2	压力表	Y-100;0~0.25MPa 带油
13	C1、C2	电导率仪	CCT-3320V
14	F1~F4	转子流量计	VA10-15F;量程 25~250L/h
15	T1	温度传感器	Pt100 热电阻
16		数显温度计	AI501B 数显仪表

4.10.4 实验步骤

(1) 反渗透膜、纳滤膜实验操作

① 连接好设备电源(为 380V 电源,三相五线,接地良好)。

② 将原料水箱注入自来水,水位至 3/4。

③ 启动离心泵调节流量计阀门,控制流量,经过石英砂滤器,再经过微型过滤器。打开超滤膜出口阀门,流体经过超滤膜过滤后进入中间水箱,当中间水箱水位到 3/4 高度为止。不断向原料水箱注入自来水。

④ 启动多级泵,待管路充满水后根据流量计逐渐调整浓水阀门到合适位置。中间水箱中的水经由反渗透膜或纳滤膜,膜顶端分别为浓水和纯水,分别经过转子流量计进入中间水

箱和产品水箱。

⑤ 纳滤膜实验是将通往反渗透管路上的所有阀门全部关闭，全开纳滤膜实验系统浓水阀门。反渗透膜实验是将通往纳滤管路上的所有阀门全部关闭，全开反渗透膜实验系统浓水阀门。

⑥ 记录原水电导率和净水电导率。

⑦ 系统停机前，全开浓水阀门循环冲洗3min。系统停机，切断电源。

(2) 超滤膜实验操作

本装置有2个超滤膜组件，从流程示意图（图4-39）可看到，既可以并联操作，也可以交替单独操作。

① 聚乙二醇水溶液的配制

液量35L，浓度约为30mg/L。配制方法：取分子量为20000的聚乙二醇1.1g放入1000mL的烧杯中，加入800mL水搅拌至全溶。在储槽内稀释至35L并搅拌均匀（以配制液量35L为例，实际配制液量以储槽使用容积为准）。

② 实验试剂及容器

聚乙二醇（分子量20000）500g，冰醋酸（化学纯）500mL，次硝酸铋（化学纯）500g，碘化钾（化学纯）500g，醋酸钠（化学纯）500g。

蒸馏水棕色容量瓶：100mL，2个；500mL，1个；1000mL，1个；100mL，10个。移液管：50mL，1支；5mL，2支。5mL量液管，1支。量筒：250mL，1个；10mL，2个。工业滤纸若干。

(3) 发色剂配制

A液：准确称取1.600g次硝酸铋置于100mL容量瓶中，加冰醋酸20mL，用蒸馏水稀释至刻度。

B液：准确称取40g碘化钾置于100mL棕色容量瓶中，蒸馏水稀释至刻度。

碘化铋钾试剂（Dragendoff试剂）：量取A液、B液各5mL置于100mL棕色容量瓶中加冰醋酸40mL，加蒸馏水稀释至刻度。

0.2mol/L醋酸钠溶液的配制：准确称量27.22g三水醋酸钠溶于500mL蒸馏水中，置于1000mL容量瓶中，蒸馏水稀释至刻度。

0.2mol/L冰醋酸溶液的配制：准确量取5.8mL冰醋酸置于500mL容量瓶中，蒸馏水稀释至刻度。

醋酸缓冲液的配制：量取0.2mol/L醋酸钠溶液590mL及0.2mol/L冰醋酸溶液410mL置于1000mL容量瓶中，配制成pH4.8醋酸缓冲液。

(4) 实验操作（以并联操作为例）

① 将料液置于原料水箱，首先关闭所有阀门，然后启动离心泵，打开旁路阀进行混料一段时间。

② 打开进入两组超滤膜的阀门，超滤膜顶分两部分：一部分为浓缩液，一部分为超滤液。分别进入原料水箱和中间水箱。

③ 同时打开两组阀门，再打开转子流量计调节流量，同时控制浓缩液和超滤液的阀门开度来控制超滤膜内压力，10min后取浓缩液和超滤液进行分析。

(5) 分析操作（选择性操作）

用比色法测试原料液、超滤液和浓缩液的浓度。

使用仪器：722型分光光度计。

① 开启分光光度计电源，将测定波长置于510nm处，预热20min。

② 绘制标准曲线：准确称取在60℃下干燥4h的聚乙二醇1.000g溶于1000mL容量瓶中，分别移取聚乙二醇溶液0.5mL、1.5mL、2.5mL、3.5mL、4.5mL于100mL容量瓶内稀释配制成浓度为5mg/L、15mg/L、25mg/L、35mg/L、45mg/L的聚乙二醇标准溶液。再各取50mL上述溶液分别加入100mL容量瓶中，分别加入Dragendoff试剂和醋酸缓冲液各10mL，用蒸馏水稀释至刻度，放置15min，在波长510nm下，用1cm比色池，在722型分光光度计上测定光密度，蒸馏水为空白。以聚乙二醇浓度为横坐标，吸光度为纵坐标作图，绘制出标准曲线。

③ 分析试样：取试样50mL置于100mL容量瓶中，分别加入Dragendoff试剂和醋酸缓冲液各10mL，蒸馏水稀释至刻度，放置15min，与波长510nm下，用1cm比色池，在722型分光光度计上测定吸光度，蒸馏水为空白。测试试样的吸光度值，根据标准曲线查得试样聚乙二醇浓度。

4.10.5 注意事项

1. 设备存放实验室应有合适防冻措施，严禁结冰。
2. 中间水箱用水必须是超滤设备的净水。
3. 超滤膜如需长期放置，可用1%～3%亚硫酸氢钠溶液浸泡封存。
4. 纳滤、反渗透短期停机，应隔2天通水1次，每次通水30min；长期停机应使用1%亚硫酸氢钠或甲醛液注入组件内，然后关闭所有阀门封闭，严禁细菌侵蚀膜元件。3个月以上应更换保护液1次。

4.10.6 实验原始数据记录

反渗透膜、纳滤膜实验数据记录表和超滤膜实验数据记录表如表4-31和表4-32所示。
仪器编号：　　　膜面积：

表4-31　反渗透膜、纳滤膜实验数据记录表

序号	膜类型	原水电导率/(S/m)	原水浓度/(kmol/m³)	净水电导率/(S/m)	净水浓度/(kmol/m³)	透过液体积/L	分离时间/h

表4-32　超滤膜实验数据记录表

序号	操作压力/kPa	流量/(m³/h)	原料液吸光度	原料液浓度/(kmol/m³)	透过液吸光度	透过液浓度/(kmol/m³)	截留率

4.10.7 实验数据处理及分析

1. 计算不同操作条件下的透过率和截留率,比较操作条件(操作压力和流量)对膜分离性能的影响。
2. 对纳滤膜和反渗透膜制备纯水的分离效率进行比较。
3. 计算固体杂质的截留率,比较原料流量对超滤性能的影响。
4. 计算超滤的渗透通量,并对时间作图,分析渗透通量随时间的变化情况。

4.10.8 思考题

1. 根据超滤、纳滤和反渗透膜分离的机理,比较三种膜分离的优缺点。
2. 在进行超滤实验时,如果操作压力过高或流量过大会有什么结果?提高料液的温度进行超滤会有什么影响?
3. 超滤组件中加保护液的意义是什么?

第5章
化工原理演示及选修实验

5.1 雷诺数的测定与流型观察实验

5.1.1 实验目的

1. 了解圆形直管内流体质点的运动方式并认识不同流体流动型态的特点。
2. 掌握不同流型的判断准则,仔细观察管内流体分别在做层流、过渡流以及湍流时的流动型态。
3. 观察流体做层流流动时的速度分布情况。

5.1.2 实验原理

流动流体有三种不同的型态(层流、过渡流、湍流),取决于流体的流速 u、黏度 μ、密度 ρ 以及管道内径 d,可用雷诺数 Re 进行判断。当 $Re \leqslant 2000$ 时,流体做层流流动,流体质点的运动轨迹为直线,此时管道截面上的点速度呈抛物线分布。当 $Re \geqslant 4000$ 时,流体做湍流流动,流体质点除了沿流体流动方向运动外,还在其他方向出现不规则的脉动现象。当 $2000 < Re < 4000$ 时,流体做过渡状态流动,受外界干扰的不同,有时为层流,有时为湍流,而且流型不稳定。雷诺数 Re 计算式如下

$$Re = \frac{du\rho}{\mu} \tag{5-1}$$

5.1.3 实验装置与流程

实验管道有效长度 $L=600\text{mm}$,外径 $D_o=30\text{mm}$,内径 $D_i=24.5\text{mm}$,孔板流量计的孔板内径 $d_o=9\text{mm}$,如图 5-1 所示。

5.1.4 实验步骤

(1) 实验前的准备工作
① 实验前仔细调整示踪剂注入管的位置,使其处于实验管道的中心线上。

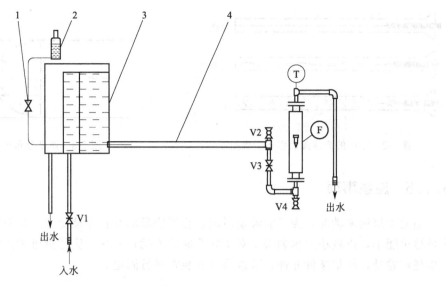

图 5-1　雷诺实验装置流程

1—红墨水流量调节阀；2—红墨水瓶；3—高位槽；4—测试管；F—转子流量计；T—温度计；V1～V4—阀门

② 实验用的示踪剂为适量稀释过的红墨水，加入红墨水瓶中。

③ 关闭流量调节阀 V3，打开进水阀 V1，使水槽充满清水并溢流，以保证高位槽内的液位恒定。

④ 排出红墨水注入管内的气泡，使红墨水充满细管道。

(2) 实验过程

① 调节进水阀 V1，维持尽可能小的溢流量，轻微打开流量调节阀 V3，使水缓慢流经实验管道。

② 缓慢且适量地打开红墨水流量调节阀，观察在当前流量下实验管道内水的流动状况。通过转子流量计测量水的流量并计算出雷诺数。有时，进水和溢流的扰动会造成实验管道中的红墨水流束偏离管道的中心线或者发生不同程度的摆动，此时可以暂时关闭进水阀 V1，经过一段时间即可以看到红墨水流束重新回到管道的中心线上。

③ 逐步打开进水阀 V1 和流量调节阀 V3，在维持尽可能小的溢流量时增大实验管道内的流量，观察实验管道内水的流动状况。同时，记录流量计读数并计算出雷诺数。不同的流体流动型态示意图如图 5-2 所示。

(3) 流体在圆管内流动速度分布的演示实验

首先将进水阀 V1 打开，关闭流量调节阀 V3，然后打开红墨水流量调节阀，使少量红墨水流入实验管道的入口端，最后突然打开流量调节阀 V3，在实验管道中可以清晰地看到红墨水流动所形成的速度分布，如图 5-3 所示。

(4) 实验结束后的操作

① 关闭红墨水流量调节阀，使红墨水停止流动。

② 关闭进水阀 V1，使水停止流入高位槽。

③ 待实验管道冲洗干净，水中的红色消失后，关闭流量调节阀 V3，最后关闭电源。

④ 若长期不用时，应将装置内的水排放干净。

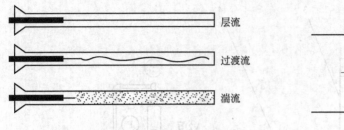
图 5-2 不同的流体流动型态示意图

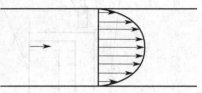
图 5-3 速度分布示意图

5.1.5 注意事项

当处于层流流动时,为了能够使层流状态尽快形成并且保持稳定,首先要确保水槽的溢流量尽可能小,以减小上水和溢流对实验造成的干扰;其次,应尽量避免人为地使实验装置产生任何震动,如果条件允许,可以将实验装置进行固定。

5.1.6 实验记录与分析

实验记录表如表 5-1 所示。

表 5-1 雷诺实验记录表

设备编号	;水温	℃;水的密度	kg/m³;水的黏度	Pa·s;管内径	mm
序号	流量 V/(L/s)	流速 u/(m/s)	雷诺数 Re	观察到的流动型态	以 Re 判断的流动型态
1					
2					
3					
……					

5.1.7 思考题

1. 若红墨水注入管不在实验管道的中心,能观察到预期的实验结果吗?
2. 如何计算特定流量下的雷诺数?如何用雷诺数来判定流体型态?
3. 层流和湍流的本质区别在于流体质点的运动方式不同,试述二者的运动方式。
4. 试解释"层流内层"和"湍流主体"的概念。

5.2 旋风分离实验

5.2.1 实验目的

1. 了解旋风分离器的结构特点,并且掌握旋风分离器的工作原理。
2. 观察旋风分离器中的气固分离现象。
3. 观察气速对旋风分离器分离性能的影响。

5.2.2 实验原理

旋风分离器是利用离心力的作用从气流中分离出其中的固体颗粒或者灰尘的设备。当固体颗粒的尺寸较小时，由于其沉降速度小，所需的重力沉降设备尺寸较大。在离心力场中，颗粒受到的离心力比重力大得多，沉降速度要比在重力场中大。因此，对于颗粒尺寸较小的气固体系，利用离心沉降分离比重力沉降更加有效。

标准的旋风分离器的主体上部是圆筒形，下部是圆锥形。工作时，含尘气体从圆筒上部的长方形切向进入，由于受到设备内壁的约束，气流将旋转向下做螺旋运动。当到达圆锥部分时，旋转半径缩小，使得切向速度增大，颗粒在随气流旋转的过程中将被抛向内壁，并沿内壁落下，从锥底排出。经过净化后的气体到达圆锥底部时于中心轴附近由下而上做旋转运动，最后自圆筒顶部的排气管排出。旋风分离器结构和尺寸如图 5-4 所示。

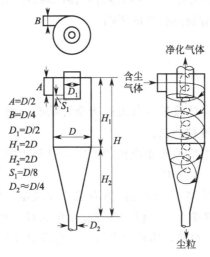

图 5-4 旋风分离器的结构和尺寸

5.2.3 实验装置与流程

该装置主要由风机、流量计、文丘里管以及旋风分离器和 U 形管压差计等组成。由调节旁路的空气流量调节阀控制进入旋风分离器的气体流量，并由转子流量计测量其实际流量，流经抽吸器时，由于节流负压效应，将固体颗粒储槽内的颗粒吸入气流中，然后，含尘气体进入旋风分离器，经过旋风分离后落入锥底下部的颗粒收集槽，气流由圆筒顶部的排气管旋转排出。其流程图如图 5-5 所示。

U 形管压差计可以测量旋风分离器入口和出口的压差（压降），其压降损失主要包括进气管、排气管以及设备内壁的摩擦产生的阻力损失，气体流动时的局部阻力损失以及气体旋转运动因形成旋涡所产生的动能损失等，对于标准型旋风分离器，其压降一般为 0.5～2.0kPa。

5.2.4 实验步骤

① 将固体颗粒放入储槽内，轻微地打开进口阀并开启风机开关。

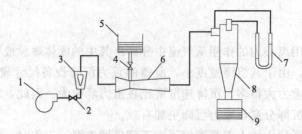

图 5-5　旋风分离器分离气固混合物的实验流程图

1—风机；2—空气流量调节阀；3—转子流量计；4—尘粒进口阀；5—固体颗粒储槽；
6—文丘里管；7—U形管压差计；8—旋风分离器；9—固体颗粒收集槽

② 调节空气流量调节阀，使颗粒随气流进入旋风分离器，观察颗粒被离心力甩向内壁并沿内壁落下的现象，观察净化后的气体沿着分离器的轴线上行并从顶部排出的现象。

③ 改变气速，观察气速对旋风分离的影响。

④ 结束实验，关闭风机。

5.2.5　注意事项

1. 开车和停车时，均应先让流量调节阀处于全开状态，然后接通或关闭鼓风机的电源开关，以免 U 形管内的指示液被冲出。

2. 分离器的排灰管与集尘室的连接应比较严密，以免因内部负压漏入空气而将已经分离下来的尘粒重新吹起并随气体排出。

3. 实验时，若气体流量足够小，而且固体粉粒比较潮湿，则固体粉粒会沿着向下螺旋运动的轨迹贴附在分离器的器壁上。若想除去器壁上的粉粒，可在压降为 180mm 水柱的流量下，向文丘里管内加入固体粉粒，用从含尘气体中分离出来的高速旋转的新粉粒将原来贴附在器壁上的粉粒冲刷下来。

5.2.6　实验记录与分析

实验记录和分析表如表 5-2 所示。

表 5-2　旋风分离实验记录及分析表

序号	U形管压差计读数 R/mm	进出口压力差 Δp_f/Pa	气体流量 Q/(m³/h)	进尘量/g	捕集量/g	除尘效率/%
1						
2						
3						
…						

5.2.7　思考题

1. 旋风分离器与底部固体颗粒收集槽之间为什么要密封？如果不密封会出现什么现象？
2. 描述旋风分离器的分离效果与气速的关系。

5.3 板式塔流体力学性能实验

5.3.1 实验目的

1. 了解塔设备和塔板（如筛孔、泡罩、浮阀和舌形）的基本结构。
2. 观察气、液两相在不同塔板上的流动与接触状况。
3. 观察塔内正常与几种不正常的操作现象，并进行塔板压降的测量。

5.3.2 实验原理

板式塔在吸收和精馏操作中应用非常广泛，是重要的气液接触传质设备。塔板是板式塔的核心部件，对塔的性能具有重要的影响。塔板是实现气、液两相之间传质和传热的场所，故要求塔板具备如下条件：①必须保证良好的气液接触，传质和传热面积大，而且接触面要不断地进行更新，以增大传质和传热的推动力；②全塔总体上要保证气、液两相逆向流动，尽量避免返混以及气液短路。

塔是靠自下而上的气相和自上而下的液相在塔板的逆向流动实现传质和传热，因此，塔板的传质和传热效果主要取决于塔板上气、液两相的流体力学状态。

（1）塔板上的气、液两相接触状况

当气速较低时，气、液两相呈鼓泡接触状态。塔板上存在明显的清液层，气相以气泡的形态分散在清液层中，气、液两相的传质在气泡表面进行。当气速较高时，气、液两相呈泡沫接触状态，清液层明显变薄，只有在塔板表面附近才能看到清液层，清液层随着气速的增大而减小，此时塔板上有大量的泡沫存在，液体主要以不断更新的液膜形态存在于密集的泡沫之间，气、液两相在液膜表面进行传质。当气速很高时，气、液两相呈喷射状态进行接触，液体以不断更新的液滴形式分散在气相中，此时，气、液两相的传质在液滴表面进行。

（2）塔板上不正常的流动现象

在塔的操作过程中，塔内要维持正常的气液负荷，避免以下不正常的操作状况出现。

① 漏液

当气速很低时，气相流经塔板的动压不足以阻止塔板上的液层从升气孔下降，此时就会出现漏液现象。

② 雾沫夹带

气相流经塔板的液层时，将塔板上的液滴裹挟到上一层塔板上，从而引起液相返混，出现雾沫夹带现象。

③ 液泛

当塔内气相或者液相的流量增大时，造成降液管内的液体不能顺利往下流，使液体逐渐积累，当管内液面超过溢流堰顶部时，两板间液体相连，并依次上升，出现液泛现象。液泛也称为淹塔，此时的塔板压降上升，全塔操作不正常，要避免这种情况。

5.3.3 实验装置与流程

该装置含有四个并联塔，分别为筛板塔、浮阀塔、泡罩塔和舌形塔。空气由旋涡气泵通过孔板流量计测量后输送至塔底并从塔顶流出；液体由离心泵通过转子流量计测量后输送至塔顶并从塔底流出，回到水箱。气、液两相在塔板上进行接触。实验装置的流程如图5-6所示。

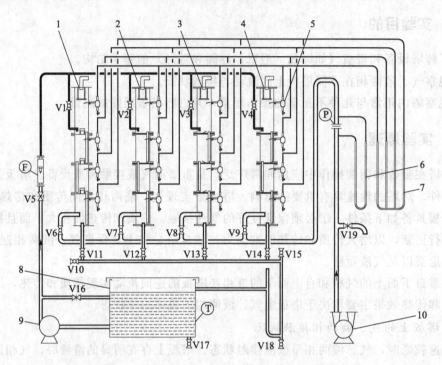

图 5-6 板式塔流体力学性能演示实验装置流程

1—泡罩塔；2—浮阀塔；3—舌形塔；4—筛板塔；5—气液分离瓶；6，7—U形管压差计；
8—水箱；9—离心泵；10—旋涡气泵；F—转子流量计；T—温度计；P—孔板流量计；V1~V19—阀门

塔体材料为有机玻璃，塔高920mm，塔体尺寸φ100mm×5.5mm，板间距180mm。孔板流量计测量流量的计算式如下

$$Q = C_0 A_0 \sqrt{\frac{2\Delta p}{\rho}}, \quad A_0 = \frac{\pi}{4} d_0^2 \tag{5-2}$$

式中，Q 为流体流量，m^3/s；C_0 为孔板流量计的孔流系数，其值为0.67，无量纲；d_0 为孔板流量计的孔径，17mm；Δp 为孔板流量计前后的压差，Pa；ρ 为流体密度，kg/m^3；A_0 为孔板流量计节流孔的截面积，m^2。

5.3.4 实验步骤

① 往水箱内注满蒸馏水，将空气调节阀V19置于全开的位置，关闭离心泵流量调节阀V5。

② 启动旋涡气泵，往塔内输送空气，同时启动离心泵往塔内输送水，改变气、液两相的流量，观察塔板上的气、液流动和接触状况，并记录塔板压降、气相和液相的流量。

③ 用相同的调节方法依次观察并测定其他类型塔的塔板压降、气液流动和接触状况。

④ 实验结束后，先关闭调节阀和离心泵，待塔内液体大部分流到塔底时再关闭旋涡气

泵，防止设备和管道内进水。

5.3.5 注意事项

1. 为了长期保证有机玻璃的透明度，实验用水为蒸馏水。
2. 开车时，先开旋涡气泵，后开离心泵，停车时则相反，这样操作可以避免板式塔内的液体流至风机内。

5.3.6 实验记录与分析

实验记录和分析表如表 5-3 所示。

表 5-3 板式塔流体力学性能实验记录及分析表

序号	液体流量计		U形管压差计		压降/kPa	现象	塔板类型
	液体/(m³/h)	气体/(m³/h)	左	右			
1							
2							
3							
4							
5							
6							

5.3.7 思考题

1. 在板式塔中的气、液两相的传质和传热面积是固定不变的吗？
2. 塔板性能的评价指标是什么？对筛板塔、浮阀塔、泡罩塔和舌形塔的优缺点进行讨论。
3. 由传质理论可知，流动过程中接触的气、液两相的湍动程度越大，其传质阻力就越小，那么，如何提高两相的湍动程度？两相流体湍动程度的提高受不受限制？
4. 定性地分析液泛和哪些因素有关。

5.4 孔板流量计的校正实验

5.4.1 实验目的

1. 了解孔板流量计的结构、工作原理以及特点。
2. 掌握孔板流量计的校正方法。
3. 了解节流式流量计的 C_0（流量系数）与 Re（雷诺数）之间的关系以及确定流量系数 C_0 的方法。

5.4.2 实验原理

本实验的主要内容为：测定节流式流量计（如孔板流量计）的流量校正曲线；测定节流

式流量计的流量系数 C_0 与管道雷诺数 Re 之间的关系。

工业上生产的节流式流量计（如孔板流量计）基本上都是按照标准规范进行制造和安装使用，并在出厂前在标准条件下以水或者空气为流体进行标定。然而，在实际使用过程中，由于温度、压力、介质类型等条件与标定时不同，或者流量计由于长期使用而出现较大磨损，或者自行制造非标准流量计，上述情况均需要对流量计进行校正，重新确定其流量系数或校正曲线。

常用的流量计校正方法包括体积法、称重法和标准流量计法。体积法和称重法是通过测量一定时间内排出流体的体积或者质量来校正流量计，而标准流量计法是采用已经被校正过而且准确度等级较高的流量计作为被校流量计的比较标准。本实验采用准确度等级较高的涡轮流量计作为标准流量计来校正孔板流量计。

流体流经节流式流量计时会在流量计的上游测压口和下游测压口之间产生一定的压差，该压差与流量的关系如下：

$$V_s = C_0 A_0 \sqrt{\frac{2\Delta p}{\rho}} \tag{5-3}$$

式中，V_s 为被测流体的流量，m^3/s；C_0 为流量系数，无量纲；A_0 为孔板流量计节流孔的截面积，m^2；Δp 为流量计上游和下游两测压口之间的压差，Pa；ρ 为被测流体的密度，kg/m^3。

该实验中以涡轮流量计作为标准流量计来测量流体的流量，得到流量 V_s 与 Δp 之间的关系曲线，即流量校正曲线，再通过数据分析整理，从而绘制出流量系数 C_0 与管道雷诺数 Re 之间的关系曲线。

5.4.3 实验装置与流程

该装置主要由离心泵、孔板流量计、涡轮流量计（准确度等级为 0.5 级）、转子流量计、流量调节阀等部分组成。储水箱中的水由离心泵输送，通过管道上的流量调节阀门控制流量后进入测量系统。流体流量较小时由转子流量计测量，流量较大时由涡轮流量计测量。孔板流量计的上游和下游之间的压差通过压差传感器测量。水流经管路循环后返回至水箱。实验装置和流程如图 5-7 所示。

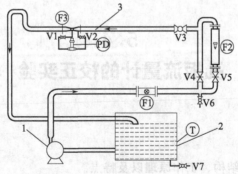

图 5-7　孔板流量计校正实验装置和流程

1—离心泵；2—储水箱；3—水平直管；F1—涡轮流量计；F2—转子流量计；F3—孔板流量计；
V1～V7—阀门；PD—压差计；T—温度计

5.4.4 实验步骤

① 关闭离心泵出口的调节阀门，启动泵，然后逐渐开启流量调节阀，排净管路和导压

管中的气泡。

② 关闭 V4，用 V5 进行流量调节，在转子流量计的量程范围内由转子流量计测量流量数据，并读出压差数据。

③ 当流量超过转子流量计的量程时，关闭 V5，打开 V4，用 V4 调节流量，由涡轮流量计测量流量数据并读取压差数据。

④ 实验结束后，首先要关闭流量调节阀门，然后停泵，最后切断电源。

5.4.5 注意事项

1. 启动离心泵之前要检查所有的流量调节阀是否均已经关闭。
2. 注意在不同的条件下分别通过 V4 和 V5 进行流量调节。

5.4.6 实验记录与分析

实验记录与分析表如表 5-4 所示。

表 5-4 孔板流量计校正实验记录与分析表

序号	流量 $Q/(m^3/h)$	孔板两侧压力差 $\Delta p/(Pa)$	流速 $u/(m/s)$	雷诺数 Re	流量系数 C_0	流体温度 $T/℃$	流体黏度 $\mu/mPa \cdot s$
1							
2							
3							
4							
5							
6							
7							
8							
9							
10							
…							

1. 以其中一组数据为例进行详细计算。
2. 在合适的坐标系中绘制孔板流量计的流量 V_s 与 Δp 之间的关系曲线，以及流量系数 C_0 与管道雷诺数 Re 的关系曲线。

5.4.7 思考题

1. 在哪些情况下需要对流量计进行校正？校正方法有哪几种？本实验采用的方法是什么？
2. 在所学的流量计中，哪些属于节流式流量计？哪些属于变截面流量计？

5.5 喷雾干燥实验

5.5.1 实验目的

1. 了解喷雾干燥设备的结构、流程和气动离心雾化器的工作原理。

2. 熟悉喷雾干燥的操作。
3. 了解喷雾干燥的优点和缺点。
4. 了解喷雾干燥产品的形态。

5.5.2 实验原理

喷雾干燥是通过雾化器将原料液分散成细小的雾滴，然后以热空气等为干燥介质对雾滴进行干燥的方法。原料液可以是溶液、乳浊液和悬浮液。喷雾干燥可以用于饮料、奶粉、生物制药等领域。

将液体进行雾化后可以增加液滴与干燥介质的接触面积，提高干燥过程中的传质和传热速率。在干燥初期，雾滴很小，雾滴表面的水分扩散很快，此时物料的温度处于湿球温度，干燥速率恒定，即为恒速干燥阶段。随着水分的蒸发，物料表面没有非结合水分，物料的温度开始升高并在内部形成温度梯度，此阶段为降速干燥阶段。当温度梯度进一步增大，物料内部的蒸气压大于物料粒子表面内聚力时，粒子即会爆裂，瞬时增大传质和传热面积。因此，喷雾干燥后的粉末产品大多是非球形颗粒。

雾化器是喷雾干燥的核心部件之一，常见的包括压力式雾化器、离心式雾化器以及气流式雾化器。

5.5.3 实验装置与流程

该设备是小型的离心喷雾干燥设备，其中离心盘直径 50mm、干燥室直径 800mm、圆筒高 600mm、圆锥角度 60°。离心喷雾高速旋转是以压缩空气为推动力，其中，压缩空气推动涡轮通过挠性轴带动离心盘转动，将料液滴入离心盘中央，由于离心盘旋转，液滴由于受离心力的作用将从其切线方向甩出，形成均匀的雾滴，分布于干燥室内。由于离心盘的转速高达 25000r/min，挠性轴细小，因此，在操作时需要小心，加料要均匀，防止结焦以保证离心盘转动稳定。喷雾干燥流程图如图 5-8 所示。

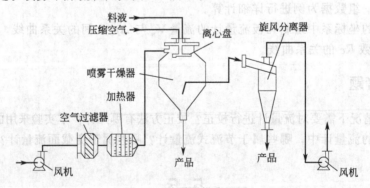

图 5-8 喷雾干燥流程图

5.5.4 实验步骤

① 用不锈钢筛子对料液进行过滤处理，以防有较大的颗粒堵塞雾化器。
② 测定物料的含水率以及固体含量（包括可溶性固体和不溶性固体）等。
③ 检查系统是否连接良好，有无漏气，然后启动风机。

④ 接通换热器内的电源进行加热，设定热空气的温度为190℃。
⑤ 当达到所要求的温度时，启动离心雾化器至正常转速。
⑥ 用蠕动泵缓慢进料，观察雾滴在干燥室中的状态，通过调整蠕动泵的转速来调节进料量，直至能看见雾滴在干燥室内运动，此时稳定进料量。
⑦ 干燥完成后，停止进料、加热、雾化器转动，待出口温度低于80℃时可以停止风机。
⑧ 打开出料阀门，取下收集瓶，收集粉末产品，此时需要立刻密封，防止产品快速吸潮。
⑨ 用显微镜观察产品的形态并检测产品的含水率。

5.5.5 注意事项

1. 停车前必须要先停止加热，然后再停止风机，否则将会烧毁加热丝或者缩短加热丝使用寿命。
2. 取出离心雾化器，小心清洗干净，用干净的抹布抹干后垂直放置于盒中保存。
3. 蠕动泵需要用清水清洗干净。
4. 若产品黏附在设备的内壁上，则可以轻轻拍击干燥器底部的锥面，使粉体落入收集瓶。
5. 要清洗干燥器内壁。
6. 正常操作时，观察部位温度较高，切勿用手触摸。

5.5.6 实验记录与分析

实验记录表如表5-5所示。

表5-5 喷雾干燥实验记录表

设备编号	；室温 ℃	
指标	来源	
	喷雾干燥器出料口	旋风分离器出料口
含水率		
颜色		
形态		

5.5.7 思考题

1. 为什么在喷雾操作前需要对料液进行适当的过滤处理？
2. 喷雾干燥的基本原理是什么？
3. 离心式喷雾的效果与哪些因素有关？为什么？

5.6 冷冻干燥实验

5.6.1 实验目的

1. 了解冷冻干燥设备的结构、流程和工作原理。

2. 熟悉冷冻干燥的操作。
3. 了解冷冻干燥的优点和缺点。
4. 了解冷冻干燥产品的形态。
5. 掌握物料在冷冻干燥过程中经历的不同阶段及其特点。

5.6.2 实验原理

冷冻干燥是先将物料进行冻结，然后再通过冰晶的升华将水分除去的干燥方法，是真空与冷冻相结合的新型干燥脱水技术。对于食品而言，该技术能最大限度地保持食品的色、香、味和营养成分，可以制成海绵状，无干缩，不改变原有的固体骨架结构，能保持物料的原有形态，而且产品的复水性极好，复水后更接近新鲜物料的形态。此外，由于干燥过程在真空下进行，氧气分压小，能防止容易被氧化的物质变质，广泛应用于食品、药品、天然产物、热敏性物质的干燥过程。

水有三种相态，即固态、液态和气态。三相点所对应的温度和蒸气压分别为 0.0098℃ 和 610.5Pa，此时，冰、水和水蒸气三相共存。在高真空度时，体系处于三相点以下，固态水会升华为水蒸气而被除去，起到干燥的目的。

5.6.3 实验装置与流程

冷冻干燥的流程包括前处理、预冻、真空脱水干燥和后处理等过程。①前处理：对固态原料的前处理包括清洗、细分、装盘等，对液态原料的前处理包括真空低温浓缩或冷冻浓缩。②预冻：预冻的温度应低于物料的共熔点 5℃ 左右，时间约 2h，冷冻速率控制在 1～4℃/min 为宜，冻结终了温度约为 -30℃。冷冻的目的是将物料内部水分固化，防止抽真空升华时造成浓缩、起泡、收缩等不良现象，保证冻干产品与冻干前物料具有相同的形态。另外，冻结速率越快，物料内部冰晶体颗粒越细，对食品或生物制品中细胞的机械损伤越小，而且冻结时间越短，蛋白质在凝聚和浓缩作用下越不会发生变质。③真空脱水干燥：首先通过升华除去的是物料表面的冰晶，其次是物料内部的结合水分，但是结合水分与物料作用力较强，使得升华干燥速率降低，而且结合水分较难除去。因此，为了达到产品所要求的含水率，提高干燥速率，有时要适当提高温度。④后处理：将系统泄压，出料，包装产品。其实验装置和工艺流程图如图 5-9 和图 5-10 所示。

5.6.4 实验步骤

① 检查真空冷冻干燥系统是否清洁和干燥，且要保证真空泵与冷冻干燥机连接良好。
② 检查排气口和冷冻管的密封性。
③ 先将样品预冷至 -40℃，然后打开密封管开关，把样品置于冷冻舱里面的隔板上，关闭密封管开关。
④ 打开冷冻开关，等待 20～30min，直至冷冻舱的温度低于 -40℃。
⑤ 打开真空泵开关，等待 10～15min，直至系统的压力低于 0.1Torr（1Torr＝133.2224Pa）。
⑥ 观察样品是否干燥完全。
⑦ 关闭总开关，打开密封管开关以解除系统的真空状态。
⑧ 取出样品，并进行分析。

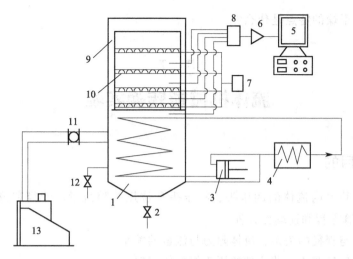

图 5-9 真空冷冻干燥器简图

1—冷阱；2—放水阀；3—制冷压缩机；4—冷凝器；5—计算机；6—A/D 板；7—电加热器；8—热电偶接线端子；9—干燥室；10—隔板；11—蝶阀；12—放气阀；13—旋片真空泵

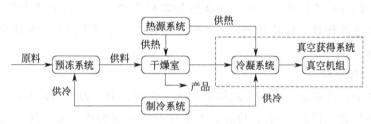

图 5-10 真空冷冻干燥流程图

5.6.5 注意事项

1. 定期检查冷冻舱中的结冰情况，根据情况决定是否除霜。除霜方法是用少量热水融化冰霜，切记不能通过敲击冰块来除霜。
2. 确保系统参数（如冷冻温度、真空压力）在正常范围内。
3. 为了防止产品回潮，需要将样品密封保存或者充氮保存。

5.6.6 实验记录与分析

实验记录表如表 5-6 所示。

表 5-6 冷冻干燥实验记录表

设备编号	；室温	℃	
指标	外观	质地	口感和味道等
冷冻干燥前后的品质变化（食品物质）			

5.6.7 思考题

1. 为什么冷冻干燥要在真空下进行？

2. 真空冷冻干燥的特点是什么？

5.7 流体机械能转换实验

5.7.1 实验目的

1. 通过测量管道内流体的动压头、静压头和位压头随流量、管径和位置的变化情况，来验证机械能衡算方程和连续性方程。
2. 观测流速与管径的关系、流体阻力与流量的关系。
3. 观测流体流经弯头、节流件的压头损失的情况。

5.7.2 实验原理

流体在管内的流动遵循质量守恒定律和能量守恒定律，二者是流体力学性质的基本点，连续性方程和机械能衡算方程是基于质量守恒定律和能量守恒定律推导出来的，是流体流动规律的基本方程。

(1) 管内流动分析

在流动系统中，若在任一截面上流体的密度、流速、静压力等参数不随时间而改变，这种流动称为定态流动（稳态流动）；反之，若上述参数随时间而改变，这种流动称为非定态流动。工业上，连续生产过程中的流体流动多属于定态流动，而在开车或停车时属于非定态流动。管内流体流动的阻力与流动类型有关，流动类型可以根据雷诺数进行判断。

(2) 连续性方程

对于稳定流动系统，根据物料衡算的基本关系，单位时间内进入截面 1-1′流体的质量 m_1 等于流出截面 2-2′流体的质量 m_2，如图 5-11 所示，即

$$m_1 = m_2 \tag{5-4}$$

若截面 1-1′和 2-2′流体的平均速度分别为 u_1 和 u_2，则

$$\rho_1 u_1 A_1 = \rho_2 u_2 A_2 \tag{5-5}$$

对于不可压缩流体，即 $\rho_1 = \rho_2$，则

$$u_1 A_1 = u_2 A_2 \tag{5-6}$$

由上式可知，对于稳定流动时的不可压缩、均质流体，平均流速 u 与流通截面 A 成反比。对于内径为 d 的圆管，$A = \pi d^2/4$，则上式可以写成

$$u_1 d_1^2 = u_2 d_2^2 \tag{5-7}$$

$$\frac{u_1}{u_2} = \left(\frac{d_2}{d_1}\right)^2 \tag{5-8}$$

(3) 机械能衡算方程

对于在不同管径内做稳定流动时的不可压缩、均质流体，如图 5-12 所示，进出截面分别为 1-1′和 2-2′，则其机械能衡算方程为

$$z_1+\frac{u_1^2}{2g}+\frac{p_1}{\rho g}+h_e=z_2+\frac{u_2^2}{2g}+\frac{p_2}{\rho g}+h_f \quad (5\text{-}9)$$

式中，u_1、u_2 分别为截面 1-1′和截面 2-2′处的流速，m/s；p_1、p_2 分别为截面 1-1′和截面 2-2′处的静压力，Pa；z_1、z_2 分别为截面 1-1′和截面 2-2′的中心至基准水平面的垂直高度，m。

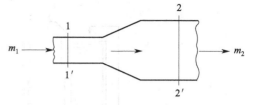

图 5-11 连续性方程式的推导示意图

其中，z 称为位压头，$u^2/2g$ 称为动压头，$p/\rho g$ 称为静压头，h_e 称为外加压头，h_f 称为压头损失，单位均为 m。

当上述流体为理想流体，此时的机械能衡算方程式即为伯努利方程，即

$$z_1+\frac{u_1^2}{2g}+\frac{p_1}{\rho g}=z_2+\frac{u_2^2}{2g}+\frac{p_2}{\rho g} \quad (5\text{-}10)$$

上式表明，理想流体在稳定流动过程中，其总机械能保持不变。

当上述流体为静止流体，则 $u=0$，$h_e=0$，$h_f=0$，此时的机械能衡算方程式即为流体静力学基本方程式，即

$$z_1+\frac{p_1}{\rho g}=z_2+\frac{p_2}{\rho g} \quad (5\text{-}11)$$

上式表明，流体静止状态只是流体流动的一种特殊形式。

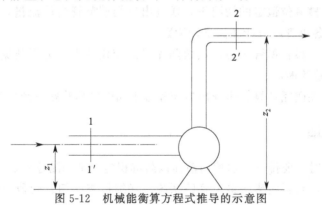

图 5-12 机械能衡算方程式推导的示意图

5.7.3 实验装置与流程

该装置的管路系统为有机玻璃，内径为 30mm，节流件的内径为 15mm，单管压力计 h_1、h_2 和 h_3 在同一水平面，h_4、h_5 和 h_6 在另一个同一水平面，二者的垂直距离为 60mm，压力计 h_4 和 h_5 的水平距离为 60.5mm，流体通过水泵输送至上水槽，流经 h_1、h_2、h_3、h_4、h_5 和 h_6 后流回下水槽。实验装置和流程如图 5-13 所示。

单管压力计 h_1 和 h_2 可以用于验证变截面连续性方程，h_1 和 h_3 可以用于比较流体流经节流件后的能量损失，h_3 和 h_4 可以用于比较流体通过流量计和弯头后的能量损失以及位能变化情况，h_4 和 h_5 可以用于验证直管段流体阻力系数与雷诺数之间的关系，h_5 和 h_6 可以用于测定 h_5 处的中心点速度。该装置可以通过高位槽进料和离心泵输送进料。在采集数据时采用高位槽进料。

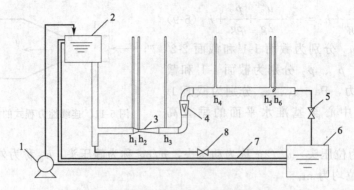

图 5-13 机械能转化实验装置和流程

1—循环水泵;2—上水槽;3—节流件;4—转子流量计;5—出口阀;6—下水槽;
7—溢流液回流管;8—排水阀

5.7.4 实验步骤

① 在下水槽注清水,关闭管路中的排水阀和出口阀,通过循环水泵将水输送至上水槽,使整个管路中充满液体,多余液体由溢流回流管返回下水槽。保持上水槽的液位恒定,可以观察流体静止状态下的各管段高度。

② 在保持上水槽液位恒定的情况下,通过出口阀调节管内的流量,并由转子流量计测量流量,观察记录各单管压力计和流量计读数。

③ 改变流量,观察各单管压力计读数随流量的变化关系,为了数据读取准确,改变流量时均需要一定的稳流时间。

④ 结束实验,关闭循环泵,全开出口阀和排水阀以排尽管路系统内的液体。

5.7.5 注意事项

1. 长期不使用时,要排空下水槽内液体以防沉积尘土堵塞测速管。
2. 实验开始前,需要先清洗整个管路系统,仔细检查阀门、管段有无堵塞或者漏水等情况。

5.7.6 实验记录与分析

(1) 实验记录表(表 5-7)

表 5-7 流体机械能转化实验记录表

设备编号	;水温 ℃;水的密度 kg/m³;水的黏度 Pa·s					
序号	流量/(m³/h)	h_1 读数 /mmH$_2$O	h_2 读数 /mmH$_2$O	h_3 读数 /mmH$_2$O	h_4 读数 /mmH$_2$O	h_5 读数 /mmH$_2$O	h_6 读数 /mmH$_2$O
1							
2							
3							
4							
……							

(2) 数据分析

① h_1 和 h_2 的分析

由转子流量计读数和管径，可以得到流体在 1 处的流速 u_1，若忽略 h_1 和 h_2 之间的沿程损失，由于 1、2 处于同一水平面，则

$$\frac{u_1^2}{2g}+\frac{p_1}{\rho g}=\frac{u_2^2}{2g}+\frac{p_2}{\rho g} \tag{5-12}$$

其中，二者静压头差即为 h_1 和 h_2 的读数差，再根据连续性方程即可求出流体在 2 处的流速 u_2。计算结果可以表明静压能与动能之间的相互转化关系。

② h_1 和 h_3 的分析

流体在 1 和 3 处，流经节流件后恢复到等管径，通过测量 h_1 和 h_3 的读数可以计算能量损失。

③ h_3 和 h_4 的分析

流体流经 3 和 4 处，受弯头和转子流量计以及位能的影响，通过测量 h_3 和 h_4 的读数，可以计算流经管件和转子流量计的局部阻力。

④ h_4 和 h_5 的分析

直管段上 4 和 5 之间，h_4 和 h_5 的读数差即表明直管阻力的存在，通过计算沿程损失即可推算出摩擦系数，再求出雷诺数，可以绘制摩擦系数与雷诺数之间的关系曲线。

⑤ h_5 和 h_6 的分析

h_5 和 h_6 的读数差反映的是 6 处中心点的动能，其能量关系式如下

$$\Delta h=\frac{u_c^2}{2g} \tag{5-13}$$

通过上式即可求出管路中心的点速度，即管道某一截面上最大点速度 u_c，从而可以考察不同雷诺数下的管道中心的点速度 u_c 与平均速度 u 之间的关系。

5.7.7 思考题

1. 高位槽进料和离心泵输送进料有什么区别？稳态操作应选择哪种进料方式？
2. 通过实验数据可以验证哪些方程？请分别说明上述 h_1、h_2、h_3、h_4、h_5 和 h_6 之间的变化规律。

5.8 离心泵气缚、汽蚀演示实验

5.8.1 实验目的

1. 观察离心泵产生汽蚀时的现象。
2. 了解汽蚀现象产生的原因和预防的方法。

5.8.2 实验原理

离心泵在工作时，叶轮高速旋转，叶片间的液体随之旋转，使液体获得动能。同时，液

体在旋转叶轮的作用下受到离心力,将会从叶轮中心被抛向叶轮外周,由于此过程流体流过的截面积逐渐增大,流体的静压力增大,液体以很高的速度流入泵壳,另外,在泵的蜗壳里进一步将动能转换成静压能,然后从泵的出口进入排出管路。叶轮内的液体被抛出的同时,在叶轮中部会形成一定的真空度。吸入管路一端与叶轮中心处直接相通,另一端浸入输送的液体内,由于液面压力的作用,不断会有液体经过吸入管路进入泵内,从而可以实现液体经过离心泵不断地输送。当启动离心泵时,如果泵壳内和吸入管路内没有充满液体,就会导致流体抽不上来,这是由于空气的密度要比液体小得多,叶轮旋转时所产生的离心力不足以使空气向泵壳移动,即不能形成吸上液体所需的真空度,这种由泵壳内存在气体而导致液体吸不上的情况,就称为气缚现象。为了防止气缚现象的产生,在离心泵启动前,需要往泵壳内充满液体。

液体之所以能被吸入泵壳内,是因为液面与叶轮中心存在一定的压差。若将泵的安装高度提高,将会降低泵内的压力。泵内最低压力点通常位于叶片进口稍后的 K 点附近。当 K 点的压力 p_K 下降至被输送流体在实际温度下的饱和蒸气压时,液体将会出现沸腾,此时产生的蒸气泡随液体从入口向外周流动,随后又由于压力迅速增加而急剧冷凝成液滴。蒸气泡变成液体时所留下大量空间,使得液滴将以很大的速度从周围冲向气泡中心,在这些气泡冲击点会产生很高的瞬时压力,从而不断冲击叶轮表面,使叶轮很快受到侵蚀损坏,故称为汽蚀。汽蚀现象的发生不仅会发生噪声,进而使泵体震动,还会降低泵的流量、扬程、效率,危害极大。

离心泵的安装示意图如图 5-14 所示。为了防止汽蚀,p_K 应高于液体的饱和蒸气压 p_v,但是 p_K 难以测定,而泵的入口接管 e 处容易测定,显然,$p_e > p_K$。在 s-s 截面和 e-e 截面间列机械能衡算方程式,得

$$\frac{p_s}{\rho g} = z_s + \frac{p_e}{\rho g} + \frac{u_e^2}{2g} + \sum h_{f,s-e} \quad (5-14)$$

即

$$z_s = \frac{p_s}{\rho g} - \left(\frac{p_e}{\rho g} + \frac{u_e^2}{2g} \right) - \sum h_{f,s-e} \quad (5-15)$$

式中,p_s 为液面 s 处的压力,Pa;z_s 为安装高度,m;p_e 为泵入口 e 处的压力,Pa;u_e 为泵入口 e 处的液体流速,m/s;$\sum h_{f,s-e}$ 为吸入管线由液面 s 处至截面 e 处的压头损失,m。

截面 e-e 处的全压头等于静压头和动压头之和,其与以压头表示的蒸气压 $p_v/\rho g$ 之差,即称为汽蚀余量,用 Δh 表示,即

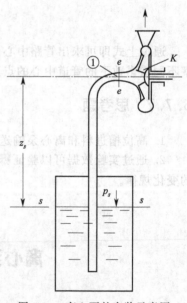

图 5-14 离心泵的安装示意图

$$\Delta h = \frac{p_e}{\rho g} + \frac{u_e^2}{2g} - \frac{p_v}{\rho g} \quad (5-16)$$

Δh 应为正值,且 Δh 越大,越能防止汽蚀的产生。当泵刚好发生汽蚀,即 p_e 降低为 $p_{e,\min}$,p_K 恰好等于 p_v 时,此时的汽蚀余量称为最小汽蚀余量,用 $\Delta h_{\min}$ 表示,即

$$\Delta h_{\min} = \frac{p_{e,\min}}{\rho g} + \frac{u_e^2}{2g} - \frac{p_v}{\rho g} \quad (5-17)$$

为确保泵正常运行,通常规定允许汽蚀余量,用 $\Delta h_{允许}$ 表示,单位为 m,即

$$\Delta h_{允许} = \Delta h_{\min} + 0.3 \tag{5-18}$$

因此,泵的允许安装高度为 $z_{s,允许}$

$$z_{s,允许} = \frac{p_s - p_v}{\rho g} - \Delta h_{允许} - \sum h_{f,s-e} \tag{5-19}$$

实际的安装高度应比允许值低 0.4~0.6m。如果考虑到安全安装,离心泵厂家必须提供汽蚀余量。

5.8.3 实验装置与流程

汽蚀实验装置在离心泵的吸入管路设有阀门,用以控制离心泵吸入管路的阻力 $\sum h_f$ 来改变泵入口处的压力,当此阀门逐渐关小时,泵入口的压力就逐渐减小,即泵入口的真空度逐渐增大,当真空度增加至一定程度,即叶轮背面最低压处出现液体汽化时,即可以观察到离心泵的汽蚀现象。实验装置和流程如图 5-15 所示。

5.8.4 实验步骤

(1) 离心泵的气缚实验操作
① 检查离心泵的泵轴是否能轻松转动。
② 不灌泵,启动离心泵。
③ 灌泵但是不满,启动离心泵。
④ 灌满泵,启动离心泵,正常操作。
⑤ 正常操作后,再打开阀门漏入空气进行操作。
⑥ 观察离心泵的气缚现象。
⑦ 实验结束后,断开电源,停泵。

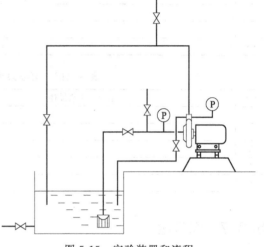

图 5-15 实验装置和流程

(2) 离心泵的汽蚀实验操作
① 检查离心泵的泵轴是否能轻松转动。
② 检查离心泵入口处的阀门是否已经完全打开。
③ 打开引水阀,同时打开泵上方的排气阀,往泵体内注满水。
④ 待泵内注满水时,关闭引水阀,关闭出口阀,并启动离心泵。
⑤ 打开离心泵的出口阀门,使泵正常工作。
⑥ 慢慢关闭离心泵入口管路上的阀门,当真空表读数达到 700mmHg 时,要仔细观察泵口和压力表的变化,继续关小入口阀,当真空度约为 730~750mmHg 时就有大量气泡形成,此时出口压力会急剧下降,流量 Q 也将逐渐减小,并且压力表的指针不稳定,出现明显的摆动,说明汽蚀现象已经产生。此时,不能再关小入口阀门,否则将会损坏离心泵,因此,操作时要特别小心。
⑦ 实验结束后,断开电源,停泵,打开泵进口阀门。

5.8.5 注意事项

1. 实验前要检查电机是否能够转动,密封是否良好。
2. 观察气缚和汽蚀现象时,不能在流量很低的情况下长时间运行,否则会损坏离心泵。

5.8.6 实验记录与分析

实验记录和分析表如表 5-8(a) 和 5-8(b) 所示。

表 5-8(a) 离心泵气缚实验记录及分析表

序号	操作/现象描述	压力表读数 p_1/Pa	真空表读数 p_2/Pa
1			
2			
3			
4			
…			

表 5-8(b) 离心泵汽蚀实验记录及分析表

序号	操作/现象描述	压力表读数 p_1/Pa	真空表读数 p_2/Pa
1			
2			
3			
4			
…			

5.8.7 思考题

1. 试说明气缚和汽蚀现象是如何产生的,应如何预防?
2. 本实验装置中用什么方法观察汽蚀现象?还可用哪些方法可以观察汽蚀现象?

5.9
填料塔流体力学特性实验

5.9.1 实验目的

1. 了解填料塔的结构以及填料的特性。
2. 熟悉气液两相在填料层内的流动状态。
3. 了解填料塔的液泛并测定泛点和压降之间的关系。

5.9.2 实验原理

填料塔是工业上应用非常广泛、结构简单的气液传质设备。填料塔的主体是圆柱形管子,内部有带孔的支撑板,其作用是支撑填料并允许气液流通。所用的填料有整砌和乱堆两种类型。填料层上设有液体分布装置以使液体均匀地喷洒在填料上。填料层中的液体有流向塔壁并沿塔壁流动的趋势，因此，当填料层过高时，需要将填料分段并在每段填料层中设置液体再分布器以将沿塔壁流动的液体导向填料层内。

填料塔操作时，气体由塔底的入口进入并向上以连续相通过填料层空隙，液体则由塔顶入口进入并沿填料表面向下流动，气液两相形成相际接触界面进行传质。

各种填料特性可用下面几个参数表示。

(1) 填料的比表面积 α

填料的比表面积是指每立方米填料层内所含填料的几何表面积（m^2/m^3）。根据定义，α 的数值为

$$\alpha = n\alpha_0 \tag{5-20}$$

式中，α_0 为每个填料的表面积，用测量方法获得，m^2；n 为每立方米填料层的填料个数，个/m^3。

(2) 填料空隙率 δ

填料空隙率又称填料的自由体积，是指 $1m^3$ 填料层空隙体积，其值与填料的自由截面积一致，单位为 m^3/m^3，干填料的空隙率可用充水法实验测定。如果已知一个填料的实际体积为 V_0（m^3），可用下式计算空隙率：

$$\delta = 1 - nV_0 \tag{5-21}$$

(3) 干填料因子 α/δ^3 和填料因子 ϕ

干填料因子是由比表面积和空隙率两个填料特性所组成的复合量，单位是 m^{-1}。当液体喷洒在填料上时，部分空隙被液体占有，空隙率有所减小，比表面积也会发生变化。因此，会产生相应的湿填料因子 ϕ，简称填料因子。

当气体自下而上，液体自上而下经过一定高度的填料层时，将气体通过此填料层的压降和空塔气速在双对数坐标上作图，并以液体的喷洒量 L 为参数，可得图 5-16 所示的曲线。图中最下面一条直线代表气体流经没有液体喷淋的干填料层的情况。这时气体处于湍流状态，压降主要由克服流经填料层的形状阻力而产生。直线的斜率为 $1.8 \sim 2.0$，即压降与空

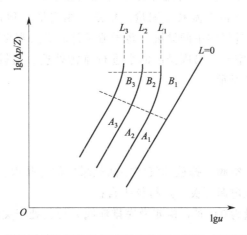

图 5-16　填料层压降与空塔气速间的关系示意图（双对数坐标系）

塔气速的 1.8~2.0 次方成比例。当液体对填料层进行喷淋时，填料层内的部分空隙将被液体充满，气体的流通截面积会降低，并且在相同的空塔气速下，随着液体喷淋量的增加，填料层所持有的液量也在增加，气流通道随液量增加而逐渐减少，此时，通过填料层的压降将逐渐增加，如图中的 L_1、L_2、L_3 曲线所示。

在一定的液体喷淋量下，如 L_1 时，当气速低于 A_1 点时，气体流动对液体沿填料表面的流动状况影响较小，填料层的持液量（单位体积填料所持有的液体体积）基本保持不变，气体流经填料的压降对气速的关系曲线与气流通过干填料层的曲线几乎平行。当气速增加到 A_1 点时，气体流动对液体沿填料表面的流动状况影响较大，填料层的持液量随气速提高而增加，使得气体的流通截面积降低。因此，从 A_1 点开始，压降将随空塔气速的增加而增大，即压降随气速变化关系曲线的斜率增大。A_1 点以及其他喷淋量 L_2、L_3 下相应的 A_2、A_3 等成为载点，代表填料塔操作中的一个转折点。当气速增大到 B_1 点时，压降迅速升高，而且压降有强烈的波动，此时，意味着填料塔内已经发生液泛现象，B_1 点以及在其他液体喷淋量下相应的 B_2、B_3 等成为液泛点。发生液泛时，气体流经填料层的压降已经增大到使液体向下流动受到严重阻碍，使液体不能按原有的喷淋量向下流动而积聚在填料层上。此时，通常可以观察到在填料层的顶部会出现一层呈连续相的液体，而气体变成了分散相并在液体中鼓泡。有时因填料的支撑板设计不良，其自由截面积比填料层的自由截面积还小，这时鼓泡层就发生在塔的支撑板上。液泛现象一经发生，若气速再增加，鼓泡层就迅速增加，进而发展到全塔。目测判断泛点，容易产生误差，有时用压降-气速曲线上的液泛转折点进行定义，称为图示泛点。

正确确定流体通过填料层的压降，对减压精馏及计算流体通过填料层所需动力十分重要，而掌握液泛规律，对填料塔操作和设计更是不可缺少。填料塔的设计应保证空塔气速低于泛点气速，如果要求压降稳定，则宜在载点气速下操作。由于载点气速难以准确确定，因此，常用泛点气速的 50%~80% 作为设计气速。泛点气速是填料塔性能的重要参数，可通过实验测定。

5.9.3 实验装置与流程

本实验是以水和空气为介质进行流体力学特性实验的。采用的填料为常见的瓷质拉西环。由自来水源来的水经过转子流量计测量后输送至填料塔塔顶，经喷头喷淋在填料层顶层，由风机送来的空气经过气体中间储罐，转子流量计测量后直接进入塔底，与水在塔内进行逆流接触，由塔顶排出空气，塔底排出的水进行排污处理。填料层的压降用压差计测量。实验装置流程图如图 5-17 所示。

5.9.4 实验步骤

① 熟悉实验流程。
② 打开混合罐底部排空阀，排放掉气体中间储罐中的冷凝水。
③ 打开总电源、仪表电源开关，进行仪表自检。
④ 干塔（即水喷淋量为 0）时，检测塔底排液阀，使其处于关闭状态，否则气体会从此处排出。
⑤ 启动风机，调节风机出口阀开度，记录不同空气流量下塔操作稳定后的空气的流量、

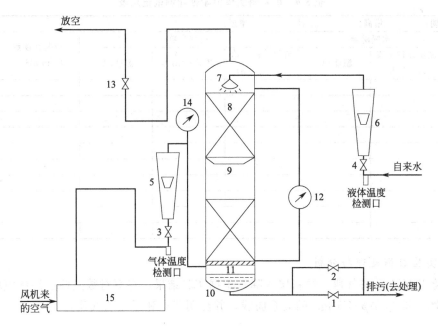

图 5-17 填料塔流体力学性能测定实验装置流程图

1，2，13—球阀；3—气体流量调节阀；4—液体流量调节阀；5—气体转子流量计；6—液体转子流量计；7—喷淋头；8—填料层；9—液体再分布器；10—塔底；11—支撑板；12—压差计；14—压力表；15—气体中间储罐

压力、温度以及压差计读数。

⑥ 开启进水阀门，让水进入填料塔润湿填料，仔细调节液体转子流量计，使其流量稳定在某一实验值并记录下流量，同时控制好 1 和 2 处球阀的开度，使塔底有适当的液封高度。

⑦ 调节风机出口阀开度，记录不同空气流量下塔操作稳定后的空气流量、压力、温度以及压差计读数。

⑧ 选择另一水流量，重复步骤⑦。

⑨ 实验结束后，关闭液体流量调节阀和水泵电源，再关闭风机出口阀门及风机电源，排干塔底液体，清理实验场地。

5.9.5 注意事项

1. 固定好操作点后，应随时注意调整以保持各量不变。
2. 本装置建议水流量为 800~1000L/h。
3. 本实验要分工合作，切记有水喷淋时，塔底液面不得高于塔底进气口，否则会使压差计中指示剂冲出。

5.9.6 实验记录与分析

（1）实验数据记录

实验原始记录表如表 5-9 所示。

表 5-9 填料塔流体力学性能测试记录表

实验日期：　　　塔高：　　　塔径：　　　室温：

序号	水喷淋量		空气参数			压差计读数 R/mmH$_2$O	塔内现象
	流量计指示值 L_1/(L/h)	温度/℃	流量计指示值 V_1/(m^3/h)	表压 p/MPa	温度/℃		
1							
2							
3							
4							
5							
6							
7							
8							
9							
10							

（2）实验数据处理与分析

计算各实验点空塔气速、填料层压降，根据实验结果，在双对数坐标上绘制填料塔流体力学性能图，即 lg($\Delta p/Z$)-lg$u$ 的关系曲线，并注明载点和泛点的气速。

5.9.7 思考题

1. 流体通过干填料压降与湿填料压降有什么异同？
2. 填料塔的液泛和哪些因素有关？
3. 填料塔气、液两相的流动特点是什么？
4. 简述干填料塔和湿填料塔 lg($\Delta p/Z$)-lg$u$ 曲线的特征。
5. 简述载点和泛点。
6. 填料塔的流体力学性能是指什么？测定填料塔的流体力学性能有何意义？

5.10 热电偶标定实验

5.10.1 实验目的

熟悉热电偶结构，掌握热电偶标定方法。

5.10.2 实验原理

冷端温度不变时，热电偶的总电动势 E_x 与热端温度 t 是单值函数，可用下式表示：

$$E_x = \alpha_0 + \alpha_1 t + \alpha_2 t^2 + \cdots + \alpha_n t^n \tag{5-22}$$

冷端温度一般取 0℃，此时 $\alpha_0=0$，若测量温度不是很大，用 $n=2$ 的式子足够精确，即

$$E_x = \alpha_1 t + \alpha_2 t^2 \tag{5-23}$$

通过测量电动势 E_x，代入上式即可计算热端温度 t。

5.10.3 实验装置与流程

本实验的装置与流程如图 5-18 所示。

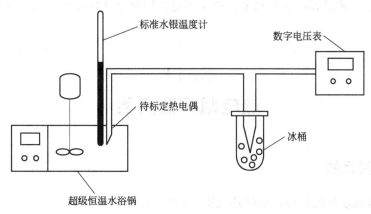

图 5-18 热电偶标定实验装置与流程

5.10.4 实验步骤

① 开启超级恒温水浴的搅拌和电加热器，设定水浴温度为标定温度范围的最低值。

② 将标准水银温度计和被标定的热电偶捆绑在一起，使热电偶的热端与温度计的感温球紧密接触。

③ 将标准温度计和热电偶一起放进超级恒温水浴中，待水浴温度和热电偶输出的电动势均恒定后，记录温度和电动势。

④ 改变水浴的设定温度，重复步骤③的操作，取 10 组以上的数据。

⑤ 实验结束后，切断电源，一切复原。

5.10.5 注意事项

1. 实验中要根据标定温度，选用合适的标准温度计。
2. 如果标定温度大于 95℃应选用油浴。

5.10.6 实验记录与分析

实验原始数据记录表如表 5-10 所示。

表 5-10 实验原始数据记录表

序号	1	2	3	4	5	6	7	8	9	10
温度 t/℃										
热电势 E_x/V										

① 标绘实验数据，获得热电偶标定曲线。

② 通过数据处理，获得 α_1 和 α_2 两个常数。

5.10.7 思考题

1. 为什么要恒温一定时间后才读取数据？
2. 如果要进一步提高标定准确度，而又不想使用更复杂的公式（如 $n=3, 4, \cdots$），可采用什么方法？

5.11 热电阻标定实验

5.11.1 实验目的

熟悉热电阻温度计的结构，掌握热电阻标定方法。

5.11.2 实验原理

热电阻温度计是利用金属的电阻值随温度的变化而改变的特性进行温度测量的。

热电阻的电阻值与温度的关系如下所示：

$$R_t = R_0[1+\alpha(t-t_0)] \tag{5-24}$$

式中，R_0、R_t 分别为温度为 t_0（通常 $t_0=0℃$）和 t 时的电阻值，Ω；α 为电阻的温度系数。

只要测出电阻值的变化，就可以达到测量温度的目的。

5.11.3 实验装置与流程

本实验的装置流程如图 5-19 所示。

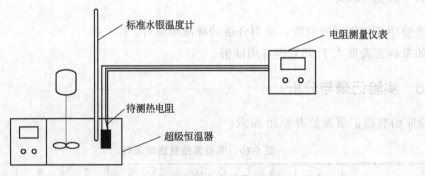

图 5-19 热电阻标定实验装置流程

5.11.4 实验步骤

① 开启搅拌电机和电加热器，设定水浴温度为标定温度范围的最低值。
② 将适宜的标准水银温度计和被标定的热电阻捆绑在一起，使热电阻的热端与温度计

的感温球紧密接触。

③ 将标准温度计和热电阻置于恒温水浴中，采用测量精度为 0.005Ω 的精密电阻测量仪表测定热电阻的阻值，待水浴温度和热电阻阻值恒定后，记录温度和热电阻的电阻值。

④ 改变水浴的设定温度，记录相应的温度和电阻值。

5.11.5 注意事项

1. 实验中要根据标定温度选用合适的标准温度计。
2. 如标定温度大于 95℃，应选用油浴。

5.11.6 实验记录与分析

实验原始数据记录表如表 5-11 所示。

表 5-11 实验原始数据记录表

序号	1	2	3	4	5	6	7	8	9	10
温度 $t/℃$										
电阻 $/Ω$										

① 标绘实验数据，获得热电阻值随温度的关系曲线。
② 通过数据处理，获取热电阻的温度系数。

5.11.7 思考题

1. 恒温时间如何确定？
2. 室温和冰点中哪一个作为 t_0 更好？

5.12
测压仪表标定实验

5.12.1 实验目的

掌握压力测量仪表的标定方法。

5.12.2 实验原理

测压仪表的标定常采用比较法，即对被校验压力表和标准压力表施以相同的压力，比较二者的指示值。若被校验的压力表相对于标准压力表的读数误差不大于被校验压力表规定的最大允许误差，则认为该压力表属于合格仪表。

5.12.3 实验装置与流程

本实验的装置流程如图 5-20 所示。

5.12.4 实验步骤

① 开启空气压缩机使气体进入缓冲罐，待缓冲罐上的压力表读数稍高于待标定测压仪表的量程后，关闭空气压缩机。

② 关闭缓冲罐气阀，待缓冲罐内压力稳定后，同时打开待标定压力表和高精度压力表的测量阀，读取相应的数据。

③ 打开放气阀，适当降低缓冲罐内的压力，稳定后再读取一组数据，可以适当选择 n 个压力，逐步降低缓冲罐压力，读取 n 组相应的数据。

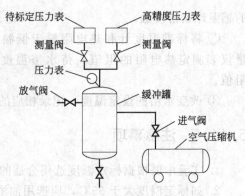

图 5-20 测压仪表标定实验装置流程

5.12.5 注意事项

实验数据一定要等待标定压力表和高精度压力表的数值稳定后再读取。

5.12.6 实验记录与分析

实验原始数据记录表如表 5-12 所示。根据实验数据，作出测压仪表的压力校正曲线。

表 5-12 实验原始数据记录表

序号	1	2	3	4	5	6	7	8	9	10
高精度压力表示值 p_1/kPa										
待标定压力表示值 P_2/kPa										

5.12.7 思考题

1. 标定时采用从低压到高压依次进行的方法是否可行？
2. 选用的高精度压力表的等级比待标定压力表的等级高一级，是否能满足要求？为什么？

第三篇
化工原理综合创新实验

　　化工原理实验的主要内容包括流体流动实验、传热实验、传质与分离过程实验，是将化工原理课程理论知识转化为实践操作的桥梁，具有较强的工程应用性。化工原理实验课程主要研究各种典型单元操作过程的基本原理及常用设备的构造，以及设备工艺参数的计算。重视工程基本概念和基本理论，化工原理实验中的基础实验及演示实验大多为验证性实验，实验都是按各单元操作原理设置的，虽然其工艺流程、操作条件和参数变量都比较接近于工业应用，也要求实验人员运用工程的观点去分析、观察和处理数据，但实验过程与实验结果的处理大都是验证单元操作的基本规律和基本结论，这类实验可以达到配合理论教学，通过实验进一步学习、掌握和运用理论知识的目的，运用化工原理的基本理论知识分析各种实验现象和出现的问题，可以培养学生分析和解决简单实际问题的能力。但面对接近工程实际的工程问题，通过前述的化工原理基础实验还无法达到要求，在调动学生学习主动性和积极性方面的作用也不大，开拓创新思维和创造能力的培养方面也略有不足。《普通高等学校本科专业类教学质量国家标准》中"化工类专业知识体系和核心课程体系建议"中明确提出：应大力充实和改革教学实验内容，综合性实验、设计性实验的比例应大于60%，以加强学生实践能力、创新意识和创新能力的培养。

　　化工原理综合创新型实验是化工实用型人才素质教育和创新能力培养的重要载体，可以使学生熟练掌握化工原理理论教学中的知识点，同时可以激发学生进行工程研究和创新的兴趣，提高学生发现问题、解决问题的能力。在综合实验项目建设过程中，改革实验内容，改进实验教学手段，赋予实验新的内涵，提升实验教学的效果是化工实验教学研究中探讨的主要问题。把握化学工程学科特点，开发新型综合型装置，引入先进实验技术，以"注重素质教育，培养创新意识"为主导思想的化工实验教学改革势在必行。面对国家工科教育专业认证的总要求，面对工科人才的工程实践能力和创新能力的培养，对实验教学提出了更高的要求。

　　在遵循紧密结合课堂理论教学，注重开拓学生创新思维和培养创造能力的原则下开发的一些研究型、设计型和综合型实验项目，暂且称之为综合型和创新型实验。以学生经过努力可以独立完成为原则，在充分考虑学生能力的情况下确定综合型、创新型实验项目的实验任务。为了激发学生动手实验的兴趣，调动他们的学习主动性和积极性，在开发实验任务时还特别注意理论与实践相结合，尽量安排与实际生产、日常生活相联系的内容。同时，也应该给学生提供一定的创新研究空间，由学生根据所学的理论知识自己拟定研究项目。

第 6 章
化工原理综合实验

6.1 流体力学综合实验

《化工原理》主要研究化工过程中的各种单元操作，其中流体流动是本课程中一个重要的基础内容，国内化工原理教材一般主要介绍流体流动的基本知识和规律、流体输送机械以及颗粒流态化和机械分离三方面主要内容。其中流体流动不仅是研究流体在管内或设备内流动的基础，而且与许多单元操作密切相关，如沉降、过滤、搅拌、固体流态化、传热与传质等单元操作，因此它在化工生产中极为重要。与化工原理理论课配套的实践教学环节是化工原理实验，对应流体流动部分，国内高校一般开设流体流动阻力测定和离心泵性能曲线测定两个典型的单一实验，有条件的高校还会开设流量计标定实验、伯努利方程验证实验和雷诺演示实验。上述实验项目有较多相似点，例如都是水循环使用，都需要泵提供流量及压头，都需要压差测量及流量测量等，考虑到这些相似点，我们可以把这些实验项目在一套流体力学综合实验装置上完成，这样的综合实验更接近化工生产实际，也更加有利于新工科背景下的应用型人才的培养。

流体力学综合实验选择常温常压操作，实验介质为清水，不含杂质，管径较小，流量从零到最大，流量范围宽。实验过程中稍有震动，没有辐射磁场等。

6.1.1 实验目的

1. 掌握流体流经圆形直管的阻力和摩擦系数 λ 的测定方法及其变化规律。
2. 掌握流体流经不同管径圆形直管的摩擦系数 λ 与雷诺数 Re 的关系。
3. 掌握流体流经阀门、突缩、弯头等管件的局部阻力系数 ζ 的测定方法。
4. 测定孔板流量计或文丘里流量计的流量系数及流量计的标定。
5. 测定单级离心泵在一定转速下的特性曲线。
6. 测定单级离心泵出口阀开度一定时的管路特性曲线。
7. 了解流体在管内流动是静压能、动能、位能之间的相互转化的关系及流体阻力的表现形式，加深对伯努利方程的理解。
8. 了解压力、流量的测定方法以及压力传感器和涡轮流量计的原理和应用方法。
9. 了解流量计的选择，管路流量的调节方法。

6.1.2 实验原理

(1) 管内流量及雷诺数 Re 的测定

① 流量计的选择

现在工业上经常使用的流量仪器仪表主要有差压式流量计、靶式流量计、容积式流量计、涡轮流量计、转子流量计、涡街流量计、电磁流量计、超声波流量计等。选用流量计时从价格、稳定性、测量范围、阻力损失、安装要求等方面考虑。

差压式流量计是根据安装在管道中流量检测元件产生的压差与管道的几何尺寸来计算流量的仪表。差压式流量计由检测元件、差压转换和流量显示仪表组成。按检测件的不同，差压式流量计分为孔板流量计、文丘里流量计、匀速管流量计等。差压式流量计的检测件按其作用原理可分为节流装置、水力阻力式、离心式、动压头式、动压头增益式及射流式六大类。差压式流量计是应用最广泛的一类流量计。

靶式流量计主要用于高黏度、低雷诺数流体的流量测量。SBL 系列智能靶式流量计是在原有电容式靶式流量计测量原理的基础上，采用最新型力感应式传感器作为测量和敏感传递元件，同时利用现代数字智能处理技术的一种新式流量计量仪表。

容积式流量计主要是利用一些机械测量元件把流体连续不断地分割成不同的已知的体积部分，再根据测量室重复充满和排放该部分流体的次数来测量流体的体积总量。按其测量元件的不同，容积式流量计可分为椭圆齿轮流量计、刮板流量计、双转子流量计、旋转活塞流量计、往复活塞流量计、圆盘流量计、液封转筒式流量计、湿式气量计及膜式气量计等。其优点是计量精密度高，且不受安装管道条件的影响，测量的范围宽。其缺点是测量的结果比较复杂，仪器的体积比较庞大，在工作中会产生噪声和震动。

涡轮流量计采用涡轮探测流体平均流速，从而计算出流量。由涡轮、轴承、前置放大器、显示仪表几部分组成。安装涡轮流量计前，要清扫管道，被测介质不洁净时，要加过滤器，防止涡轮、轴承被卡住而测不出流量。安装涡轮流量计时，前后管道法兰要水平，否则管道应力对流量计影响很大。传感器安装应便于维修并避免管道震动，应安装在无强电磁干扰与抗辐射影响的场所。涡轮流量计准确度高，压力损失小，测量范围宽，量程比可达（10：1），反应速度快。缺点是不能够长期保持校准方面准确的特性，隔一段时间需要对仪器进行校准。

转子流量计由从下向上逐渐扩大的锥形管和置于锥形管中且可以沿管的中心线上下自由移动的转子组成。被测流体从锥形管下端流入，流体的流动冲击着转子，并对它产生大小随流量变化的作用力，当流量足够大时，该作用力将转子托起，并使之升高。转子流量计垂直安装时，转子重心与锥形管管轴相重合，作用在转子上的三个力（流体对转子的动压力、转子在流体中的浮力和转子自身的重力）都沿平行于管轴的方向。三个力达到平衡时，转子就平稳地浮在锥形管内某一位置上。对于给定的转子流量计，转子大小和形状一定，它在流体中的浮力和自身重力已知且为不变的常量，而流体对浮子的动压力是随流体流速的大小而变化的。因此当流体流速变大或变小时，转子将向上或向下移动，相应位置的流动截面积也发生变化，当流速变成达到三力平衡时对应的速度，转子稳定在新的位置上。转子在锥形管中的位置与流体流经锥形管的流量的大小成一一对应关系。转子流量计有结构简单、性能稳定、价格低廉、使用方便和流量值直观易读的优点。转子流量计要求垂直安装，前后直管段短，阻力损失小，但一般只适用于小流量测量。

涡街流量计是一种在流体中安放一根非流线型游涡发生体，流体在发生体两侧交替地分离释放出两串规则交错排列游涡的仪表，属于流体振荡式流量测量仪表。按频率检出方式，涡街流量计可分为应力式、应变式、电容式、热敏式、振动体式、光电式及超声式等。涡街流量计结构简单、可靠性高、精度较高、测量范围宽，合理确定口径，量程比可达(20：1)，阻力损失小，约为差压式流量计的 1/4～1/2，但不适用于低流速或小口径管道的流量测量。

电磁流量计是基于电磁感应定律研发的一种流量测量仪表。在传感器中与被测管轴线垂直方向安装一对检测电极，当流量计接入液态介质管道，导电液态物质沿管轴运动时，导电液体做切割磁力线运动而产生感应电动势并由检测电极测出，感应电动势与流量大小相关，主要构件有信号转换器与传感器。电磁流量计具有测量精度高、无节流部件、阻力损失小、测量范围宽（量程比 100：1）和使用寿命长等优点。可在任意光滑直管上安装，但要避免磁场干扰。一般流速下限为 0.5m/s。

超声波流量计是基于超声波在流动介质中的传播速度等于被测介质的平均流速与超声波在静止介质中速度的矢量和的原理而设计研发的流量计。超声波流量计操作简便，测量精度高，可做非接触测量，无阻力损失，适合大口径管道，管径太小时不能使用。

② 管内流量的测定及雷诺数 Re 的计算

本实验采用涡轮流量计直接测量流体的体积流量 Q，管内流体的流速 u 由下式计算：

$$u = \frac{4Q}{3600\pi d^2} \tag{6-1}$$

雷诺数
$$Re = \frac{du\rho}{\mu} \tag{6-2}$$

式中，Q 为流体的体积流量，m^3/h；d 为圆管内径，m；ρ 为流体在测量温度下的密度，kg/m^3；μ 为流体在测量温度下的黏度，$Pa \cdot s$；u 为流体的流速，m/s。

(2) 直管阻力损失 Δp_f 及摩擦系数 λ 的测定

① 直管阻力损失 Δp_f

工程上的管路输送系统主要由等径直管和管件阀门组成，管件包括弯头、三通、突缩等。由于黏性剪应力的存在，流体在管路中流动，不可避免地会产生机械损失。流体流经直管时的机械能损耗称为直管阻力损失或沿程阻力损失，根据范宁（Fanning）公式，流体流经圆形直管时单位体积流体的沿程损失为：

$$\Delta p_f = \lambda \frac{l}{d} \times \frac{\rho u^2}{2} \tag{6-3}$$

式中，Δp_f 为阻力损失（压力降），Pa；l 为沿直管两测压点间的距离，m；λ 为摩擦系数，无量纲。

② 摩擦系数 λ

由式 (6-3) 可知，只要测得 Δp_f 即可求出摩擦系数 λ。根据伯努利方程可知，当两测压点位于等径的水平直管上，且两测压点处速度分布正常时，两点的压差 Δp 即为流体流经两测压点处的直管阻力损失 Δp_f，此时的摩擦系数

$$\lambda = \frac{2\Delta p d}{\rho u^2 l} \tag{6-4}$$

以上测定阻力损失 Δp_f 和摩擦系数 λ 的方法适用于粗管和细管的水平直管段。

根据哈根-泊谡叶公式，不可压缩流体在等径圆形直管内做层流流动时的阻力损失为

$$\Delta p_\mathrm{f} = \frac{32\mu l u}{d^2} \tag{6-5}$$

将式（6-5）写成式（6-3）的形式有：

$$\Delta p_\mathrm{f} = \frac{64\mu}{\rho u d}\left(\frac{l}{d}\right)\frac{\rho u^2}{2} \tag{6-6}$$

与式（6-3）比较可得：

$$\lambda = \frac{64\mu}{du\rho} = \frac{64}{Re} \tag{6-7}$$

③ 压力（差）测量方法

在流体力学实验装置中，不同的实验项目，压差范围不同，在保证精确度的基础上需要选择不同的压差测量方法。压差计及测量压差的方法见 3.2 节。本实验中压力差的测定一般采用液柱式压差计。

(3) 局部阻力损失 $\Delta p'_\mathrm{f}$ 及其阻力系数 ζ 的测定

局部阻力损失是流体流经阀门和管件时流体的流速或流向突然发生变化，流动受到阻碍和干扰，出现涡流产生边界层分离而导致的阻力损失。

$$\Delta p'_\mathrm{f} = \zeta \frac{\rho u^2}{2} \tag{6-8}$$

式中，ζ 为局部阻力系数，无量纲。

测定管件和阀门的局部阻力的方法是在管件和阀门的前后稳定段内分别设两个测压点。按照流向顺序分别标记为 1、2、3、4 点，在 1-4 和 2-3 分别测出压力差为 Δp_{14}、Δp_{23}。

2-3 总机械能损失可分为直管段阻力损失 $\Delta p_{\mathrm{f},23}$ 和阀门（或管件）局部阻力损失 $\Delta p'_\mathrm{f}$，即

$$\Delta p_{23} = \Delta p_{\mathrm{f},23} + \Delta p'_\mathrm{f} \tag{6-9}$$

1-4 总机械能损失可分为直管段阻力损失 $\Delta p_{\mathrm{f},14}$ 和阀门（或管件）局部阻力损失 $\Delta p'_\mathrm{f}$，1-2 距离和 2 点至阀门（或管件）的距离设为相等，3-4 距离和 3 点至阀门（或管件）的距离相等，故有：

$$\Delta p_{14} = \Delta p_{\mathrm{f},14} + \Delta p'_\mathrm{f} = 2\Delta p_{\mathrm{f},23} - \Delta p'_\mathrm{f} \tag{6-10}$$

联立式（6-9）和式（6-10）解得：

$$\Delta p'_\mathrm{f} = 2\Delta p_{23} - \Delta p_{14} \tag{6-11}$$

则局部阻力系数为：

$$\zeta = \frac{2(2\Delta p_{23} - \Delta p_{14})}{\rho u^2} \tag{6-12}$$

流体流经突缩管路时同样采用上述四点测压法，则突缩的局部阻力损失也同样可以采用式（6-11）计算。因为流体流经突缩时，管径发生变化，流体在 2 点和 3 点的流速发生变化，分别记为 u_2 和 u_3，在突缩两端列伯努利方程得：

$$\zeta = \frac{2}{u_3^2}\left(\frac{u_2^2 - u_3^2}{2} + \frac{2\Delta p_{23} - \Delta p_{14}}{\rho}\right) \tag{6-13}$$

(4) 离心泵特性曲线及管路特性曲线的测定

离心泵是最常见的流体输送设备。对于一定型号的离心泵，在一定转速下，扬程 H、

轴功率 N 以及效率 η 随流量 Q 的改变而改变。通常由实验测出扬程与流量的关系（$H\text{-}Q$）、轴功率与流量的关系（$N\text{-}Q$）及效率与流量的关系（$\eta\text{-}Q$），并用曲线表示，成为离心泵的特性曲线。特性曲线是确定泵的适宜操作条件和选用泵的重要依据。

① 扬程 H 的测定

在泵的吸入口 1 和压出口 2 之间列伯努利方程有：

$$z_1 + \frac{p_1}{\rho g} + \frac{u_1^2}{2g} + H = z_2 + \frac{p_2}{\rho g} + \frac{u_2^2}{2g} + H_{f,1\text{-}2} \tag{6-14}$$

$$H = (z_2 - z_1) + \frac{p_2 - p_1}{\rho g} + \frac{u_2^2 - u_1^2}{2g} + H_{f,1\text{-}2} \tag{6-15}$$

式中，$H_{f,1\text{-}2}$ 为泵的吸入口和压出口之间管路的流体流动阻力（不包括泵体内部的流动阻力引起的压头损失），当所选的两截面很靠近泵体时，与其他项相比，$H_{f,1\text{-}2}$ 值很小，可忽略不计。则上式可变为：

$$H = (z_2 - z_1) + \frac{p_2 - p_1}{\rho g} + \frac{u_2^2 - u_1^2}{2g} \tag{6-16}$$

用直尺测出高差 $(z_2 - z_1)$，读出泵进出口的压差 $(p_2 - p_1)$ 的值以及计算所得 u_2，将 u_2 代入式（6-16）即可求出扬程 H 的值。

② 轴功率 N 的测定

功率表测得的功率为电动机输入功率。泵是由电动机直接带动的，其传动效率可视为 1.0，所以电动机的输出功率等于泵的轴功率，即

泵的轴功率 N＝电动机的输出功率

电动机的输出功率＝电动机的输入功率×电动机的效率

泵的轴功率 N＝功率表的读数×电动机的效率（从电动机的铭牌上获得）

③ 效率 η 的测定

泵的效率为泵的有效功率与轴功率的比值，因此有：

$$\eta = \frac{N_e}{N} \times 100\% \tag{6-17}$$

$$N_e = \frac{HQ\rho g}{1000} = \frac{HQ\rho}{102} \tag{6-18}$$

式中，η 为泵的效率，%；N 为泵的轴功率，kW；N_e 为泵的有效功率，kW；H 为泵的扬程，m；Q 为泵的流量，m^3/s；ρ 为流体在测量温度下的密度，kg/m^3。

④ 流量 Q 的测定及泵转速的校核

本实验流量采用涡轮流量计直接测出泵流量 Q'（m^3/h），则流量 Q（m^3/s）为：

$$Q = \frac{Q'}{3600} \tag{6-19}$$

本实验中应将以上参数校正为额定转速 $n'=2850$r/min 的数据来绘制特性曲线图。

$$\frac{Q'}{Q} = \frac{n'}{n}, \quad \frac{H'}{H} = \left(\frac{n'}{n}\right)^2, \quad \frac{N'}{N} = \left(\frac{n'}{n}\right)^3 \tag{6-20}$$

式中，n' 为额定转速，2850r/min；n 为实际转速，r/min。

⑤ 管路特性曲线的测定

安装在流体输送管路上的离心泵，在具体操作条件下提供的扬程 H 和流量 Q，可以用

离心泵 H-Q 特性曲线上的某一点表示。但这一点的确定，还需要看泵前后所连接的管路状况。即装在某一特定管路中的泵，其压头和实际输送量由泵的特性与管路特性共同决定。也就是说，在流体输送过程中，泵和管路两者是相互制约的。

管路特性曲线是流体流经特定管路系统的流量与所需压头之间的关系曲线。根据实际流体的机械能衡算方程可知，对于任意管路输送系统，所需压头 h_e 为：

$$h_e = \Delta z + \frac{\Delta p}{\rho g} + \frac{\Delta u^2}{2g} + \sum h_f \tag{6-21}$$

式中，Δz 为升举高度，m；$\frac{\Delta p}{\rho g}$ 为液体静压头增量，m；$\frac{\Delta u^2}{2g}$ 为动压头增量，m，与其他相比，一般可忽略不计；$\sum h_f$ 为全管路（包括吸入管路和排出管路）的压头损失，m。

压头损失为：

$$\sum h_f = \lambda \frac{\sum (l + l_e)}{d} \times \frac{u^2}{2g} = \frac{8\lambda}{\pi^2 g} \times \frac{\sum (l + l_e)}{d^5} Q^2 \tag{6-22}$$

式中，l_e 为当量长度（即将局部损失看作与某一长度为 l_e 的等径管的沿程损失相当），m。

对于某一特定管路，式（6-22）中的各量除摩擦系数 λ 与流量 Q 外，其他都是固定的；而摩擦系数 λ 对常见的湍流情况变化不大，若在湍流平方区，摩擦系数 λ 只取决于管路的相对粗糙度，于是可将 $\frac{\Delta u^2}{2g} + \sum h_f$ 写成：

$$\frac{\Delta u^2}{2g} + \sum h_f = BQ^2 \tag{6-23}$$

再令 $A = \Delta z + \frac{\Delta p}{\rho g}$，则式（6-21）可简化为：

$$h_e = A + BQ^2 \tag{6-24}$$

具体测定时应固定阀门开度不变（此时管路特性曲线一定），改变泵的转速，测出各转速下的流量以及相应压力表、真空表读数，算出泵的压头 H，作出管路特性曲线。将泵的特性曲线与管路特性曲线绘在统一坐标图上，两曲线的交点即为泵在该管路系统中的工作点。通过改变阀门开度来改变管路特性曲线，可以求出泵的特性曲线。同样也可以通过改变泵的转速来改变泵的特性曲线，从而得到管路特性曲线。该过程是离心泵的流量调节及工作点的移动过程。

⑥ 泵的选择

装置选用清水离心泵来提供流量及压头，也可以用专用大容积高位水槽来提供流量和压头。压头用以克服管路系统的摩擦阻力损失。流量用以保证流体进入湍流区，一般 Re 需要达到 2×10^5。离心泵的选择一般按三个步骤进行：首先，根据流程、管道尺寸及沿程管件、阀门等算出流量调节阀门全开时的管路特性曲线；其次，再根据泵的特性曲线找出工作点，得到最大流量；最后，核算 Re 是否满足要求。

⑦ 流量调节方法

通过出口阀门开度、变频、旁路回流、切割叶轮、多泵串联或并联等几种方法进行流量调节。在流体流动阻力实验装置上主要通过出口阀门开度调节流量和变频调节流量。通过出口阀门开度调节流量，操作简单方便。比较适宜于调节幅度不大、经常需要改变流量的情况。调节阀门一般选用手动或电动的截止阀或闸阀。截止阀调节性能好，结构简单，价格便宜，缺点是流动阻力较大，全开时局部阻力系数可达到 6。闸阀流动阻力小，全开时阻力系数仅为 0.17，但其流量调节性能不如截止阀，结构较复杂。变频调节流量是给离心泵电源加装变频装置来调节泵的转速，改变泵的特性曲线，从而调节流量。变频器就是在改变电源频率的基础上来带动电动机转数改变的。变频调节流量不会额外增加管路阻力，根据比例定律，耗电量与转速成立方关系，节能效果明显。所以变频调速是近年来被日益广泛使用的一种高效节能的流量调节方法。目前有越来越多的高校在流体力学实验装置上通过变频调节流量。

(5) 差压式流量计的校正

差压式流量计也叫节流式流量计，常用的有孔板流量计和文丘里流量计。工业生产中使用的节流式流量计大多是按照标准规范制造和安装使用的，并由制造厂在标准条件下以水或空气为介质进行标定。

但在实际使用中若温度、压力、介质的性质等条件与标定时不同，或流量计长时间使用后磨损较大，或者自行制造非标准流量计，就需要对流量计进行校正，重新确定其流量系数和校正曲线。因此，本部分的实验内容包括测定节流式流量计的流量校正曲线和测定其流量系数 C_0 和雷诺数 Re 的关系两部分。

本实验采用准确度等级较高的涡轮流量计作为标准流量计来校正节流式流量计。

① 孔板流量计的校正

孔板流量计是利用动能和静压能相互转换的原理设计的，以消耗大量机械能为代价。孔板的开孔越小，通过孔口的平均流速 u_0 越大，孔前后的压差 Δp 也越大，阻力损失也随之越大。为了减小流体通过孔口后由于突然扩大而引起的大量旋涡能耗，在孔板后开一渐扩形、其侧边与管轴成 45°的圆角，称为锐孔。因此孔板流量计的安装是有方向的。若是反方向安装，不仅机械能损耗增大，其流量系数也将改变，实际上这样使用也没有意义。

流体通过孔板流量计时在流量计上、下游的两测压口之间产生压差与流量的关系为：

$$V_s = C_0 A_0 \sqrt{\frac{2\Delta p}{\rho}} \tag{6-25}$$

式中，V_s 为被测流体的体积流量，m^3/s；C_0 为流量系数，无量纲，$C_0 = \frac{C_D}{\sqrt{1-(A_0/A_1)^2}}$，$C_D$ 为校正系数，A_1 为孔板前截面积，m^2；A_0 为孔口截面积，m^2；Δp 为孔板流量计上、下游两测压口之间的压差，Pa；ρ 为被测流体在测量温度下的密度，kg/m^3。

用涡轮流量计作为标准流量计来测量 V_s。每个流量在压差计上有一个对应的压差读数，将压差计读数 Δp 和流量 V_s 绘制成一条曲线，即流量校正曲线。由式 (6-25) 整理计算出相应的 C_0，根据体积流量与流速的计算式 (6-1) 计算出流体的流速 u，由式 (6-2) 算出相应的 Re 值，可进一步得到 C_0-Re 的关系曲线。

② 文丘里流量计的校正

仅仅为了测定流体的流量而引起过多的机械能损耗显然是不合适的，应尽可能设法降低能耗。孔板流量计高能耗起因于孔板的突然缩小和突然扩大，特别是后者。因此将测量管设计成渐缩和渐扩管，避免突然缩小和突然扩大，必然能降低能耗。这种流量计称为文丘里流量计。

文丘里流量计的工作原理与公式推导过程完全与孔板流量计相同，但需要以 C_v 代替 C_0。因在同一流量下，文丘里压差要小于孔板压差，因此 C_v 一定大于 C_0。实验中，只要测出对应流量 V_s 和压差 Δp，即可计算出对应的流量系数 C_v，同样可以得到流量系数和 C_v-Re 关系曲线。

(6) 伯努利方程验证实验

流体在管内流动时具有三种机械能，即位能、动能和静压能，当管路条件（位置高低、管径大小）发生改变时，它们之间可以相互转化。

对于实际流体的流动过程，因存在内摩擦，一部分机械能因摩擦和碰撞而转化为热能，这部分机械能是不能回复的，因此，对于实际流体来说，两个截面上的机械能总是不相等的，两者的差额即为能量损失。动能、位能和静压能三种机械能均可以用液柱高度来表示，分别称为位压头 H_z、动压头 H_w 和静压头 H_p，任意两个截面间位压头、动压头和静压头三者总和之差即为压头损失 H_f。观察流动过程中随着测试管路结构与水平位置的变化及其流量的改变，静压头和动压头的改变情况，并找出规律，以验证伯努利方程。

6.1.3　实验装置

流体力学综合实验装置包括流体阻力测定、离心泵性能曲线测定、流量计标定、伯努利方程等实验项目。流量调节阀一般选用局部阻力损失较小的闸阀，安装在靠近泵出口的管路上。调节阀设在吸入管路，关小阀门会发生汽蚀现象。调节阀安装在离泵较远的出口管路上，易在阀前管路内积存空气，发生泵的喘振。流量计一般放在主管路上，节省成本。离心泵在选型时应满足全部实验项目的流量、压头要求。要根据核算的压差范围来选择适宜、经济的压差（力）测量仪器仪表。

6.1.4　实验步骤

(1) 流体阻力测定实验

① 检查各阀门是否处于正确的开启、关闭状态，开启灌泵入口阀向离心泵内灌水，尽量排出泵中的空气，排出空气后关闭灌泵入口阀和泵出口的调节阀门，启动泵。

② 在测定实验数据前要加大流量，以赶走管路系统中的空气；打开测压管的放空阀，赶走测压系统中的空气。

③ 选择待测管路，开启管路切换球阀，同时关闭其余各管路的切换球阀。

④ 用流量调节阀调节所测管路流量，待流量稳定后，测取流量和压差数据。在流量变化范围内，直管阻力测取 12～15 组数据，局部阻力测取 3～5 组数据，数据测完后，关闭流量调节阀，测量水温。

(2) 离心泵性能曲线测定

① 打开功率表的开关，开启测试仪表开关，将调频器调至 50Hz。

② 用泵出口调节阀调节流量，流量从 0 到最大取 12～15 组流量，记录各流量及该流量下压力表、真空表、功率表的读数，并记录泵的转速和水温，测定泵的特性曲线。

③ 测定管路特性曲线时，先将泵出口调节阀固定在某一开度，然后调节离心泵的电机频率（调节范围 20～50Hz），测取每一频率对应的流量和压力表、真空表、功率表的读数，

并记录泵的转速和水温。

(3) 流量计标定实验

① 启动离心泵后逐渐开启流量调节阀，赶尽管内和导压管中的气泡。

② 调节流量调节阀，待流量稳定后，读取流量数值和流量计上、下游测压口的压差值，取 5~8 组数据。

③ 记录离心泵的转速和水温。

(4) 伯努利方程验证实验

① 启动泵，流量稳定后，将实验管路上的流量调节阀全部打开，逐步打开离心泵出口流量阀至高位槽中有水溢流，待流动稳定后观察并读取各测压管的液位高度。

② 逐渐关小调节阀，改变流量，观察同一测量点及不同测量点各测压管液位的变化。

③ 关闭离心泵出口流量调节阀和回流阀后，关闭离心泵，实验结束。

6.1.5 注意事项

1. 流体阻力测定实验中，启动泵之前以及从光滑管阻力测定调换到其他测量之前，都必须检查流量调节阀是否关闭；测量数据时必须关闭所有的平衡阀，用压差传感器测压差时必须关闭通往倒 U 形管的阀门，防止形成并联管路，引起压差测量错误；缓慢开关阀门，每调节一个流量时，必须等管路中水流稳定即流量稳定后才可读数。

2. 离心泵性能曲线测定中，测取数据时应在流量为零至最大值范围内合理分配数据点；应尽量减少管路的阻力，防止流量上不去，功率达不到极大值而得出错误结论。

3. 流量计标定实验中，测定数据前一定要排尽气泡，防止流量数据和压差数据波动；数据点尽量分布在流量为零到最大值之间，一般应包含最大值。

4. 伯努利方程验证实验中，不要将离心泵出口流量调节阀开得过大，避免水从高位槽中冲出和导致高位槽中液面波动；流量调节阀必须缓慢关小，以免造成流量突然下降，使测压管中的水溢出。

6.1.6 实验原始数据记录

自行设计流体阻力实验数据记录表、离心泵性能曲线实验数据记录表和实验结果表、流量计标定实验数据记录表和实验结果表、伯努利方程验证实验数据记录表和实验结果表。所有实验数据处理，以一组数据为例写出详细计算过程。

6.1.7 实验数据处理与分析

1. 选择合适的坐标系，绘制各组曲线，并根据绘制的曲线得出实验结论。
2. 对实验结果进行讨论，并与理论公式进行比较，分析比较结果。

6.1.8 思考题

1. 测定阻力损失时，圆形直管内及导压管内有积存空气对结果会有何影响？
2. 圆形直管水平安装和竖直安装对结果有何影响？阀门和管件安装在水平管或者竖直管上对局部阻力系数测定结果有何影响？

3. 本实验以水为介质作出的 λ-Re 曲线可否用于其他流体？为什么？
4. Re 的范围与哪些因素有关？如何在实验中扩大 Re 的范围？
5. 离心泵特性曲线的测定过程中，一定要读取流量为零的实验点的数据，为什么？
6. 在什么情况下流量计需要标定？标定方法有哪些？变截面流量计如何校正？
7. 在伯努利方程验证实验中，如何测得某一截面的静压头和总压头？能否测得某一截面的动压头？

6.2 传热综合实验

几乎所有的化工生产过程均伴有传热操作，空气对流传热系数的测定实验是化工原理实验教学中必不可少的实验。通过实验学生可以掌握流体在圆形直筒内做强制对流传热系数的实验测定方法以及分析强制传热系数与雷诺数 Re 之间的关系，了解工程上强化传热的措施。

原有传热实验以自来水作为传热实验的冷却介质，实验过程中直接排放造成水资源浪费，与现在的节能减排理念矛盾；其次实验内容相对比较单一，对现实生产中的工程问题考虑不足，以验证教材上的理论知识点为主，在注重学生运用所学知识分析和解释工程现象、解决工程问题的能力培养方面略有不足。

6.2.1 实验目的

1. 掌握流体无相变时对流传热系数的测定方法。
2. 掌握传热过程热量衡算及总传热系数的测定方法。
3. 掌握传热过程强化的方法和原理。

6.2.2 实验原理

(1) 管内努塞尔 (Nusselt) 数 Nu_i、传热系数 α_i 的测定与计算（以光滑管为例）

① 管内空气质量流量 G 的计算

管内空气流量采用转子流量计（标定条件：$p_1=101325\text{Pa}$，$T_1=293\text{K}$）测定。转子流量计的实际条件：$p_2=p_1+p_{进}$，$p_{进}$ 为进气压力表的读数；$T_2=273+T_{进}$，$T_{进}$ 为进气温度。

则有：

$$V_{0空}=V_{空}\frac{T_0}{p_0}\sqrt{\frac{p_1 p_2}{T_1 T_2}} \tag{6-26}$$

式中，$V_{0空}$ 为标准状态下空气的体积流量，m^3/h；$V_{空}$ 为转子流量计的示值，m^3/h；T_0、T_1、T_2 分别为标准状态、标定状态、操作状态下空气的温度，273K、293K、? K；p_0、p_1、p_2 分别为标准状态、标定状态、操作状态下空气的压强，101325Pa、101325Pa、? Pa。

管内空气的质量流量 G （kg/s）为：

$$G = \frac{V_{0空}}{3600}\rho_1 \tag{6-27}$$

式中，ρ_1 为空气在标准状态下的密度，kg/m^3。

② 管内雷诺数 Re 的计算

因空气在管内流动时，其温度、密度、风速均发生变化，而质量流量却为定值，因此，雷诺数的计算按式（6-28）进行。

$$Re = \frac{du\rho}{\mu} = \frac{4G}{\pi d\mu} \tag{6-28}$$

式（6-28）中物性数据 μ 可按管内定性温度 $t_定$ 求出。

$$t_定 = \frac{t_进 + t_出}{2} \tag{6-29}$$

式中，$t_进$ 为光滑管冷风进口的温度，K；$t_出$ 为光滑管冷风出口的温度，K。

③ 热负荷计算

套管换热器在管外蒸汽和管内空气的换热过程中，管外蒸汽冷凝释放出潜热传递给管内空气，以空气为衡算物料进行换热器的热负荷计算。

根据热量衡算式：

$$q = Gc_p\Delta t \tag{6-30}$$

式中，q 为热负荷，kW；G 为空气的质量流量，kg/s；c_p 为定性温度 $t_定$ 下的空气定压比热容，kJ/(kg·K)；Δt 为空气的温升，$\Delta t = t_出 - t_进$，K。

④ 传热系数 α_i 和努塞尔准数 Nu 的测定值

由传热速率方程：

$$q = \alpha_{i测} A_i \Delta t_{m_i} \tag{6-31}$$

得：

$$\alpha_{i测} = \frac{q}{A_i \Delta t_{m_i}} \tag{6-32}$$

式中，$\alpha_{i测}$ 为传热膜系数测定值，kW/(m²·K)；q 为热负荷，kW；A_i 为管内表面积，$A_i = \pi d_i L$，m²；Δt_{m_i} 为管内平均温差，按式（6-33）计算，K。

$$\Delta t_{m_i} = \frac{\Delta t_{A_i} - \Delta t_{B_i}}{\ln \frac{\Delta t_{A_i}}{\Delta t_{B_i}}} \tag{6-33}$$

式中，Δt_{A_i} 为出口端温差，$\Delta t_{A_i} = T_1 - t_出$，$T_1$ 为光滑管出口壁温，K；Δt_{B_i} 为进口端温差，$\Delta t_{B_i} = T_2 - t_进$，$T_2$ 为光滑管进口壁温，K。

努塞尔准数 Nu 的测定值为：

$$Nu_测 = \frac{\alpha_{i测} d_i}{\lambda} \tag{6-34}$$

⑤ 传热系数 α_i 和努塞尔准数 Nu 的计算值

$$\alpha_{i计} = 0.023 \frac{\lambda}{d_i} Re^{0.8} Pr^{0.4} \tag{6-35}$$

式（6-35）中的物性数据 λ、Pr 均按管内定性温度求出。

$$Nu_计 = 0.023 Re^{0.8} Pr^{0.4} \tag{6-36}$$

(2) 管外传热系数 α_o 的测定与计算

① 管外传热系数 α_o 的测定值

已知管内热负荷 q，由管外蒸汽冷凝传热的速率方程：

$$q = \alpha_{o测} A_o \Delta t_{m_o} \tag{6-37}$$

得：

$$\alpha_{o测} = \frac{q}{A_o \Delta t_{m_o}} \tag{6-38}$$

式中，$\alpha_{o测}$ 为传热膜系数测定值，kW/($m^2 \cdot K$)；q 为热负荷，kW；A_o 为管外表面积，$A_o = \pi d_o L$，m^2；Δt_{m_o} 为管外平均温差，按式 (6-39) 计算，K。

$$\Delta t_{m_o} = \frac{\Delta t_{A_o} - \Delta t_{B_o}}{\ln \frac{\Delta t_{A_o}}{\Delta t_{B_o}}} = \frac{\Delta t_{A_o} + \Delta t_{B_o}}{2} \tag{6-39}$$

式中，Δt_{A_o} 为进口端温差，$\Delta t_{A_o} = T - T_2$，T_2 为光滑管进口壁温，T 为蒸汽温度，K；Δt_{B_o} 为出口端温差，$\Delta t_{B_o} = T - T_1$，T_1 为光滑管出口壁温，T 为蒸汽温度，K。

② 管外 α_o 的计算值

根据蒸汽在单根水平圆管外按膜状冷凝传热膜系数计算公式计算出：

$$\alpha_{o计} = 0.725 \left(\frac{\rho^2 g \lambda^3 r}{d_o \Delta t \mu} \right)^{\frac{1}{4}} \tag{6-40}$$

式 (6-40) 中有关水的物性数据均按管外膜平均温度查取。

$$t_{定} = \frac{T + \bar{t}_w}{2}, \quad \bar{t}_w = \frac{T_1 + T_2}{2}, \quad \Delta t = T - \bar{t}_w$$

(3) 总传热系数 K 的测定

① K 的测定值（以管外表面为基准）

已知管内热负荷 q，由总传热方程可知：

$$K_{测} = \frac{q}{A_o \Delta t_{m_o}} \tag{6-41}$$

式中，A 为管外表面积，$A_o = \pi d_o L$，m^2；Δt_{m_o} 为管外平均温差，按式 (6-39) 计算，K。

② K 的计算值（以管外表面积为计算基准）

$$K_{计} = \frac{d_o}{d_i} \times \frac{1}{\alpha_i} + \frac{d_i}{d_m} \times \frac{b}{\lambda} + R_o + \frac{1}{\alpha_o} + R_i \frac{d_o}{d_i} \tag{6-42}$$

式中，R_i、R_o 分别为管内、外污垢热阻，可忽略不计；λ 为换热管的导热系数，W/($m^2 \cdot K$)。

由于污垢热阻可以忽略不计，换热管管壁热阻也可以忽略（一般金属的导热系数较大且管壁不厚，因此该项与其他项比较很小），式 (6-43) 可简化为：

$$K_{计} = \frac{d_o}{d_i} \times \frac{1}{\alpha_i} + \frac{1}{\alpha_o} \tag{6-43}$$

(4) 风机

风机是将机械能转变为气体能量，用于压缩和输送气体的一种气体输送机械。按作用原理分为透平式风机和容积式风机。透平式风机通过旋转叶片压缩输送气体，按照叶轮的形式可分为离心式风机、轴流式风机、混流式风机和贯流式风机四种。离心式风机气流轴向驶入风机叶轮后，在离心力作用下被压缩，主要沿径向流动；轴流式风机气流轴向驶入旋转叶片通道，由于叶片与气体的相互作用，气体被压缩后近似在圆柱形表面上沿轴线方向流动；混流式风机气体与主轴成某一角度的方向驶入旋转叶片通道，近似沿锥面流动；贯流式风机气流贯穿旋转叶片通道，受叶片两次力的作用而升高压力，无湍流，出风均匀，但因气流在叶轮内被强制折转，故压头损失较大，效率较低。其中，轴流式风机和离心式风机比较常用。容积式风机是通过改变气体容积的方法压缩及输送气体的。

风机的主要参数有风量、风压、转速、轴功率和外形尺寸等，风机的选型主要关注这几个参数是否满足工艺要求。

风机在使用过程中常见不正常现象及其对应原因分析如下：

① 风机震动剧烈。产生原因有：a. 风机与电机两者的轴不同心；b. 基础或支架刚度不够；c. 叶轮轴盘孔与轴配合松动；d. 叶轮螺栓或铆钉松动，机壳、轴承座与支架、轴承座与轴承盖等连接螺栓松动；e. 叶轮变形，叶片上积灰严重；f. 风机进出口管道安装不好产生共振。

② 轴承温度过高。可能产生原因为：a. 轴承箱震动剧烈；b. 润滑不够或润滑油脂充填量不当；c. 轴与滚动轴承安装不正，前后轴承不同心；d. 滚动轴承与轴承箱摩擦，或滚动轴承内圈和主轴摩擦；e. 滚动轴承损坏或轴弯曲；f. 冷却水过少或中断；g. 机壳或进风口与叶轮摩擦。

③ 电动机电流过大或温升过高。可能原因为：a. 启动时，调节阀门或出气管道内闸门未关严；b. 电动机电源单相断电或输入电压低；c. 气体密度过大，造成电机超负荷；d. 风机性能与系统性能不匹配，系统阻力小造成风机运行在低压力大流量区域。

6.2.3 实验装置

本装置主体套管换热器内为一根光滑的紫铜管，外套管为不锈钢管。两端法兰连接，外套管设置两对视镜，封边观察管内蒸汽冷凝情况。管内铜管测点间有效长度 1000mm。与其并联一套套管换热器，换热器为波纹管。扰流管为在光滑管内插入一根螺旋形麻花铁。

空气由风机送出，经转子流量计后进入被加热铜管进行加热升温，自另一端排出放空。在进出两个截面上铜管管壁内分别装有 2 支热电阻，可分别测出两个截面上的壁温，一个热电阻可将转子流量计前进口的气温测出来。

蒸汽进入套管换热器的不锈钢外套，冷凝释放潜热，为防止蒸汽内有不凝气体，本装置设置有放空口，不凝气体排空，而冷凝液则回流到蒸汽冷凝罐内再利用。

6.2.4 实验步骤

（1）准备工作

检查蒸汽发生器水位是否位于液位计量程的 3/4 以上，检查设备供电是否正常。确认水电状态正常后，打开设备电源，启动蒸汽发生器。

（2）实验操作

① 全开风机放空阀后启动风机。

② 打开光滑管对应的冷风进口阀门和蒸汽进口阀门，开始光滑管实验。实验过程中，通过调节风机放空阀门开度控制管路气体流量，空气流量的调节以转子流量计示值为准，合理调节风量大小，记录 6~8 个试验点，同时记录各风量的空气温度显示值。

③ 光滑管实验结束后，通过阀门变换，依次完成波纹管及扰流管传热实验。

（3）实验结束

依次关闭蒸汽发生器和风机开关。待蒸汽发生器温度降至 70℃ 以下时将液体放尽。整理设备和实验室，恢复到实验前状态。

6.2.5 注意事项

1. 在变换冷风管路阀门时要保证风机的放空阀处于全开状态。
2. 扰动管实验插入螺旋麻花铁时注意法兰连接的安装及密封。

6.2.6 实验原始数据记录

自行设计套管实验基本参数记录表、波纹管实验记录表和实验结果表、光滑管实验记录表和实验结果表、扰流管实验记录表和实验结果表。所有实验数据处理，以一组数据为例写出详细计算过程。

6.2.7 实验数据处理与分析

1. 分析流体在圆形直管内做强制对流时传热系数与雷诺数 Re 之间的关系。
2. 由光滑管及波纹管实验结果，对比分析波纹管对传热的影响。
3. 由光滑管及扰流管实验结果，对比分析扰流管对传热的影响。
4. 分析管内对流传热系数理论值与计算值之间的关系。

6.2.8 思考题

1. 分析影响管内外对流换热系数理论值与计算值大小的因素。
2. 实验过程中对流传热系数的计算方法所基于的对流传热机制是什么？
3. 本实验中关闭温度应接近蒸汽温度还是空气温度？为什么？
4. 波纹管和扰动管对流传热系数测定实验数据处理时传热面积与光滑管有无区别？

6.3 气体吸收与解吸综合实验

吸收是根据气相中各溶质组分在液相中的溶解度不同而分离气体混合物的单元操作。在化学工业中，吸收操作广泛地用于气体原料净化、有用组分的回收和废气治理等方面。

填料吸收塔是应用最广的气体吸收设备。随着原有填料的不断改进和新型填料的开发与应用，以及塔内气体和液体分布器的研发，填料塔的应用更加广泛。因此，填料塔吸收实验是重要的化工原理实验之一。通过填料吸收塔传质系数测定实验，学生可以更加直观地了解吸收的基本流程和填料塔设备结构，掌握总传质系数的测定方法；通过改变实验过程中吸收剂、混合气的流量，可以了解塔内压降、空塔气速等对吸收过程的影响。填料塔吸收实验属于验证性实验，实验结果与理论计算之间存在一定差距，这个差距影响学生对理论知识的进一步理解。填料吸收实验结果与学生的操作和分析有关，另外，实验装置对实验结果也有很大影响。

6.3.1 实验目的

1. 了解填料吸收塔的基本流程和设备结构。
2. 了解填料吸收塔的流体力学性能。
3. 掌握填料吸收塔传质能力与传质效率的测定方法。
4. 了解气速和喷淋密度对总传质系数的影响。

6.3.2 实验原理

（1）填料塔的流体力学特性

填料塔是一种气液传质设备，填料的作用主要是增大气液两相的接触面积，气体通过填料层时受到局部阻力和摩擦阻力而产生压力降。填料塔的流体力学特性包括压力降和液泛规律。正确确定流体通过填料层的压力降对计算流体通过填料层所需要的动力十分重要。掌握液泛规律，确定填料塔的适宜操作范围和选择适宜的气液负荷，是填料塔操作和设计的重要依据。关于填料塔流体特性的具体内容见本教材基础实验篇吸收实验的相关部分。

（2）用水吸收二氧化碳实验

以CO_2为主的温室气体造成的全球气候变暖现象引起了全世界的广泛关注，CO_2减排任务刻不容缓。研究表明，利用醇胺溶液捕集燃煤电厂烟道气中的CO_2是二氧化碳捕集与封存技术中最为有效的手段之一。该过程中，由于烟道气流量大、CO_2分压低且醇胺溶液黏度高等，需要分离设备具有高通量、低压降、高分离效率等特点。

研究显示，在塔设备中，规整填料具有压降低、传质效率高等优点，可以有效地应用于CO_2吸收体系。开发新型高效填料，并完善其流体力学及传质性能数据，对于工程应用有重要意义。在学习化工原理课程后，通过完成基本传质单元操作的验证实验掌握了基本单元操作的基本原理，一些接近工程实际的综合实验有利于提高对学生工程素养和工程能力的培养。

根据传质速率方程，在假定液相总体积传质系数$K_x a$为常数、等温、低温、低吸收率（或低浓度、难溶等）条件下，推导得出吸收速率方程：

$$G_a = K_x a V \Delta X_m \tag{6-44}$$

则

$$K_x a = \frac{G_a}{V \Delta X_m} \tag{6-45}$$

式中，$K_x a$为CO_2体积传质系数，kmol/(m³·h)；G_a为填料塔CO_2的吸收量，kmol/h；V为填料层的体积，m³；ΔX_m为填料塔的平均推动力。

① 填料层体积V

$$V = \pi \frac{D_T^2}{4} Z \tag{6-46}$$

式中，D_T 为塔内径，m；Z 为填料层高度，m。

② G_a 的计算

由转子流量计可测得水流量 V_s（m^3/h）、空气的流量 V_B（m^3/h，显示流量为标准状态的流量，0℃，101325Pa）。用水吸收 CO_2 的流程图如图 6-1 所示。

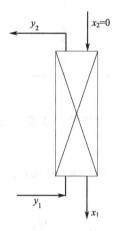

图 6-1　吸收流程

则有
$$L_s = \frac{V_s \rho_{水}}{M_s} \tag{6-47}$$

$$G_B = \frac{V_B \rho_0}{M_B} \tag{6-48}$$

式中，L_s 为通过吸收塔吸收剂（水）的流量，kmol/h；G_B 为通过吸收塔的惰性气体（空气）的流量，kmol/h；V_s、V_B 分别为水、空气的体积流量（标准状态下），m^3/h；$\rho_{水}$、ρ_0 分别为水、空气的密度（标准状态下），kg/m^3；M_s、M_B 分别为水、空气的摩尔质量，kg/kmol。标准状态下 $\rho_0 = 1.293 kg/m^3$，可计算出 L_s、G_B。

由全塔物料衡算：
$$G_a = L_s(X_1 - X_2) = G_B(Y_1 - Y_2) \tag{6-49}$$

$$Y_1 = \frac{y_1}{1-y_1}, Y_2 = \frac{y_2}{1-y_2} \tag{6-50}$$

式中，X_1、X_2 分别为塔底、塔顶液相中溶质 CO_2 的摩尔比，kmol（CO_2）/kmol（水）；Y_1、Y_2 分别为塔底、塔顶气相中溶质 CO_2 的摩尔比，kmol（CO_2）/kmol（空气）；y_1、y_2 分别为塔底、塔顶气相中溶质 CO_2 的摩尔分数，由 CO_2 分析仪直接读出。

吸收剂为自来水，不含二氧化碳，则 $X_2=0$，则可以计算出 G_a 和 X_1。

③ ΔX_m 的计算

$$\Delta X_m = \frac{\Delta X_2 - \Delta X_1}{\ln \frac{\Delta X_2}{\Delta X_1}} = \frac{(X_{e2} - X_2) - (X_{e1} - X_1)}{\ln \frac{X_{e2} - X_2}{X_{e1} - X_1}} \tag{6-51}$$

$$X_{e1} = \frac{Y_1}{m}, X_{e2} = \frac{Y_2}{m} \tag{6-52}$$

式中,m 为平衡常数,无量纲。

根据测出的水温可以采用中插法求出亨利常数 E,本实验为 $p=101325\text{Pa}$,则 $m=E/p$。E 值见表 6-1。

表 6-1　不同温度下二氧化碳-水溶液的亨利常数

温度/℃	亨利常数 $E/10^5\text{kPa}$	温度/℃	亨利常数 $E/10^5\text{kPa}$
0	0.738	30	1.88
5	0.888	35	2.12
10	1.05	40	2.36
15	1.24	45	2.60
20	1.44	50	2.87
25	1.66	60	3.46

(3) 解吸实验

根据传质速率方程,在假定 $K_Y a$ 为常数,等温、低解吸率(或低浓度、难溶等)条件下推导出解吸速率方程为:

$$G_a = K_Y a V \Delta Y_m \tag{6-53}$$

则:

$$K_Y a = \frac{G_a}{V \Delta Y_m} \tag{6-54}$$

式中,$K_Y a$ 为 CO_2 的体积解吸系数,$\text{kmol}/(\text{m}^3 \cdot \text{h})$;$G_a$ 为填料塔的 CO_2 的解吸量,kmol/h;V 为填料层的体积,m^3;ΔY_m 为填料塔的平均推动力。

① G_a 的计算

由转子流量计可测得水流量 V_s(m^3/h)、空气的流量 V_B(m^3/h)(显示流量为标准状态的流量,0℃,101325Pa)。解吸流程图如图 6-2 所示。

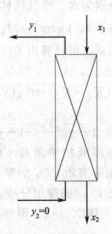

图 6-2　解吸流程图

则有:

$$L_s = \frac{V_s \rho_{水}}{M_s} \tag{6-55}$$

$$G_B = \frac{V_B \rho_0}{M_B} \tag{6-56}$$

式中，L_s 为通过解吸塔吸收液的流量，kmol/h；G_B 为通过解吸塔的惰性气体（空气）的流量，kmol/h；V_s、V_B 分别为水、空气的体积流量（标准状态下），m³/h；$\rho_水$、ρ_0 分别为水、空气的密度（标准状态下），kg/m³；M_s、M_B 分别为水、空气的摩尔质量，kg/kmol。

标准状态下 $\rho_0 = 1.293$ kg/m³，可计算出 L_s、G_B。

由全塔物料衡算：

$$G_a = L_s(X_1 - X_2) = G_B(Y_1 - Y_2) \tag{6-57}$$

$$Y_1 = \frac{y_1}{1 - y_1}, \quad Y_2 = \frac{y_2}{1 - y_2} = 0 \tag{6-58}$$

式中，X_1、X_2 分别为塔顶、塔底液相中溶质 CO_2 的摩尔比，kmol（CO_2）/kmol（水）；Y_1、Y_2 分别为塔顶、塔底气相中溶质 CO_2 的摩尔比，kmol（CO_2）/kmol（空气）；y_1、y_2 分别为塔顶、塔底气相中溶质 CO_2 的摩尔分数，由 CO_2 分析仪直接读出。

认为空气中不含二氧化碳，则 $y_2 = 0$。因为进塔液体中 X_1 有两种情况，一是直接吸收后的吸收液用于解吸，则其浓度为前一步吸收计算出来的实际浓度 X_1；二是只做解吸实验，可将 CO_2 充分溶解在液体中，可近似形成该温度下的饱和浓度，其 X_1^* 可由亨利定律求算出：

$$X_1^* = \frac{y}{m} = \frac{y_1}{m} \tag{6-59}$$

则可以计算出 G_a 和 X_2。

② ΔY_m 的计算

$$\Delta Y_m = \frac{\Delta Y_2 - \Delta Y_1}{\ln \frac{\Delta Y_2}{\Delta Y_1}} = \frac{(Y_2 - Y_{e2}) - (Y_1 - Y_{e1})}{\ln \frac{Y_2 - Y_{e2}}{Y_1 - Y_{e1}}} \tag{6-60}$$

式中，$Y_{e1} = mX_1$，$Y_{e2} = mX_2$。

根据测出的水温，采用中插法求出亨利常数 E，本实验的压力为 $p = 101325$ Pa，则 $m = \frac{E}{p}$。

6.3.3 实验装置

本实验的实验装置流程示意图见 4.5.3 中的图 4-18。本实验中，气体中的二氧化碳浓度为在线检测。

6.3.4 实验步骤

（1）检查设备的水电是否正常，在风机的旁路阀全开的状态下启动风机。

（2）单吸收实验操作

① 全开吸收过程进气阀，调节风机旁路阀维持进气风量为 0.4～0.5 m³/h。

② 开启二氧化碳钢瓶总阀，缓慢开启减压阀，维持二氧化碳的流量为 1～2 L/min。

③ 稳定几分钟后，开启自来水，通过调节阀调节流量，开始喷淋吸收。

④ 稳定喷淋流量 2min，打开吸收塔进气端和排气端的电磁阀，在线分析吸收塔进、出口气体中的二氧化碳的浓度，记录数据。

⑤ 调节水的流量，完成不同水流量下的吸收实验。

（3）吸收解吸联合操作

① 在吸收操作条件不变的情况下，打开解吸塔底的排水阀，启动解吸泵。

② 调节解吸过程液体流量和气体流量与吸收过程对应参数相同。

③ 稳定一段时间后，分别打开吸收塔和解吸塔进气端和排气端的电磁阀，在线分析吸收塔和解吸塔进、出气体中二氧化碳的浓度，记录数据。

④ 依次完成不同流量下的吸收和解吸实验。

（4）单解吸实验操作

① 启动加碳泵，调节二氧化碳的流量计读数为 $2\sim3L/min$，实验过程中维持此流量不变。

② 待饱和罐内的溶液饱和后（约需要 10min），关闭解吸塔的放净阀，打开解吸塔与饱和罐的连接阀门。

③ 启动解吸泵，调节解吸液流量维持在一定值。

④ 在旁路阀全开的状态下启动风机，调节解吸塔气体流量为 $0.4\sim0.5m^3/h$。

⑤ 稳定一定时间后，开启解吸塔进气端和排气端的电磁阀，在线分析解吸塔进、出口中二氧化碳浓度。

（5）实验结束

关闭解吸泵、加碳泵、风机和设备总电源。先关闭二氧化碳钢瓶总阀，再排净饱和罐及塔中液体。

6.3.5 注意事项

1. 注意二氧化碳钢瓶的使用。开启时，先开总阀，再开减压阀，减压阀要缓慢开启。实验完毕，先关总阀，待减压阀压力降到 0 时再关减压阀。减压阀旋紧为开，旋松为关。

2. 当操作条件发生变化后，需留出足够的时间，使系统稳定，待稳定后方能在线测定并记录数据。

6.3.6 实验原始数据记录

自行设计实验基本参数记录表和实验数据记录表，真实记录实验基本参数及吸收和解吸实验数据。以一组数据为例，书写详细计算过程，其他数据直接将计算结果填入表中。

6.3.7 实验数据处理与分析

1. 画出不同流量的吸收剂的操作曲线，并对实验结果进行讨论。
2. 分析体积吸收系数与喷淋密度之间的关系。
3. 对照不同吸收剂流量下的操作曲线，得出数据变化趋势并分析原因。

6.3.8 思考题

1. 对实验数据结果进行分析,如何提高吸收过程体积吸收系数?这些措施能否用于以水为吸收剂吸收空气中的氨的吸收过程中?为什么?
2. 通过查找资料分析,塔底液封高度与哪些因素有关,工业生产实际过程中如何确定?
3. 工业生产中的吸收塔和解吸塔设备的设计需要注意哪些因素?

6.4 板式塔精馏综合实验

精馏是利用混合物中各组分挥发性的差异,在一定的回流比下,使混合物得到高纯度分离的分离单元操作,是应用最为广泛的传质分离操作。在板式精馏塔中,自塔釜产生的混合物蒸气沿塔逐板上升与来自塔顶冷凝器逐板下降的回流液,在塔板上实现多次接触发生传热传质。在热能驱动下,易挥发组分进入气相中继续上升至塔顶,难挥发组分返回液相继续下降至塔釜,使混合液达到一定程度的分离。液相回流是实现精馏操作的条件之一。塔顶的回流液与馏出液之比,称为精馏操作的回流比。回流比是精馏操作的重要参数之一,其大小影响精馏操作的分离效果和能耗。一般回流比增大,精馏的总费用(包括设备费用与能耗费用)先减小后增大。操作中,实际回流比常取最小回流比的 1.1~2.0 倍。塔板效率是体现塔板分离性能的主要参数,包括全塔效率和单板效率。采用板式精馏塔测定全塔效率实验是一个典型的验证性实验,是化工原理实验的常规内容。

本实验要求熟悉筛板精馏塔及其附属设备的基本结构、精馏工艺流程以及精馏过程的基本操作方法,观察塔板上气液接触状况,学会识别精馏塔内出现的几种操作状态。例如改变塔釜再沸器中电加热器的电压,塔釜再沸器电热器表面的温度将发生变化,从而可以得到沸腾传热系数与加热量的关系;同时,塔内上升蒸气量将会改变。达到指定分离效果所需理论板数与实际板数的比值,称为全塔效率。全塔效率简单地反映整个塔内塔板的平均效率,说明塔板结构、物性系数、操作状况对塔分离能力的影响。对于塔内所需理论板数,可由已知的双组分物性平衡关系,以及实验中测得的塔顶、塔釜液的组成,回流比 R 和进料热状况 q 等,用图解法求得。实验过程中要注意分析这些操作状态对塔性能的影响,学习测定精馏塔全塔效率和单板效率的实验方法,研究回流比对精馏塔分离效率的影响,掌握测定塔内溶液浓度的实验方法,学会测定部分回流时理论板数、全塔效率及全塔的浓度或温度分布,塔釜再沸器的沸腾传热系数。

6.4.1 实验目的

1. 熟悉板式精馏塔的结构及流程,掌握精馏的设备流程及各个结构部分的作用,通过观察精馏塔工作时塔板上气液接触状态及其相应状态的适用范围和调节方法。
2. 掌握精馏塔内的几种操作状态,并分析这些操作状态对塔性能的影响。
3. 掌握测定全塔效率的方法。
4. 掌握回流比与进料热状态对精馏塔效率的影响。

6.4.2 实验原理

本实验的实验内容包括：精馏塔在全回流条件下，塔顶温度等参数随时间的变化情况及其稳定操作状态的确定；测定精馏塔在全回流稳定操作情况下，塔内温度和浓度沿塔高的分布；测定精馏塔最少理论板数及全回流条件下的总板效率；测定回流比大小、进料口位置和不同进料热状态对精馏塔分离效率的影响。

(1) 全塔效率的测定

板式塔是在圆筒形壳体中安装若干层水平塔板构成的。板与板之间有一定间距，称为板间距。塔板上有降液管，是液相逐层下流的通道。塔板开孔，是供气相逐板上升的通道。塔板是气液两相接触的场所，其结构关系到气液传热、传质的好坏。塔底再沸器对塔釜液体加热使之沸腾汽化，上升的蒸气穿过塔板上的筛孔与塔板上水平流动的液体接触进行传热、传质。塔顶蒸气经冷凝器冷凝后，部分作为塔顶产品，部分回流至塔内，经降液管流至下层塔板口，再水平流过整个塔板，经另一侧降液管流下。气液两相在塔内呈逆流，在板上呈错流。评价塔板好坏一般考虑处理量、板效率、阻力降、操作弹性和结构等因素。

塔板效率是影响塔板性能及操作好坏的主要指标，塔板结构、气液相流量及其接触状况等都会影响塔板效率。塔板效率分单板效率（默弗里效率）和总板效率（全塔效率）。其中，全塔效率在设计中应用广泛，一般通过实验测定。

全塔效率 E_T 的定义：在板式精馏塔中，达到一定分离效果所需理论板数与实际塔板数的比值即为全塔效率，即

$$E_T = \frac{N_T}{N_P} \tag{6-61}$$

式中，N_T 为塔所需理论塔板数（不含塔釜）；N_P 为塔的实际塔板数。

全回流下，只需测得塔顶馏出液的组成 x_D 和釜液组成 x_W，即可根据双组分物系的相平衡在 y-x 图上通过图解法求出理论塔板数 N_T，实际塔板数已知，根据式（6-61）求出 E_T。在指定的分离程度（x_D，x_W）条件下，全回流所需的理论塔板数最少，称为最少理论板数 $N_{\min}$。

部分回流条件下，通过实验测得塔顶馏出液的组成 x_D、釜液组成 x_W、进料组成 x_F 和进料温度，在一定回流比 R 下，在 y-x 图上确定出精馏段操作线、q 线、提馏段操作线，用图解法求出理论板数 N_T，进而求出总板效率 E_T。

精馏段操作线方程：

$$y_{n+1} = \frac{R}{R+1} x_n + \frac{1}{R+1} x_D \tag{6-62}$$

提馏段操作线方程：

$$y_{n+1} = \frac{L'}{L'-W} x_n - \frac{W}{L'-W} x_W \tag{6-63}$$

q 线方程：

$$y = \frac{q}{q-1} x - \frac{x_F}{q-1} \tag{6-64}$$

已知 R，根据测得的 x_D 即可画出精馏段操作线，提馏段操作线无法根据测得的釜液组成 x_W 直接画出，需要先画出 q 线，得到精馏段操作线与 q 线的交点和对角线上的点（x_W，

x_W)画出提馏段操作线。

q 值根据其定义可以用下式求出：

$$q = \frac{c_{pm}(t_S - t_F) + r_F}{r_F} \tag{6-65}$$

式中，t_F 为进料温度，℃；t_S 为进料液体的泡点温度，℃；c_{pm} 为进料液体在平均温度 $\frac{t_F + t_S}{2}$ 下的比热容，kJ/（kmol·℃）；r_F 为进料液体在泡点温度下的汽化热，kJ/kg。

$$c_{pm} = c_{p1} M_1 x_1 + c_{p2} M_2 x_2 \tag{6-66}$$

$$r_F = r_1 M_1 x_1 + r_2 M_2 x_2 \tag{6-67}$$

式中，c_{p1}、c_{p2} 分别为纯组分 1 和纯组分 2 在平均温度下的比热容，kJ/（kmol·℃）；r_1、r_2 分别为纯组分 1 和纯组分 2 在泡点温度下的汽化热，kJ/kg；M_1、M_2 分别为纯组分 1 和纯组分 2 的摩尔质量，kg/kmol；x_1、x_2 分别为纯组分 1 和纯组分 2 在进料中的摩尔分数。

(2) 板式精馏塔的操作

① 板式精馏塔的开车

建立起与给定操作条件对应的从塔底到塔顶逐板增大的浓度梯度和逐板减小的温度梯度是保持板式精馏塔稳定高效操作的必要条件。因此，在精馏塔开车过程要尽快建立这个梯度，正常操作时要努力维持这个梯度。当需要调整操作参数时，一般采取渐变措施，以保证全塔的浓度梯度和温度梯度按需要渐变而不混乱。因此，精馏塔开车操作通常采用全回流操作，精馏塔不进料，不采出产品，即 $F=0$, $D=0$, $W=0$。此时，回流比 $R = \frac{L}{D} \to \infty$，精馏段操作线斜率 $\frac{R}{R+1} \to 1$，截距 $\frac{x_D}{R+1} \to 0$。精馏段操作线方程与提馏段操作线方程均为 $y = x$，即操作线与 $y-x$ 图上的对角线重合。全塔浓度梯度和温度梯度基本稳定，说明塔内情况基本稳定，此时可进行逐渐增大进料量、逐渐减小回流比的调节，同时逐渐增大塔顶、塔底产品采出量。

② 板式精馏塔的调节

精馏塔操作时，若进料板确定，即精馏段的高度不变，则在影响产品质量的许多因素中，回流比是影响较大且最容易调节的。要提高塔顶产品中易挥发组分的组成，常用增大回流比的办法。提馏段高度不能改变的条件下，若要提高塔底产品中难挥发组分的组成，最简便的办法是增大再沸器上升蒸气的流量与塔底产品的流量之比。因此，在精馏塔的操作中，对产品组成和产量的要求必须统筹兼顾。一般原则是在保证产品质量满足要求及稳定操作的前提下，尽可能提高产量。

③ 塔顶冷凝器的操作

开车时先向冷凝器中通冷却水，后对再沸器进行加热。停车时先停止再沸器的加热，后停止冷凝器的冷却水。正常操作时要防止冷却水突然中断，整个操作过程中应避免塔内蒸气外逸，造成环境污染、火灾和人员中毒等事故。另外，塔顶冷凝器的冷却水流量要保持稳定，且不易过大，控制使塔顶蒸气全部冷凝为宜，避免塔顶回流液的温度过低，造成实际的回流比偏离设定值。

④ 灵敏板温度与精馏塔操作的稳定性

精馏塔的操作压力一定时，塔顶和塔底产品组成以及塔内各板上的气液组成与塔板上温度存在一定的对应关系。因此操作过程中塔顶、塔底产品组成的变化情况可以通过相应的温度反映出来。在 t-x-y 图上饱和液体和饱和蒸气的斜率 $\dfrac{\mathrm{d}t}{\mathrm{d}x}$ 最大或者 y-x 图上平衡线与操作线偏离较大的地方，是温度对产品浓度变化最灵敏的地方，即灵敏板处。在操作过程中，通过灵敏板温度的早期变化可以预测塔顶、塔底产品组成的变化趋势，从而提早采取有效的调节措施，纠正不正常的操作，保证产品质量。

精馏操作中存在气液两相流动，还存在热交换和相变化，因此精馏过程中传质过程是否稳定与塔内流体流动过程是否稳定有关，还与塔内的传热过程是否稳定有关。因此，精馏塔操作稳定的条件是：进出塔体的物料维持平衡且稳定；回流比稳定；再沸器的加热蒸气或加热电压稳定；塔顶冷凝器的冷却水流量及其温度稳定；进料的热状态稳定；塔系统与环境之间的散热情况稳定。通常用观测塔顶或者灵敏板温度是否稳定，来判断精馏操作是否稳定。

(3) R、q 值对理论板数的影响

① q 值一定时，回流比 R 对理论板数的影响

由图 6-3 所示，q 值一定时，q 线不变。在 x_F、x_D、x_W 一定的条件下，若塔顶液体回流比 R 增大，则精馏段操作线的斜率 $\dfrac{R}{R+1}$ 增大，精馏段操作线远离平衡曲线，提馏段操作线也远离平衡曲线，对一定要求所需要的理论板数减少。对于提馏段来说，当 q 值一定，R 增大时，操作线斜率 $\dfrac{L'}{L'-W}$ 会减小，气液比 $\dfrac{V'}{L'}$ 增大，即提馏段上升蒸气量相对下降液体量增多，有利于增大气液两相传质推动力，提高传质速率，从而有利于减少下降液体中易挥发组分的组成，使塔底产品纯度（$1-x_W$）提高。

综上所述，在 x_F、q、x_D、x_W 一定的条件下，当 R 增大时，所需理论板数将减少，实际塔板数一定的精馏塔的总板效率就会变小。

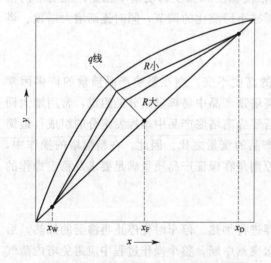

图 6-3　q 值一定时 R 对理论板数的影响　　图 6-4　R 值一定时 q 对理论板数的影响

② R 一定时，q 值对理论板数的影响

在 x_F、x_D、x_W 一定的条件下，当回流比 R 一定时，q 值大小不会改变精馏段操作线

的位置,而明显改变提馏段操作线的位置,如图 6-4 所示。进料带入塔内的热量 Q_F 越少,q 值就越大,提馏段操作线就越远离平衡曲线,所需理论板数就越少,实际塔板数一定的精馏塔的总板效率也会减小。

(4) R、q 对冷凝器及蒸馏釜的热负荷影响

当精馏过程进料量 F 和塔顶产品流量 D 一定时,当 q 为一定值,若 R 增大,V、V'、L、L' 都随之增大,即塔内气液两相的循环量增大,冷凝器热负荷 Q_C 与蒸馏釜热负荷 Q_B 也都增大。

若塔顶蒸气 V 全部冷凝为泡点液体时,冷凝器热负荷为:

$$Q_C = r_C V \tag{6-68}$$

式中,r_C 为组成为 x_D 的混合液汽化热,kJ/kg。

塔釜的热负荷为:

$$Q_B = r_B V' \tag{6-69}$$

式中,r_B 为组成为 x_W 的混合液汽化热,kJ/kg。

当 R 为一定值时,进入冷凝器的蒸气量 $V = (R+1)D$ 为一定值,冷凝器的冷却剂带出的热量 Q_C 也为一定值。当塔顶及塔底产品的流量与组成一定时,由塔顶和塔底产品带出的热量 Q_D 与 Q_W 比为一定值,全塔热量衡算有:

$$Q_F + Q_B = Q_C + Q_D + Q_W \tag{6-70}$$

由式 (6-70) 可知,进料带入塔内的热量 Q_F 与塔釜热负荷 Q_B 之和应为一定值。当 q 值减小时,即 Q_F 增大,Q_B 相应要减小,则 V' 会减小。相反,当 q 值增大时,即 Q_F 减小,则 Q_B 相应要增大,则 V' 会增大。所以,当分离条件一定时,若使进料预热后进塔,可以减小塔釜的热负荷。通常,在总输入热量不变的情况下,应尽可能在塔釜输入热量,使上升蒸气 V' 在全塔内发挥传热与传质作用。最常见的是将进料预热至泡点附近进塔。蒸气进料可以使塔釜的热负荷减小,操作费用减小,但塔板数会增加。

当塔釜热负荷 Q_B 一定时,若 q 值减小,即进料带入塔内的热量 Q_F 增加,则塔顶液相的回流比必增大,冷凝器的热负荷 Q_C 也必增大。

6.4.3 实验装置

实验装置图见 4-20。精馏塔为筛板塔,全塔共 10 块塔板,由不锈钢板制成。塔身由内径 50mm 的不锈钢管制成,其中第二塔节和第九塔节采用耐热玻璃材质,以便实验过程中观察塔内气液相流动的状况。降液管由外径为 8mm 的不锈钢管制成,筛孔直径为 2mm。塔内装有多只铂电阻温度计,以测量塔内不同位置气相的温度。双组分混合液体(水-乙醇或乙醇-正丙醇物系)由物料罐经进料泵送入高位槽,经流量计计量后从进料口进入塔内。塔顶蒸气和塔底产品在换热器中走壳程冷凝并冷却,冷却水来自自来水管,经流量计计量后走管程。塔釜蒸气是通过电加热产生的,加热器加热电压可调。塔釜有电磁液位计,用来观察并控制釜内存液量。回流比控制器采用电磁铁吸合摆针的方式实现调控。

6.4.4 实验步骤

① 实验前的准备工作。将超级恒温水浴调整到运行所需要的温度(30℃),并记下这个温度,并与阿贝折光仪连接好。准备好取样用的注射器,做好测折射率的准备工作。配制一

定浓度乙醇-正丙醇混合液，加入物料罐中至容积的 2/3。

② 全回流操作。向塔顶冷凝器通冷却水，调节好冷却水的流量。接通塔釜加热器的电源，设定加热电压进行加热。当塔釜中的液体开始沸腾时，通过透明塔节观察塔内气液接触状况；当塔顶有回流液后，适当调整加热电压，使塔内维持正常的操作状态。记录各层塔板的温度，找出灵敏板，每 2min 观察并记录一次灵敏板温度和塔顶温度。

③ 测定全回流操作下的全塔效率和塔板的浓度梯度和温度梯度。进行全回流操作至灵敏板温度（塔顶温度）保持恒定 5min 后，在塔顶和塔釜分别取样，用阿贝折光仪测量样品浓度。

④ 部分回流操作下的全塔效率的测定。开启进料泵，以 1.5~2.0L/h 的流量向塔内进料（选定一个进料口）。开启回流比控制调节器调节回流比 $R=4$，馏出液收集在塔顶采出罐中；塔釜产品经冷却后由溢流管流出，收集在塔釜产品罐中。等操作稳定后（塔顶温度稳定 5min），观察板上的传质状况，记录加热电压、塔顶温度、进料温度以及各层塔板的温度等有关数据，整个操作维持进料流量计读数不变，在塔顶、塔釜和进料口分别取样分析。

⑤ 在以上部分回流操作条件下改变进料口位置，测定不同进料位置的全塔效率。

⑥ 以上部分回流操作，其他条件不变，依次改变回流比 R 值（2、0.5），测定不同回流比下的全塔效率，观察不同条件下各塔板的温度梯度和浓度梯度。

⑦ 设法提高进料温度，改变 q 值，在不改变其他条件下测定全塔效率。

⑧ 检查数据合理后结束实验，先断开加热器电源，待塔釜温度降至室温后关闭冷却水开关，断开总电源开关，将塔顶产品储罐里的产品放出收集重复使用。整理好实验设备。

6.4.5 注意事项

1. 开车时，先开冷却水再加热；停车时，先断电，再断水。防止实验过程中蒸气逸出发生危险。

2. 实验过程中，塔釜液位应控制在塔釜的 2/3~3/4 处，防止液位过低电加热器干烧致坏。

3. 为便于比较全回流和部分回流的实验结果，应尽量使两组实验的塔釜加热电压及原料组成相同，塔顶冷却水的温度和流量基本相同。

6.4.6 实验原始数据记录

自行设计实验基本参数记录表和实验数据记录表，真实记录实验基本参数及各步实验数据。以一组数据为例，书写详细计算过程，其他数据直接将计算结果填入表中。

6.4.7 实验数据处理与分析

1. 作出全回流操作下塔顶温度随时间的变化关系曲线。
2. 作出全回流、稳定操作条件下，塔内由下向上的温度梯度和浓度梯度。
3. 计算出全回流和部分回流条件下的理论板数、总板效率。
4. 通过计算不同回流比下的理论板数和总板效率，分析回流比对精馏操作的影响。
5. 通过计算不同进料口下的理论板数和总板效率，分析不同精馏段高度对精馏过程的影响。

6. 通过计算不同 q 值下的理论板数和总板效率,分析不同进料热状况对精馏过程的影响。

6.4.8 思考题

1. 如何判断精馏塔内气液已达到稳定？影响精馏塔操作稳定性的因素有哪些？
2. 在实际生产中,精馏塔的全回流操作无产品产出,是否有必要进行？何时需要采用全回流操作？
3. q 方程的确定受哪些因素的影响？进料状况对精馏塔操作有何影响？
4. 全回流、稳定操作条件下塔内温度分布与部分回流、稳定操作时塔内温度分布有何不同？因何造成这样的温度分布？
5. 分析用现有的精馏塔设备能否通过精馏塔操作完成给定的分离条件（塔顶产品达到指定浓度）？
6. 用该精馏塔设备,能否测定精馏塔的单板效率——默弗里效率？

6.5 干燥综合实验

干燥是在化工、轻工生产中常常被用到的单元操作过程,特别广泛应用于木材干燥、种子干燥、食品加工、纺织行业等领域。热风干燥技术是利用高温热源经干燥介质（一般为空气）向湿物料传递热能,使物料的湿含量以液态或气态的形式向表面扩散,不断降低物料湿含量,从而达到物料整体干燥的目的。常用的热风干燥设备主要有隧道式、箱式、带式、链条式和滚筒式烘干机等。热风干燥方法具有设备结构简单、制作方便、处理量大、可连续操作、适应性广等优点。

干燥单元操作是化工原理理论教学和实验教学中的一个重要内容。干燥过程受到空气温度、湿度、空气流速等操作条件的影响,除此之外,还受到物料结构、物料的理化性质等的影响。在化工原理传统的验证型干燥实验教学中,学生已经了解实验室干燥设备的基本构造与工作原理,掌握了恒定干燥条件下物料的干燥曲线和干燥速率曲线的测定方法；掌握了物料含水量的测定方法；并通过实验加深了对物料临界含水量 X_c 概念及其影响因素的理解；掌握了恒速干燥阶段物料与空气之间对流传热系数的测定方法。本实验在基本洞道干燥实验的基础上,利用实验室现有的洞道干燥实验设备,以新鲜胡萝卜为测试原料,考察不同实验条件下的干燥过程,标定出干燥速率曲线,验证干燥机理和干燥过程的影响因素,同时研究胡萝卜干燥过程中物理尺寸的保留率和干基含水率。

6.5.1 实验目的

1. 掌握不同实验条件下干燥速率曲线的测定。
2. 了解胡萝卜的热风干燥机理和影响干燥过程的因素。
3. 掌握胡萝卜干燥过程中物理尺寸的保留率和干基含水率的测定方法。
4. 探索在保持胡萝卜干燥品质前提下,提高速率、减少干燥时间和节省干燥成本的最优干燥条件。

6.5.2 实验原理

本实验的实验内容包括：保持干燥面积不变，改变干燥介质空气的流量（风压，80mmH$_2$O、100mmH$_2$O、120mmH$_2$O）、干燥器进口空气温度（干球温度，40℃、55℃、70℃），测定胡萝卜干燥速率曲线；测定不同实验条件下胡萝卜的物理尺寸保留率随时间的变化关系；实验确定保持胡萝卜干燥品质、提高速率、减少干燥时间和节省干燥成本的最优干燥条件（热风流量、温度和干燥时间）。

胡萝卜作为一种口感、外观、颜色俱佳，营养丰富的蔬菜，能满足个体所需的多种营养物质，营养价值极高，其多方面的保健功能都优于其他果蔬，在我国，胡萝卜被誉为"小人参"。新鲜胡萝卜的湿基含水率可以达到80%~95%，不易长期保存，如将其干燥加工成脱水胡萝卜制品，可以赋予产品良好的风味，并达到长期贮藏、易于运输的目的，使其成为各种快餐食品的主要辅料之一。对胡萝卜等农产品的干燥处理通常采用晒干、热风干燥、真空冷冻干燥、微波干燥和热泵干燥等方法。其中，传统的热风干燥具有热效率高、干燥速率快、设备投资费用低等优势，是目前胡萝卜干燥最常用的方法之一。

胡萝卜等农产品的干燥脱水过程是一个复杂的传热传质过程，同时伴随着化学、物理和植物组织结构特征的变化，例如体积和空隙率的变化、力学性能和颜色的变化等。这些变化是影响干燥后产品质量的重要因素，因此，对其进行深入研究和预测就显得非常重要。在干燥过程中，胡萝卜的收缩变形是不可忽视的重要特征。对胡萝卜在干燥过程中的收缩过程进行研究，并探索出干燥条件下收缩变形与含水率之间的最佳关联式，对研究胡萝卜的真实干燥过程具有重要的指导意义。

当干燥介质与湿物料接触时，物料表面的水分开始汽化，并向周围介质传递。根据介质传递特点，干燥过程可分为恒速干燥阶段和降速干燥阶段两个阶段。干燥过程开始时，整个物料湿含量较大，物料内部水分能迅速扩散到物料表面，此时干燥速率由物料表面水分的汽化速率所控制，称为表面汽化控制阶段。这个阶段中，干燥介质传给物料的热量全部用于水分的汽化，物料表面温度等于热空气湿球温度并维持恒定，物料表面的水蒸气分压也维持恒定，干燥速率恒定不变，故称为恒速干燥阶段。当物料干燥其水分达到临界湿含量后，物料中所含水分较少，水分自物料内部向表面传递的速率低于物料表面水分的汽化速率，干燥速率由水分在物料内部的传递速率控制，称为内部迁移控制阶段。随着物料湿含量逐渐减少，物料内部水分的迁移速率逐渐降低，干燥速率不断下降，故称为降速干燥阶段。

固体物料的种类和性质、固体物料层的厚度或颗粒大小、空气的温度、湿度和流速以及空气与固体物料间的相对运动方式等是恒速阶段干燥速率和临界含水量的主要影响因素。

恒速阶段干燥速率和临界含水量是干燥过程研究和干燥器设计的重要数据。本实验在恒定干燥条件下测定热风干燥胡萝卜的干燥实验曲线和干燥速率曲线。

（1）物料干基含水量的测定

$$X = \frac{G - G_c}{G_c} \tag{6-71}$$

式中，X为湿物料干基含水量，kg水/kg绝干物料；G为固体湿物料的瞬间质量，kg；G_c为绝干物料的质量（将实验物料放入电烘箱内烘48h至质量恒定），kg。

物料的干燥实验曲线如图 6-5 所示，是试样的干基含水量 X 及其表面温度随时间 τ 变化的关系曲线。

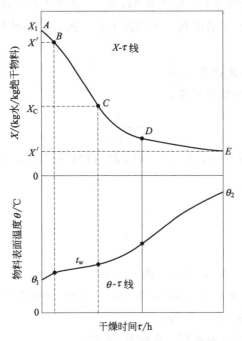

图 6-5　恒定干燥条件下物料的干燥实验曲线

(2) 干燥速率测定

$$U = \frac{dW}{A d\tau} \approx \frac{\Delta W}{A \Delta \tau} \tag{6-72}$$

式中，U 为干燥速率，kg 水/($m^2 \cdot h$)；A 为物料的干燥面积，m^2，实验室现场测量；W 为水分蒸发量，kg；τ 为干燥时间，h；$\Delta \tau$ 为干燥时间间隔，h；ΔW 为 $\Delta \tau$ 时间间隔内干燥汽化的水分量，kg。

因为 $dW = -G_c dX$，则式 (6-72) 可写成

$$U = \frac{dW}{A d\tau} = -\frac{G_c dX}{A d\tau} \tag{6-73}$$

式 (6-73) 中的负号表示物料的干基含水量 X 随时间的增加而减少。

将图 6-5 中的 $X-\tau$ 曲线斜率 $-\frac{dX}{d\tau}$ 及实测的 G_c、A 等数据代入式 (6-73) 中，求得干燥速率 U，与物料干基含水量 X 标绘成图，即为干燥速率曲线。

(3) 干燥器内空气实际体积流量的计算

由节流式流量计的流量公式和理想气体的状态方程式可推导出：

$$V_t = V_{t_0} \frac{273 + t}{273 + t_0} \tag{6-74}$$

式中，V_t 为干燥器内空气实际流量，m^3/s；t_0 为流量计处空气的温度，℃；V_{t_0} 为常压下温度为 t_0 时空气的流量，m^3/s；t 为干燥器内空气的温度，℃。

$$V_{t_0} = C_0 A_0 \sqrt{\frac{2\Delta p}{\rho}} \tag{6-75}$$

$$A_0 = \frac{\pi}{4} d_0^2 \tag{6-76}$$

式中，C_0 为流量计流量系数，$C_0=0.65$；d_0 为节流孔开孔直径，$d_0=0.035\text{m}$；A_0 为节流孔开孔面积，m^2；Δp 为节流孔上下游压力差，Pa；p 为孔板流量计处 t_0 时空气的密度，kg/m^3。

（4）物料尺寸保留率的计算

物料尺寸保留率 β 的计算公式为：

$$\beta = \frac{L_x}{L_{x0}} \tag{6-77}$$

式中，β 为物料尺寸保留率；L_x 为干燥 t 时刻物料的尺寸，mm；L_{x0} 为物料的初始尺寸，mm。

6.5.3 实验装置

（1）装置参数

洞道尺寸：长 1.10m、宽 0.190m、高 0.24m

加热功率：500～2500W；空气流量：1～5m^3/min；干燥温度：40～120℃

质量传感器显示仪：量程 0～200g

干球温度计、湿球温度计显示仪：量程 0～400℃

孔板流量计处温度计显示仪：量程 0～400℃

孔板流量计压差变送器和显示仪：量程 0～10kPa

（2）洞道式干燥器实验装置流程

洞道式干燥器实验装置流程示意图见图 4-35。空气通过带有变频器的风机鼓风产生，风量由孔板流量计测得，用空气入口温度计测得入口温度，后经加热器加热，整流后进入干燥器洞道，干燥器洞道的横截面积为 0.0456m^2（0.19m×0.24m），长度为 1.10m，干球温度计和湿球温度计测得实验条件下的空气相对湿度。热风经过物料架干燥物料后部分由废气排出阀排出，一部分经废气循环阀进入风机进口，形成循环风洞干燥。为防止循环风的湿度增加，保证恒定的干燥条件，废气排出阀不断排放出废气，空气进气阀不断流入新鲜气，以保证循环风湿度不变。为保证进入干燥室的风温恒定，保证恒定的干燥条件，电加热的二组电热丝采用自动控温，具体温度可人为设定。本实验装置可通过调节风机的频率来调节风量。

（3）洞道式干燥器实验装置仪表面板图（图 6-6）

6.5.4 实验步骤

① 将新鲜的胡萝卜洗净去皮，将胡萝卜切成 5mm×20mm×100mm 样品若干，分别编号放入密封塑料袋中，置于室内阴凉处。将放湿球温度计纱布的烧杯装满水。

② 调节风机吸入口的蝶阀到全开的位置后启动风机。

③ 通过废气排出阀和废气循环阀调节空气到指定流量后，开启加热电源。在智能仪表中设定干球温度，仪表自动调节到指定的温度。

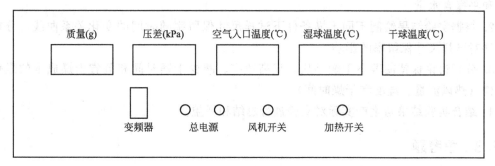

图 6-6 洞道式干燥器实验装置面板图

④ 在干球温度、流量稳定条件下,读取质量传感器测定支架的质量并记录下来。

⑤ 按编号顺序把胡萝卜样品固定在质量传感器上并与气流平行放置。

⑥ 在系统稳定状况下,每隔 3min 记录干燥物料减轻的质量,直至干燥物料的质量不再明显减轻为止,每隔 15min 测量一次样品的尺寸(忽略测量过程对实验场温度的影响)。

⑦ 改变空气流量和空气温度(见表 6-2),重复上述实验步骤并记录相关数据。

表 6-2 因素水平表

水平	因素	
	空气流量(风压)/mmH$_2$O	空气温度(干球温度)/℃
1	A$_1$(80)	B$_1$(40)
2	A$_2$(100)	B$_2$(55)
3	A$_3$(120)	B$_3$(70)

⑧ 实验结束时,先关闭加热电源,待干球温度降至常温后关闭风机电源和总电源。一切复原。

6.5.5 注意事项

1. 在放置试样到物料架时务必轻拿轻放,以免损坏质量传感器或降低质量传感器的灵敏度。

2. 先开启风机后开启加热装置,以避免干烧损坏加热器,实验结束时,先给加热器断电,待温度降到室温时再关闭风机电源。

3. 实验进行中不要改变智能仪表的参数设置。

4. 基于安全考虑,干球温度一般禁止超过 80℃。

6.5.6 实验原始数据记录

1. 自行设计实验记录表,做好实验记录。

2. 以一组实验数据为例写出计算依据及其过程。根据计算结果,在 Excel 软件或 Origin 软件中绘图。

6.5.7 实验数据处理与分析

1. 根据各组实验结果绘制出干燥曲线、干燥速率曲线,并确定恒定干燥速率、临界含水量和平衡含水量。

2. 根据实验结果绘制不同干燥条件下试样尺寸保留率随时间的变化关系曲线，分析干燥条件对试样尺寸保留率的影响。

3. 分析讨论保持胡萝卜干燥品质、提高速率、减少干燥时间和节省干燥成本的最优干燥条件（热风流量、温度和干燥时间）。

4. 结合实验结果与生产实际对实验进行总结和展望。

6.5.8　思考题

1. 实验中样条随着水分的逐渐丧失，形状也会发生变化，对干燥速率有何影响？

2. 如何设计实验研究适用于其实验条件下样条收缩变形与含水率之间关系的最佳关联式？此关联式对研究这类食品的实际干燥过程有何指导意义？

3. 如何设计实验对胡萝卜干燥过程中热质传递过程进行研究？

4. 针对类似胡萝卜条样品的热风干燥，如何改进鼓风干燥设备？

第 7 章
化工原理创新实验

传统的化工原理实验教学主要强调对化工单元过程机理的认识和相关理论与规律的验证，对巩固化工原理的基本理论和化工实验基本技能训练来说是必需的，基本化工实验技能是进行更高层次的化工工程创新能力培养的基础。同时，掌握一些化工设备及工艺设计中不可缺少参数的测定方法，如传热系数、流体流动过程中阻力系数等的测定方法，也是化工原理实验课程要求的内容。

化工原理实验围绕单元操作展开，传统化工原理实验基本是按照实验教材上的步骤进行实验操作、数据处理，然后得出实验结论。实验过程中，学生主动性不足，对实验过程和实验现象没有进行深入的思考和讨论，不能联系化工生产实际过程，很难利用这些知识解决实际问题。显然，这种教学方式已不能适应培养具有创新意识的工程应用型人才的要求。化工原理实验是一门实践性、工程性很强的课程，对培养学生分析问题和解决问题的能力，树立工程观点及创新意识起着十分重要的作用。目前，在化工原理实验教学过程中引入综合性实验，改变过去单一的验证性实验教学模式的教学改革势在必行。然而，综合性实验通常为实验内容的机械叠加，在实验过程中学生容易参照单一的验证性实验模式进行，对实验指导教师依赖性很强，缺乏独立思考，很难自主地结合化工原理理论知识自主设计一些实验项目，学习效果不佳，在学生的工程能力和工程素养以及创新能力的培养上功效不显著。关于化工原理实验的创新型实验教学如何开展，目前可以参考的成功案例不是很多，本章仍然以单元操作为主线，设计一些创新型实验项目。

7.1 流体流动创新实验

由于流体有便于输送、处理、控制及连续操作的优点，因此在化工生产中即使所处理的物料是固体，也往往会把固体物料制成溶液或把固体破碎成小颗粒悬浮在流体中呈流化态进行操作，根据生产要求，用流体输送机械将这些流体按照生产程序从一个设备输送到另一个设备。因此，流体流动问题在化工过程中占有极重要的地位，其主要内容是流体在管内的流动规律及其应用。本实验重点考虑流体在管内流动规律的应用。

7.1.1 实验目的

1. 通过测定现有流体输送管路系统的直管摩擦系数和局部阻力系数，熟悉流体输送管路系统的流体流动总摩擦阻力损失的计算方法。

2. 掌握根据设计要求对流体输送管路系统进行配管的方法（最适宜管径的确定，直管长度、弯头等管件的数目及状态等）。

3. 通过实验确定流速对流体输送的影响。

7.1.2 实验原理

（1）管路系统的流体流动总摩擦阻力损失的测定

管路系统的总摩擦阻力损失（即总机械能损失）包括直管摩擦阻力损失和所有管件、阀门等的局部摩擦阻力损失。若管路系统中的管径 d 不变，则总的摩擦阻力的计算式为：

$$\sum h_f = \left[\lambda\left(\frac{l+\sum l_e}{d}\right) + \sum \zeta\right]\frac{u^2}{2} \tag{7-1}$$

式中，$\sum l_e$、$\sum \zeta$ 分别为等直径管路中各当量长度的总和及各局部阻力系数的总和。

若根据拟定的输送任务确定流体的体积流量 q_V，则 $u = \dfrac{4q_V}{\pi d^2}$，$Re = \dfrac{du\rho}{\mu}$，根据测得的 λ、ζ 确定配管的总摩擦阻力损失。

（2）最适宜管径的确定

已知配管的长度 l、管路系统的总摩擦阻力损失、管壁的绝对粗糙度 ε、流体输送任务，最适宜管径的确定方法为：将 $u = \dfrac{4q_V}{\pi d^2}$ 代入式 $\sum h_f = \lambda \dfrac{l}{d} \times \dfrac{u^2}{2}$，整理后得到计算管径的计算式

$$d = \lambda^{1/5}\left(\frac{8lq_V^2}{\pi^2 \sum h_f}\right)^{1/5} = \lambda^{1/5} K^{1/5} \tag{7-2}$$

$$K = \frac{8lq_V^2}{\pi^2 \sum h_f} (\mathrm{m}^5) \tag{7-3}$$

雷诺数

$$Re = \frac{du\rho}{\mu} = \frac{d\rho}{\mu}\left(\frac{4q_V}{\pi d^2}\right) = \frac{4\rho q_V}{\pi \mu d} \tag{7-4}$$

根据测得的直管摩擦系数假设值 λ，用式（7-2）计算 $d = \lambda^{1/5} K^{1/5}$，再计算 $Re = \dfrac{4\rho q_V}{\pi \mu d}$ 及 ε/d。

（3）流体流速的确定

已知配管的长度 l 和直径 d，管路系统的总摩擦阻力损失 $\sum h_f$，管壁的相对粗糙度 ε/d，要确定流体的流速，先将式 $\sum h_f = \lambda \dfrac{l}{d} \times \dfrac{u^2}{2}$ 改写为 $\dfrac{1}{\sqrt{\lambda}} = u\sqrt{\dfrac{l}{2d\sum h_f}}$，与 $Re = \dfrac{du\rho}{\mu}$ 一起代入以下湍流的 λ 计算式——考莱布鲁克（Colebrook）关联式中

$$\frac{1}{\sqrt{\lambda}} = -2\lg\left(\frac{\varepsilon/d}{3.71} + \frac{2.51}{Re\sqrt{\lambda}}\right) \tag{7-5}$$

整理后，消去 λ，得到计算流速的计算式

$$u = -2\sqrt{\frac{2d\sum h_f}{l}}\lg\left(\frac{\varepsilon/d}{3.7} + \frac{2.51\mu}{d\rho}\sqrt{\frac{l}{2d\sum h_f}}\right) \tag{7-6}$$

求出流速后，验证是否是湍流，否则改为层流计算。

7.1.3 实验装置

实验装置为流体输送综合实验设备和一系列光滑直管及管件。

7.1.4 实验内容

1. 在流体输送综合实验设备上测定给定直管摩擦系数及各类管件的局部阻力系数，实验方法及步骤见第4章相关内容。
2. 实验小组根据给定的直管及管件设计流体输送任务，根据流体输送任务自行配管并连接好管路系统，实验测定流体输送管路系统的总摩擦阻力损失并与计算值进行比较，分析影响因素。
3. 根据流体输送任务（流体输送距离和输送量），选择不同管径的管路系统，测定其总摩擦阻力损失，确定最适宜管径。
4. 通过实验测定给定管路系统中不同流体流速的总摩擦阻力损失，确定该管路系统的最佳输送能力。

7.1.5 实验步骤

① 实验小组自行设计实验内容、方法及步骤，交指导老师审定。
② 按照审定的实验内容、方法及步骤，设计实验数据记录表。
③ 进行实验操作，记录实验数据。

7.1.6 实验报告

（1）对实验数据进行处理，得出实验结论。
（2）结合以下问题对实验结果进行分析和讨论。
① 实验测得的流体输送管路系统总摩擦阻力损失与计算值比较有何差别，分析其原因。
② 用给定的流体输送管路系统输送流体，流体流速如何影响流体的输送？
③ 流体输送管路系统中为何存在最适宜管径？管径会从哪些方面对流体输送产生影响？

7.2 二元系统气-液相平衡数据测定及其精馏过程

在化学工业中，准确的气-液平衡数据对蒸馏、吸收等过程的工艺和设备设计、提供最优化的操作条件、减少能源消耗和降低成本等都具有重要的意义。精馏一般在恒压下操作，恒压下不同组成混合物加热汽化达到气-液两相平衡时的平衡温度与液相组成及气相组成之间的关系可绘制成温度-组成图（t-y-x 图）。在化工原理精馏实验中总塔效率的测定需要用到气-液相平衡曲线（y-x 图）。尽管有许多物料体系的平衡数据可以从物性数据资料库中查找，但能查找的气-液平衡数据往往是在特定温度和压力下测量出的数据。随着新产品、新工艺的研究开发，涉及的许多物系的平衡数据还未进行过测定，这都需要通过实验测定以满足工程涉及计算的需要。此外，在溶液理论研究中提出了许多描述溶液内部分子间相互作用的模型，准确的平衡数据还是对这些模型的可靠性进行检验的重要依据。

7.2.1 实验目的

1. 了解和掌握用双循环气-液平衡器测定二元气-液平衡数据的方法。
2. 学会二元气-液平衡相图的绘制。
3. 利用二元气-液平衡相图测定不同条件下板式精馏塔的总板效率。
4. 根据分离任务，通过实验确定给定的板式精馏塔设备的操作条件。

7.2.2 实验原理

（1）二元系统气-液平衡数据的测定

气-液平衡数据的测定方法有间接法和直接法两种。直接法又分为静态法、流动法和循环法等几种常用的方法，其中循环法应用最为广泛。要准确测定气-液平衡数据，平衡釜的选择是关键。平衡釜形式多样且各有特点，应根据待测物系的特征，选择适当的釜型。用常规的平衡釜测定平衡数据，需样品量多，测定时间长。釜外有真空夹套保温的小型平衡釜，釜内液体和气体分别形成循环系统，可观察釜内的实验现象，样品用量少，达到平衡速度快，因而实验时间短。循环法测定气-液平衡数据的基本原理如图 7-1 所示。当体系达到平衡时，A、B 容器中的组成不随时间而变化，分别从 A 和 B 两容器中取样分析，即可得到一组气-液平衡实验数据。

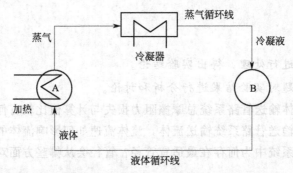

图 7-1 循环法测定气-液平衡数据的基本原理示意图

（2）板式精馏塔总板效率的测定原理

板式精馏塔总板效率的测定原理见 4.6 精馏实验。

（3）板式精馏塔设备操作条件的确定

板式精馏塔主要操作条件为进料的热状态选择和塔顶液相回流比的选择以及进料板的选择。进料热状态参数 q 值一定时，回流比 R 对理论板数的影响见 6.4 节。在计算精馏塔理论塔板数时，需要选择一个回流比 R。有了回流比，在一定的进料热状态（q 值一定）下，就可以在 y-x 图上绘出精馏段操作线和提馏段操作线。若回流比增大，两操作线远离平衡曲线，则理论板数减少，总板效率会降低，达到分离目的所需时间长。但由于塔内气-液两相的循环量增加，冷凝器和蒸馏釜的热负荷会增加。因此回流比的选择涉及设备费与操作费等费用问题。回流比的大小有两个极限,一个是全回流时的回流比 $R=\infty$,另一个是最小回流比 $R_{\min}$,操作回流比应介于二者之间。最小回流比 $R_{\min}$ 的计算式为

$$R_{\min}=\frac{x_D-y_p}{y_p-x_p} \tag{7-7}$$

式中,x_p,y_p 为 q 线与平衡曲线交点的坐标,可用作图法从图中读出,也可用 q 线方程 $y_p=\frac{q}{q-1}x_p-\frac{x_F}{q-1}$ 与相平衡方程 $y_p=\frac{\alpha x_p}{1+(\alpha-1)x_p}$ 联立求解。

7.2.3 实验装置

(1) 二元气-液平衡数据的测定装置

本装置包括气-液平衡釜一台。电加热方式,能够调整加热功率,方便控制加热速度,釜外真空夹套保温。装置示意图如图 7-2 所示。

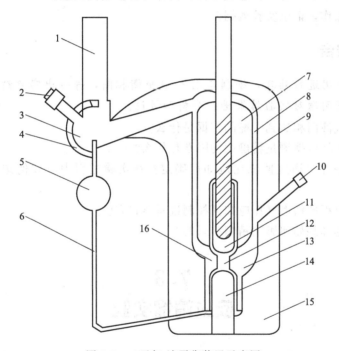

图 7-2 二元气-液平衡装置示意图

1—磨口;2—取样口;3—气相贮液槽;4—连通管;5—缓冲球;
6—回流管;7—平衡室;8—钟罩;9—温度计套管;10—液相取样口;
11—液相贮液槽;12—提升管;13—沸腾室;14—加热套管;15—真空夹套;16—加料液面

(2) 板式精馏塔装置

板式精馏塔结构及其参数见 4.6 节。

(3) 其他设备

阿贝折射仪和超级恒温水浴,气相色谱仪、酒精计等分析设备及仪器根据实验设计自行选用。

7.2.4 实验内容

1. 实验小组根据调研结果自行选定二元系统并测定其气-液平衡数据，参考二元系统有：水-乙醇体系、乙醇-异丙醇体系、乙醇-环己烷体系等。
2. 根据二元系统的气-液平衡相图确定分离目标，注意有恒沸点的情况，塔顶产物浓度的设定以普通精馏能完成分离为基本原则。
3. 测定板式精馏塔的总板效率，通过实验优化精馏操作条件（进料热状态、回流比和进料口的选择等）。

7.2.5 实验步骤

① 实验小组根据自行设计实验内容确定实验方法及步骤，交指导老师审定。
② 按照审定的实验内容、方法及步骤，设计实验数据记录表。
③ 进行实验操作，记录实验数据。

7.2.6 实验报告

（1）对实验数据进行处理，绘制二元气-液平衡相图，并得出实验结论。
（2）结合以下问题对实验结果进行分析和讨论。
① 本实验中气液两相达到平衡的判据是什么？
② 影响气液平衡数据测量精确度的因素是什么？
③ 精馏操作条件中适宜回流比应如何确定？在实验过程中应如何选择回流比的变化范围？
④ 实际生产过程的精馏操作应如何控制进料热状态？
⑤ 进料口的选择是如何影响精馏结果的？

7.3 反应精馏实验

反应精馏是精馏技术中的一个特殊的领域，是随精馏技术的不断发展与完善而研发出来的一种新型分离技术。对精馏塔进行特殊改造或设计后，可以使某些反应在精馏塔中进行，并同时进行产物和原料的精馏分离。

在反应精馏操作过程中，化学反应与分离同时进行，反应产物从塔顶不断馏出，从而使反应体系的平衡不断被破坏，造成反应平衡中的原料浓度相对增加，平衡向右移动，故能显著提高反应的总体转化率，降低能耗。同时，由于产物与原料在反应中不断被精馏塔分离，也往往能得到较纯的产品，减少了后续分离和提纯工序的操作和能耗。此法在酯化、醚化、酯交换、水解等化工生产中得到应用，而且越来越显示出其优越性。

7.3.1 实验目的

1. 熟悉反应精馏塔的构造和原理。

2. 掌握反应精馏操作的原理和步骤。
3. 了解反应精馏与常规精馏的区别，熟悉反应精馏在成本和操作上的优越性及其应用领域。

7.3.2 实验原理

反应精馏过程既有精馏的物理相变的传递过程，又有物质性质变化的化学反应现象，两者同时存在，相互影响，与常规精馏相比过程更加复杂。对于酯化、醚化、酯交换和水解等普通反应，通常在反应釜内进行，而且随着反应的进行，反应原料的浓度降低，为了控制反应温度，也需要不断地用水进行冷却，造成水的大量消耗。反应后的产物一般需要进行两次精馏，先把原料和产物分开，再精馏提纯产品。而在反应精馏过程中，反应发生在塔内，反应放出的热量可以作为精馏的加热源，减少了精馏釜的加热能耗。而在塔内进行的精馏，也可以使塔顶直接得到较高浓度的产品。

一般来说，反应精馏特别适用于下列两种情况。

（1）可逆平衡反应

一般情况下，反应受平衡影响，转化率最大只能是平衡转化率，而实际反应中只能维持在低于平衡转化率的水平。产物中含有大量的反应原料，为了使其中一种价格较贵的原料反应尽可能完全，通常会让另一种反应物大量过量，造成后续分离过程成本提高。而在精馏塔中进行的酯化或醚化反应，往往因为生成物中有低沸点或高沸点物质存在，而多数会和水形成最低共沸物，可以在精馏塔顶连续不断地从系统中排出，使塔中的化学平衡发生变化，永远达不到化学平衡，从而导致反应不断进行，平衡不断向正反应方向移动，反应原料的总体转化率就会超过平衡转化率，提高反应效率和降低能耗。在反应过程中也伴随产品分离，为了使后续分离工序的步骤减少和能耗降低，进料可以采用近似理论反应比的配料组成。

（2）异构体混合物的分离

通常异构体的沸点比较接近，常规精馏方法难以分离，若异构体中某组分能发生化学反应并能生成沸点不同的物质，就可在过程中得以分离。

反应速率较低的反应在采用反应精馏处理时往往需要选择催化剂。

反应精馏根据进料方式不同可以分为间歇操作和连续操作两种。间歇操作是指在塔釜一次性加入原料的混合物和催化剂，然后加热到反应温度进行反应。反应完全发生在塔釜内，生成的产物在塔内发生分离，产物中的低沸点组分作为轻组分不断向上移动，并最终从塔顶馏出。而塔釜内的反应物和高沸点产物作为重组分，随着反应的进行，反应物的浓度不断减少，高沸点产物不断增加，反应温度也开始慢慢升高。例如乙醇与乙酸在浓硫酸催化作用下制备乙酸乙酯的反应，塔顶的产品为产物乙酸乙酯与水的共沸物，塔釜中随着反应的不断进行，反应物乙醇和乙酸越来越少，大多数产物水会留在塔釜内。连续操作时，原料和催化剂分别用蠕动泵计量后进料。从塔的下部某处（一般在从下数第一或第二个进料口处）连续加入沸点低的原料，与此同时，沸点高的原料和催化剂的混合物按比例从塔上部某侧口（一般在从上数第一或第二个进料口处）处加入。低沸点原料过量 3%～5%。催化剂加入量按应加入高沸点原料理论质量的比例加入，一般在 0.2%～0.5%（质量分数），加入量越大，反应速率越快。在塔釜沸腾状态下，塔内轻组分原料汽化，逐渐向上移动，同时含催化剂的重组分原料向下移动，在填料表面充分接触，并发生反应，生成产物。产物一旦生成就会与原料形成混合物体系，在精馏塔内边反应边分离。如果使用固体催化剂，则可将固体催化剂制备成填料装填在精馏柱中。

7.3.3 实验装置

实验装置示意图如图 7-3 所示。反应精馏的精馏柱为内径 20mm，填料层高 1.3m，填料为内径 φ20mm 玻璃弹簧填料。塔外壁镀透明金属导电膜保温，通电流使塔身加热保温，上、下导电膜功率各 300W。塔釜为 1000mL 四口烧瓶，其中的一个口与塔身相连，侧面的一口为测温口，用于测量塔釜液相温度，另一口作为釜液溢流/取样口，还有一口与 U 形管压差计连接。塔釜配有电加热套，加热功率连续可调。经加热沸腾后的蒸气通过填料层到达塔顶，塔顶冷凝液体的回流采用摆锤式回流比控制器操作，控制系统由塔头上摆锤、电磁铁线圈、回流比计时器组成，控制灵敏准确，回流比可调范围大。

7.3.4 实验内容

1. 实验小组根据调研自行选定反应体系，可以参考反应类型有酯化、醚化、酯交换和水解反应等，也可以选择其他反应体系。确定反应体系时应查阅资料完成表 7-1 中的内容。

表 7-1 反应体系基本情况

主反应方程式	
主要副反应	
催化剂	
反应条件(温度)	
反应物的沸点	反应物 1
	反应物 2
产物的沸点	主产物
	副产物
反应体系中的恒沸体系	恒沸体系 1
	恒沸体系 2
	恒沸体系 3
主产物的检测手段	

2. 根据选定反应体系的特征确定反应精馏的条件，采用间歇反应精馏或连续反应精馏（二选一）进行实验，实验测出反应的转化率。

3. 通过实验优化反应精馏的操作条件（进料热状态、回流比和进料口的选择等）。

7.3.5 实验步骤

① 实验小组根据自行设计实验内容确定实验方法及步骤，交指导老师审定。
② 按照审定的实验内容、方法及步骤，设计实验数据记录表。
③ 进行实验操作，记录实验数据。

7.3.6 实验报告

(1) 对实验数据进行处理，分析产品的纯度，并计算转化率。
(2) 画出塔内的浓度分布曲线并分析其影响因素。

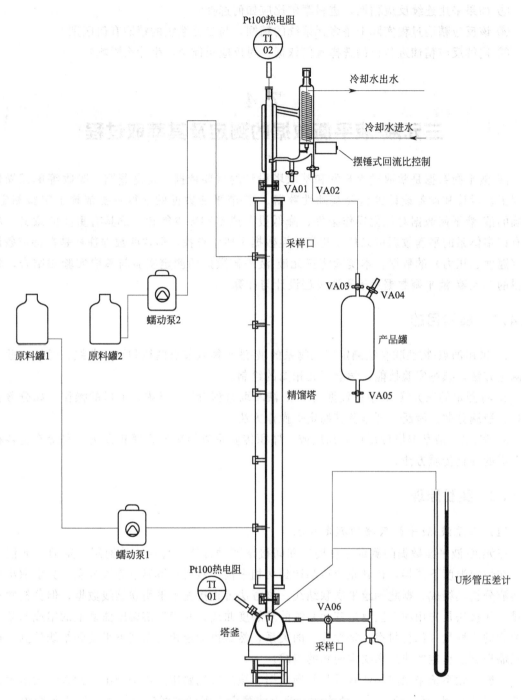

图 7-3 反应精馏实验装置示意图

TI-01—塔釜温度计；TI-02—塔顶温度计；VA01—塔顶采样口；VA02—馏出液调节阀；
VA03—产品罐入口阀；VA04—产品罐放气阀；VA05—产品罐放空阀；VA06—塔釜采样口

(3) 结合以下问题对实验结果进行分析和讨论。
① 本实验中如何提高反应的转化率？
② 不同回流比对产物分布的影响如何？

③ 如果采用连续反应精馏，进料摩尔比应如何选择？
④ 该反应精馏过程实际上是多元系统的精馏，与二元系统的精馏有何区别？
⑤ 连续反应精馏进料口的选择有何依据？对反应精馏会产生什么影响？

7.4
三元液-液平衡数据的测定及其萃取过程

液-液平衡数据是萃取过程开发和萃取塔设计的重要依据，也是蒸馏、吸收等单元操作过程工艺设计和设备设计的重要基础性数据。液-液平衡数据的获得主要依赖于实验测定。准确的液-液平衡数据对优化操作条件、降低设备成本和减少能耗，都具有重要的意义。尽管有许多体系的平衡数据可以从一些基础性数据手册中查找，但这些数据往往是在特定条件下（温度、压力）的数据。本实验将三元液-液平衡数据的测定实验与萃取实验相结合，将测得的三元液-液平衡数据用于萃取过程设计与计算。

7.4.1 实验目的

1. 采用浊点-物性联合法测定三元物系的液-液平衡双节点曲线和平衡曲线，通过实验了解测定方法，熟悉实验技能；学会三元相图的绘制。

2. 将测定的三元液-液平衡数据用于液-液萃取过程设计，掌握萃取塔的操作，如分散相选择、液滴分散、液泛、开车及其稳定等操作方法。

3. 掌握液-液萃取塔传质单元高度或总体积传质系数的测定原理和方法，实验确定各种萃取塔的强化传质方法。

7.4.2 实验原理

(1) 三元液-液平衡数据的测定原理

三元液-液平衡数据的测定有直接法和间接法两种方法。直接法是配制一定的三元混合物，在恒定温度下搅拌，让其充分接触达到两相平衡。然后在恒温下静置分层，分别取出两相溶液分析其组成，据此标绘平衡联结线。该方法可直接测出平衡联结线数据，但分析常有困难。间接法是先用浊点法测出三元系统的溶解度曲线，并确定溶解度曲线上的组成与某一可检测的物性量（如折射率、密度等）的关系，然后再测定相同温度下平衡联结线数据，这时只需根据已确定的曲线来决定两相的组成。

一般三元系统采用间接法测量其平衡数据。该法首先要用浊点法测出三元系统的溶解度曲线。以乙醇-水-环己烷三元系统为例，浊点法测定溶解度曲线的操作为：①用超级恒温水槽使水温度维持在测量温度；②将磁子放入清洁干燥的平衡釜中，用铝活结密封下层取样口，连接恒温水浴与平衡釜夹套，用固定夹固定住平衡釜，通恒温水恒温；③将约20mL环己烷倒入平衡釜，需准确称量加入环己烷的质量，然后加入约10mL的无水乙醇，仍需准确测量加入乙醇的质量，打开磁力搅拌器搅拌2~3min，使其混合均匀；④用医用注射器抽取约1mL去离子水用吸水纸轻轻擦去针头外的水，在天平上称重记下质量，将注射器里的水缓缓地向釜内滴加，仔细观察溶液，当溶液开始浑浊时，立即停止滴水，将注射器轻微倒抽，以便使针头上的水抽回，然后再次称其质量，计算出滴加水的质量，最后根据环己烷、乙醇、水的质量，算出浊点的组成。加入不同质量的无水乙醇，重复上述步骤，可测得如图7-4 所示的三元系统相图。

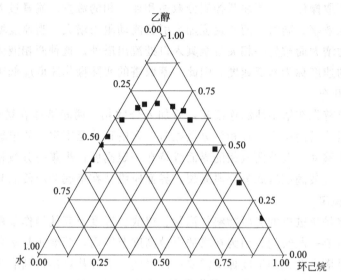

图 7-4　乙醇-水-环己烷三元系统相图

平衡联结线测定步骤为：①用针筒向釜内注入一定质量水，缓缓搅拌 5min，停止搅拌，静置 15~20min，待充分分层后，用洁净的注射器分别小心抽取上层和下层样品，测定折射率（或采用其他方法），对于上层油相样品通过标准曲线查出乙醇的质量分数，再由油相环己烷-乙醇浓度曲线（需要通过实验获得）计算上层中环己烷的浓度；对于下层水相样品，用差减法计算出乙醇质量分数，再由水相中乙醇-水浓度关系曲线计算出水的质量分数。②再向釜内添加一定量的水，重复步骤①，测下一组数据。由此可以测得平衡联结线。

（2）萃取塔的操作

① 分散相的选择

在萃取操作中，充满设备主要空间并呈连续流动的一相称为连续相，而以液滴的形式分散在连续相中的一相称为分散相。分散相的选择对设备的操作性能、传质效果的影响显著。选择分散相应遵循的原则为：a. 一般将流量大的一相作为分散相以增大相际接触面积，但对于选用可能产生严重轴向返混的萃取设备时，应选择流量小的一相作为分散相以减小返混的影响；b. 不宜润湿填料或者筛板的一相作为分散相；c. 黏度较大的一相作为分散相使其在连续相中的沉降或升浮速度较大，以提高设备生产能力；d. 对于界面张力梯度大于零的物系，溶质应从液滴向连续相传递，反之，界面张力梯度小于零的物系，溶质应从连续相向液滴传递，以减小液滴尺寸并增强液滴表面的湍动；e. 成本高的、易燃、易爆物料应作为分散相，以降低成本和保证安全操作。

② 液滴的分散

分散相要以液滴的形式分散在连续相中，液滴的尺寸关系到相际接触面，且对传质系数和塔的流通量产生影响。较小的液滴，相际接触面积大利于传质，但液滴过小会导致其内循环消失，其行为类似于固体球，传质系数下降，对传质不利。另外，液滴的尺寸还会影响液滴的运动速度，而液滴运动速度与萃取塔所允许的泛点速度有关。液滴较大，泛点速度较高,萃取塔允许流通量较大;相反,液滴较小,泛点速度较低,萃取塔允许的流通量也较小。

③ 萃取塔的液泛

在连续逆流萃取操作中,要注意控制分散相和连续相的流量。流量过大,两相接触时间缩短,会降低萃取效率。同时,两相速度加大引起流动阻力增大,当速度增大到某一极限值时,一相会因阻力增大而被另一相夹带至其入口处流出塔外。这种两相液体互相夹带的现象称为液泛,对应的速度称为液泛速度。因此,萃取塔的实际操作速度应低于液泛速度。

④ 萃取塔的开车

萃取塔开车时首先在塔中注满连续相,后加入分散相,两相液体在塔内充分接触传质,分散相液滴凝聚后从塔内排出。轻相为分散相时,在塔顶分层凝聚,并依靠重相出口的π形管(位置可以上下移动)调节两液相的界面维持一定高度;聚集的分散相从塔顶排出。重相作为分散相时,其液滴在塔底分层段凝聚,界面应维持在塔底分层段的某一位置上。

⑤ 萃取塔的稳定

萃取过程稳定是指进塔的各股物料的流量、组成、温度及其他操作条件保持稳定。萃取塔从开车到稳定需要一段时间。因为在塔的有效高度范围内,萃取相与萃余相建立与给定的操作条件对应的沿塔高变化的浓度梯度需要一段时间;另外从塔出口到取样口之间会滞留一些轻相或重相液体,由原浓度变到与操作条件相对应的浓度需要一定时间,滞留的液量越大,所需时间越长。

(3) 萃取塔的传质单元高度和总体积传质系数

萃取塔的传质单元高度和总体积传质系数的测定原理见4.7节。

7.4.3 实验装置

(1) 三元液-液平衡数据测定实验装置

实验装置流程图如图7-5所示,恒温釜采用夹套加热保温,加热介质为恒温水,三元系统温度测量采用精密温度计(铂电阻温度传感器,数字显示),磁力搅拌。

(2) 萃取塔设备

液-液萃取实验装置示意图见4.7节。

7.4.4 实验内容

1. 实验小组根据调研自行选定三元液-液平衡系统并测定其平衡数据,参考三元系统有:水-乙醇-环己烷体系、水-醋酸-醋酸乙烯酯体系、水-苯甲酸-煤油体系、丙酮-乙酸乙酯-水体系、丙酮-氯仿-水体系等。

2. 根据三元液-液平衡系统选择分散相,确定两相流量、萃取塔稳定时间。

3. 测定在不同条件下萃取塔的传质单元数 N_{OR}、传质单元高度 H_{OR} 及总体积传质系数 $K_X a$。

7.4.5 实验步骤

① 实验小组根据自行设计实验内容确定实验方法及步骤,交指导老师审定。

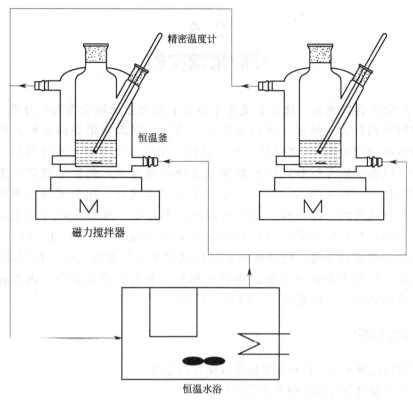

图 7-5　三元液-液平衡数据测定实验装置流程示意图

② 按照审定的实验内容、方法及步骤，设计实验数据记录表。
③ 进行实验操作，记录实验数据。

7.4.6　实验报告

（1）对实验数据进行处理，列出数据表，在三元相图中绘制出三元体系的溶解度曲线，将测定的平衡联结线数据标绘在图上。

（2）对萃取实验数据进行处理，用数据表列出所有实验数据，并以某一组数据为例进行计算，求取萃取塔的传质单元数 N_{OR}、传质单元高度 H_{OR} 及总体积传质系数 $K_X a$。

（3）结合以下问题对实验结果进行分析和讨论。

① 本实验中对不同转速（振动筛板塔为不同振动频率、脉冲塔为不同脉冲频率）下塔顶轻相浓度 x_R、塔底重相浓度 y_E 及 N_{OR}、H_{OR}、$K_X a$ 的值进行比较，并加以讨论。

② 对于一种液体混合物，通过哪些因素的筛选来确定采用的萃取方法从而进行分离？

③ 三元液-液平衡数据在萃取操作中有何作用？

④ 如何评价萃取分离效果？萃取操作温度对萃取效果有何影响？如何选择萃取温度？

⑤ 增大溶剂比对萃取分离效果有何影响？当萃余相含量一定时，溶质的分配系数对所需的溶剂量有何影响？

7.5 萃取精馏实验

化工生产中常会遇到组分沸点相差很小或具有恒沸点的混合物需要分离，采用普通精馏技术难以达到目的，需要一些特殊的精馏方法。萃取精馏是向原料液中加入第三组分（称为萃取剂或溶剂），利用萃取剂的稀释作用以及萃取剂与被分离组分间相互作用力的差异，以改变原有组分间的相对挥发度使得沸点接近的组分或者恒沸物得以分离的特殊精馏技术。要求加入的萃取剂不与原料液中的任一组分形成恒沸物，但能改变原有物系组分间的相对挥发度。萃取精馏常用于分离各组分沸点（挥发度）差别很小的溶液。例如，在常压下苯的沸点为 80.1℃，环己烷的沸点为 80.73℃，若在苯-环己烷溶液中加入萃取剂糠醛，则溶液的相对挥发度发生显著的变化。在萃取精馏塔中，萃取剂是体系中挥发度最低的组分，沸点比原料液组分沸点高很多，因此在塔内不挥发，与恒沸精馏相比，气液比较小，热量消耗小。

7.5.1 实验目的

1. 了解萃取精馏的主要特点，掌握萃取精馏的原理。
2. 掌握萃取精馏设备的结构及其操作技术。

7.5.2 实验原理

在萃取精馏中，需在原混合物中添加一种合适的萃取剂，一般具有以下特性的溶剂可以作为萃取精馏萃取剂：①具有尽可能大的选择性，即加入后能有效地使原组分的相对挥发度向分离要求方向转变；②具有较好的溶解性，能与原物系充分混合，以保证足够小的溶剂比和精馏塔板效率；③不易与被分离组分发生化学反应；④具有较强的热稳定性和化学稳定性；⑤具有较低的比热容和蒸发潜热，降低精馏中的能耗；⑥具有较小的摩尔体积，减小塔釜体积和塔体持液量；⑦黏度较小便于输送，以达到良好的传质、传热效率；⑧无毒、无腐蚀性，利于环保，且价格经济、容易得到。水和某些极性有机化合物是最常用的萃取精馏的萃取剂。萃取精馏主要用于加入添加剂后相对挥发度增大所节省的费用足以补偿添加剂本身及其回收操作所需费用的场合。萃取精馏最初用于丁烷与丁烯以及丁烯与丁二烯等混合物的分离。萃取精馏比恒沸精馏更广泛地用于醛、酮、有机酸及其他烃类氧化物等的分离。

在压力较低时，原溶液中组分 1 和组分 2 的相对挥发度为：

$$\alpha_{12} = \frac{p_1^s \gamma_1}{p_2^s \gamma_2} \tag{7-8}$$

式中，p_1^s、p_2^s 分别为组分 1 和组分 2 的饱和蒸气压，MPa；γ_1、γ_2 分别为组分 1 和组分 2 的活度系数。

加入萃取剂后，组分 1 和组分 2 的相对挥发度变为：

$$(\alpha_{12})_S = \left(\frac{p_1^s}{p_2^s}\right)_{TS} \left(\frac{\gamma_1}{\gamma_2}\right)_S \tag{7-9}$$

式中，$\left(\dfrac{p_1^s}{p_2^s}\right)_{TS}$ 为加入萃取剂后三元混合物泡点温度下，组分1、2的饱和蒸气压之比；$\left(\dfrac{\gamma_1}{\gamma_2}\right)_S$ 为加入萃取剂后组分1、2的活度系数之比。

萃取剂的选择性可表示为 $(\alpha_{12})_S/\alpha_{12}$，其物理意义为萃取剂使原有组分间相对挥发度增大的幅度。显然，$(\alpha_{12})_S/\alpha_{12}$ 越大，选择性越好。

萃取剂的用量对萃取精馏的分离效果和经济性影响显著。以异辛烷和甲苯在不同苯酚（添加剂）浓度下的相平衡关系（图7-6）为例，可知添加剂的浓度较高时，原组分间的相对挥发度较大，分离所需的塔板数也较少，然而添加剂用量大，回收费用增大。因此，添加剂的最佳用量，需通过经济核算来决定。当原料和添加剂按一定比例加入时，还有相应的最适宜回流比。操作时不适当地增大回流比，就降低了添加剂浓度，反而使分离效果变坏。

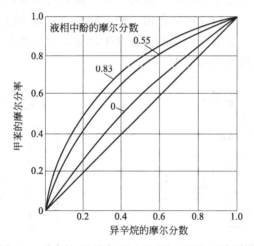

图7-6 异辛烷-甲苯在不同酚浓度下的相平衡关系

萃取精馏按操作方式可分为连续萃取精馏 CED (continuous extractive distillation) 和间歇萃取精馏 BED (batch extractive distillation)。连续萃取精馏的典型流程如图7-7所示。例如原料液为相对挥发度很小的异辛烷-甲苯混合物。从精馏塔近塔顶处加入苯酚（正常沸点为181℃）作为添加剂。苯酚的沸点较高，挥发度较小，全部与甲苯一起从塔底排出。添加剂在每块塔板上保持一定的浓度，使相平衡关系发生有利于分离的变化。从塔底排出的添加剂，可用另一精馏塔进行回收，并循环使用。为避免少量添加剂从塔顶随易挥发组分逸出，可在添加剂入口以上设一两块塔板予以回收，称为添加剂回收段。

间歇萃取精馏操作方式是具有间歇精馏和萃取精馏双重优点的新型分离过程。间歇萃取精馏在近沸物和共沸物的分离方面显示出独立的优越性。通过选取不同的溶剂，可完成普通精馏无法完成的分离过程。其设备简单，投资小，可单塔分离多组分混合物，设备通用性强，可用同一塔处理种类和组成不同的物系。同间歇恒沸精馏相比，萃取剂有更大的选择范围；同减压精馏比较，有更好的经济性。

根据萃取剂加入方式，间歇萃取精馏可分为一次加入式间歇萃取精馏和连续加入式间歇

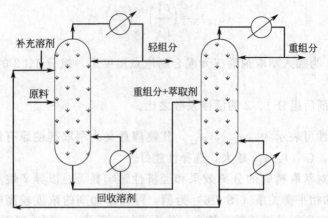

图 7-7　连续萃取精馏典型流程

萃取精馏,其示意图如图 7-8 所示。一次加入式,萃取剂一次性加入含有物料的塔釜再沸器中,然后按间歇精馏操作,由于萃取剂一般均为沸点较高的物质,故萃取剂主要在再沸器中发挥其改变轻重关键组分相对挥发度的作用,而不能充分利用精馏塔的各块塔板,因此,对物系分离效果较差,且随组分馏出,釜液组成发生改变,增加所需萃取剂量才能保证产品质量,经济价值低,故实际研究应用较少。

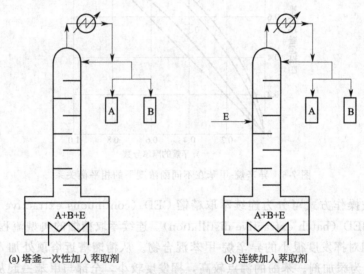

(a) 塔釜一次性加入萃取剂　　　　　　　　(b) 连续加入萃取剂

图 7-8　间歇萃取精馏示意图

连续加入式间歇萃取精馏是在操作过程中,萃取剂从靠近塔顶位置连续加入,为减少萃取剂用量及使分离操作过程分离结果更好,一般采用四步操作法:①不加溶剂进行全回流操作($R=\infty$,$S=0$);②加溶剂进行全回流操作(降低难挥发组分在塔顶馏分中的含量,$R=\infty$,$S>0$);③加溶剂进行有限回流比操作(馏出易挥发组分 A 的成品,$R<\infty$,$S>0$);④无萃取剂加入状况下的有限回流比操作,回收萃取剂($R<\infty$,$S=0$)。连续加入式间歇萃取精馏分离过程中能够保证萃取和精馏过程同时发生在塔板与塔釜中,与一次加入式间歇萃取精馏分离技术相比,大大提高了分离效果,但该操作方式由于溶剂从塔板上不断加入和回流比的改变,操作参数中再沸器热负荷发生改变,操作相对困难,分离过程中易发生液泛等不

稳定操作现象。

7.5.3 实验装置

本实验装置示意图如图 7-9 所示，萃取玻璃塔在塔壁开有五个侧口，可供改变加料位置或作取样口用，塔体全部由玻璃制成，塔外壁采用新保温技术制成透明导电膜，使用中通电加热保温以抵消热损失，在塔的外部还罩有玻璃套管，既能绝热又能观察到塔内气液流动情况。另外还配有玻璃塔釜、塔头及其温度控制、温度显示、回流控制部件构成整体装置。萃取过程中，利用液体势能差为动力进行进料，用转子流量计计量进料流量，萃取剂从塔体上方进料，原料溶液则根据其浓度在塔体下方选择合适进料位置，塔顶采出液用示意的方法进行分析，塔釜液主要含有萃取剂、少量原料液。

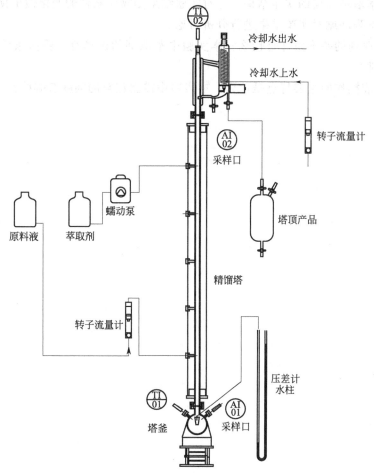

图 7-9 萃取精馏装置示意图

7.5.4 实验内容

1. 实验小组根据调研自行选定待分离的原料液体系，参考原料系统有：95％乙醇溶液制备无水乙醇，甲苯-异辛烷混合物体系等。正确选择萃取剂。
2. 根据选取的萃取精馏体系，确定萃取精馏操作方式。

3. 测定不同条件下萃取精馏塔顶产品的组成和塔釜组成，实验确定萃取剂的回收使用。

7.5.5 实验步骤

① 实验小组根据自行设计实验内容确定实验方法及步骤，交指导老师审定。
② 按照审定的实验内容、方法及步骤，设计实验数据记录表。
③ 进行实验操作，记录实验数据。

7.5.6 实验报告

（1）画出全回流条件下塔顶温度随时间的变化曲线。
（2）列出萃取精馏塔的实验结果，并对实验结果随操作条件的变化做出预测。
（3）结合下列问题对实验结果进行分析讨论。
① 选择萃取剂的基本条件是什么？本实验中萃取剂的选择符合哪些条件？为什么要优先考虑这些条件？
② 萃取精馏操作的主要特点是什么？本实验中需要注意的问题有哪些？

附 录

附录一 常用正交表

表 1-1 $L_4(2^3)$

实验号	列号		
	1	2	3
1	1	1	1
2	1	2	2
3	2	1	2
4	2	2	1

表 1-2 $L_8(2^7)$

实验号	列号						
	1	2	3	4	5	6	7
1	1	1	1	1	1	1	1
2	1	1	1	2	2	2	2
3	1	2	2	1	1	2	2
4	1	2	2	2	2	1	1
5	2	1	2	1	2	1	2
6	2	1	2	2	1	2	1
7	2	2	1	1	2	2	1
8	2	2	1	2	1	1	2

表 1-3 $L_8(2^7)$ 表头设计

因素数	列号						
	1	2	3	4	5	6	7
3	A	B	$A\times B$	C	$A\times C$	$B\times C$	
4	A	B	$A\times B$ $C\times D$	C	$A\times C$ $B\times D$	$B\times C$ $A\times D$	D
4	A	B $C\times D$	$A\times B$	C $B\times D$	$A\times C$	D $B\times C$	$A\times D$
5	A $D\times E$	B $C\times D$	$A\times B$ $C\times E$	C $B\times D$	$A\times C$ $B\times E$	D $A\times E$	E $A\times D$

表 1-4 $L_8(2^7)$ 两列间的交互作用

列号	列号						
	1	2	3	4	5	6	7
(1)	(1)	3	2	5	4	7	6
(2)		(2)	1	6	7	4	5

续表

列号	列号						
	1	2	3	4	5	6	7
(3)			(3)	7	6	5	4
(4)				(4)	1	2	3
(5)					(5)	3	2
(6)						(6)	1
(7)							(7)

表 1-5 $L_8(4\times 2^4)$

实验号	列号				
	1	2	3	4	5
1	1	1	1	1	1
2	1	2	2	2	2
3	2	1	1	2	2
4	2	2	2	1	1
5	3	1	2	1	2
6	3	2	1	2	1
7	4	1	2	2	1
8	4	2	1	1	2

表 1-6 $L_8(4\times 2^4)$ 表头设计

因素数	列号				
	1	2	3	4	5
2	A	B	$(A\times B)_1$	$(A\times B)_2$	$(A\times B)_3$
3	A	B	C		
4	A	B	C	D	
5	A	B	C	D	E

表 1-7 $L_9(3^4)$

实验号	列号			
	1	2	3	4
1	1	1	1	1
2	1	2	2	2
3	1	3	3	3
4	2	1	2	3
5	2	2	1	1
6	2	3	3	2
7	3	1	3	2
8	3	2	1	3
9	3	3	2	1

表 1-8 $L_{12}(2^{11})$

实验号	列号										
	1	2	3	4	5	6	7	8	9	10	11
1	1	1	1	1	1	1	1	1	1	1	1
2	1	1	1	1	1	2	2	2	2	2	2
3	1	1	2	2	2	1	1	1	2	2	2
4	1	2	1	2	2	1	2	2	1	1	2
5	1	2	2	1	2	2	1	2	1	2	1
6	1	2	2	2	1	2	2	1	2	1	1

续表

实验号	列号										
	1	2	3	4	5	6	7	8	9	10	11
7	2	1	2	2	1	1	2	2	1	2	1
8	2	1	2	1	2	2	2	1	1	2	2
9	2	1	1	2	2	2	1	2	2	1	1
10	2	2	2	1	1	1	1	2	2	1	2
11	2	2	1	2	1	2	1	1	1	2	2
12	2	2	1	1	2	1	2	1	2	2	1

表 1-9 L_{16} (2^{15})

实验号	列号														
	1	2	3	4	5	6	7	8	9	10	11	12	13	14	15
1	1	1	1	1	1	1	1	1	1	1	1	1	1	1	1
2	1	1	1	1	1	1	1	2	2	2	2	2	2	2	2
3	1	1	1	2	2	2	2	1	1	1	1	2	2	2	2
4	1	1	1	2	2	2	2	2	2	2	2	1	1	1	1
5	1	2	2	1	1	2	2	1	1	2	2	1	1	2	2
6	1	2	2	1	1	2	2	2	2	1	1	2	2	1	1
7	1	2	2	2	2	1	1	1	1	2	2	2	2	1	1
8	1	2	2	2	2	1	1	2	2	1	1	1	1	2	2
9	2	1	2	1	2	1	2	1	2	1	2	1	2	1	2
10	2	1	2	1	2	1	2	2	1	2	1	2	1	2	1
11	2	1	2	2	1	2	1	1	2	1	2	2	1	2	1
12	2	1	2	2	1	2	1	2	1	2	1	1	2	1	2
13	2	2	1	1	2	2	1	1	2	2	1	1	2	2	1
14	2	2	1	1	2	2	1	2	1	1	2	2	1	1	2
15	2	2	1	2	1	1	2	1	2	2	1	2	1	1	2
16	2	2	1	2	1	1	2	2	1	1	2	1	2	2	1

表 1-10 L_{16} (2^{15}) 两列间的交互作用

实验号	列号														
	1	2	3	4	5	6	7	8	9	10	11	12	13	14	15
(1)	(1)	3	2	5	4	7	6	9	8	11	10	13	12	15	14
(2)		(2)	1	6	7	4	5	10	11	8	9	14	15	12	13
(3)			(3)	7	6	5	4	11	10	9	8	15	14	13	12
(4)				(4)	1	2	3	12	13	14	15	8	9	10	11
(5)					(5)	8	2	13	12	15	14	9	8	11	10
(6)						(6)	1	14	15	12	13	10	11	8	9
(7)							(7)	15	14	13	12	11	10	9	8

续表

实验号	列号														
	1	2	3	4	5	6	7	8	9	10	11	12	13	14	15
(8)								(8)	1	2	8	4	5	6	7
(9)									(9)	8	2	5	4	7	6
(10)										(10)	1	6	7	4	5
(11)											(11)	7	6	5	4
(12)												(12)	1	2	3
(13)													(13)	3	2
(14)														(14)	1

表 1-11 L_{16} (2^{15}) 表头设计

因素数	列号														
	1	2	3	4	5	6	7	8	9	10	11	12	13	14	15
4	A	B	A×B	C	A×C	B×C		D	A×D	B×D		C×D			
5	A	B	A×B	C	A×C	B×C	D×E	D	A×D	B×D	C×E	C×D	B×E		E
6	A	B	A×B D×E	C	A×C D×F	B×C E×F	C×F	D	A×D B×E	B×D A×E	E	C×D A×F	F	A×E	C×E B×F
7	A	B	A×B D×E F×G	C	A×C D×F E×G	B×C E×F D×G		D	A×D B×E C×F	B×D A×E C×G	E	C×D A×F B×G	F	G	C×E B×F A×G
8	A	B	A×B D×E F×G C×H	C	A×C D×F E×G B×H	B×C E×F D×G A×H	H	D	A×D B×E C×F G×H	B×D A×E C×G F×H	E	C×D A×F B×G E×H	F	G	C×E B×F A×G D×H

表 1-12 L_{16} (4×2^{12})

实验号	列号												
	1	2	3	4	5	6	7	8	9	10	11	12	13
1	1	1	1	1	1	1	1	1	1	1	1	1	1
2	1	1	1	1	1	2	2	2	2	2	2	2	2
3	1	2	2	2	2	1	1	1	1	2	2	2	2
4	1	2	2	2	2	2	2	2	2	1	1	1	1
5	2	1	2	2	2	1	1	2	2	1	1	2	2
6	2	1	2	2	2	2	2	1	1	2	2	1	1
7	2	2	2	1	1	1	1	2	2	2	2	1	1
8	2	2	2	1	1	2	2	1	1	1	1	2	2
9	3	1	1	2	1	2	1	2	1	2	1	1	2
10	3	1	2	1	2	2	1	2	1	1	2	2	1
11	3	2	2	2	1	1	2	1	2	1	2	2	1
12	3	2	2	2	1	2	1	2	1	1	2	2	1
13	4	1	1	2	2	1	2	1	2	1	2	1	2
14	4	1	2	1	1	2	2	2	2	2	1	1	2
15	4	2	1	1	2	1	1	1	1	2	1	2	1
16	4	2	1	1	2	2	2	2	2	1	2	2	1

表 1-13　L_{16} (4×2^{12}) 表头设计

因素数	列号												
	1	2	3	4	5	6	7	8	9	10	11	12	13
3	A	B	$(A\times B)_1$	$(A\times B)_2$	$(A\times B)_3$	C	$(A\times C)_1$	$(A\times C)_2$	$(A\times C)_3$	$B\times C$			
4				$(A\times B)_2$	$(A\times B)_3$	C $B\times D$	$(A\times C)_1$	$(A\times C)_2$	$(A\times C)_3$	$B\times C$ $(A\times D)_1$	D	$(A\times D)_3$	$(A\times D)_2$
5				$(A\times B)_2$ $C\times E$	$(A\times B)_3$	C	$(A\times C)_1$ $B\times D$	$(A\times C)_2$ $B\times E$	$(A\times C)_3$	$(A\times D)_1$ $(A\times E)_2$	$B\times C$ $(A\times E)_3$	D $(A\times D)_3$	E $(A\times E)_1$ $(A\times D)_2$

表 1-14　L_{16} $(4^2\times 2^9)$

实验号	列号										
	1	2	3	4	5	6	7	8	9	10	11
1	1	1	1	1	1	1	1	1	1	1	1
2	1	2	1	1	1	2	2	2	2	2	2
3	1	3	2	2	2	1	1	1	2	2	2
4	1	4	2	2	2	2	2	2	1	1	1
5	2	1	1	2	2	1	2	2	1	2	2
6	2	2	1	2	2	2	1	1	2	1	1
7	2	3	2	1	1	1	2	2	2	1	1
8	2	4	2	1	1	2	1	1	1	2	2
9	3	1	2	1	2	2	1	2	2	1	2
10	3	2	2	1	2	1	2	1	1	2	1
11	3	3	1	2	1	2	1	2	1	2	1
12	3	4	1	2	1	1	2	1	2	1	2
13	4	1	2	2	1	2	2	1	2	2	1
14	4	2	2	2	1	1	1	2	1	1	2
15	4	3	1	1	2	2	2	1	1	1	2
16	4	4	1	1	2	1	1	2	2	2	1

表 1-15　L_{16} $(4^3\times 2^6)$

实验号	列号								
	1	2	3	4	5	6	7	8	9
1	1	1	1	1	1	1	1	1	1
2	1	2	2	1	1	2	2	2	2
3	1	3	3	2	2	1	1	2	2
4	1	4	4	2	2	2	2	1	1
5	2	1	2	2	2	1	2	1	2
6	2	2	1	2	2	2	1	2	1
7	2	3	4	1	1	1	2	2	1
8	2	4	3	1	1	2	1	1	2
9	3	1	3	1	2	2	2	2	1
10	3	2	4	1	2	1	1	1	2
11	3	3	1	2	1	2	2	1	2
12	3	4	2	2	1	1	1	2	1
13	4	1	4	2	1	2	1	2	2
14	4	2	3	2	1	1	2	1	1
15	4	3	2	1	2	2	1	1	1
16	4	4	1	1	2	1	2	2	2

表 1-16 $L_{16}(4^4 \times 2^3)$

实验号	列号						
	1	2	3	4	5	6	7
1	1	1	1	1	1	1	1
2	1	2	2	2	1	2	2
3	1	3	3	3	2	1	2
4	1	4	4	4	2	2	1
5	2	1	2	3	2	2	1
6	2	2	1	4	2	1	1
7	2	3	4	1	1	2	2
8	2	4	3	2	1	1	1
9	3	1	3	4	1	2	2
10	3	2	4	3	1	1	1
11	3	3	1	2	2	2	1
12	3	4	2	1	2	1	2
13	4	1	4	2	2	1	2
14	4	2	3	1	2	2	1
15	4	3	2	4	1	1	1
16	4	4	1	4	1	2	2

表 1-17 $L_{16}(4^5)$

实验号	列号				
	1	2	3	4	5
1	1	1	1	1	1
2	1	2	2	2	2
3	1	3	3	3	3
4	1	4	4	4	4
5	2	1	2	3	4
6	2	2	1	4	3
7	2	3	4	1	2
8	2	4	3	2	1
9	3	1	3	4	2
10	3	2	4	3	1
11	3	3	1	2	4
12	3	4	2	1	3
13	4	1	4	2	3
14	4	2	3	1	4
15	4	3	2	3	1
16	4	4	1	4	2

表 1-18 $L_{27}(3^{13})$

实验号	列号												
	1	2	3	4	5	6	7	8	9	10	11	12	13
1	1	1	1	1	1	1	1	1	1	1	1	1	1
2	1	1	1	1	2	2	2	2	2	2	2	2	2
3	1	1	1	1	3	3	3	3	3	3	3	3	3
4	1	2	2	2	1	1	1	2	2	2	3	3	3
5	1	2	2	2	2	2	2	3	3	3	1	1	1
6	1	2	2	2	3	3	3	1	1	1	2	2	2
7	1	3	3	3	1	1	1	3	3	3	2	2	2
8	1	3	3	3	2	2	2	1	1	1	3	3	3

续表

实验号	列号												
	1	2	3	4	5	6	7	8	9	10	11	12	13
9	1	3	3	3	3	3	3	2	2	2	1	1	1
10	2	1	2	3	1	2	3	1	2	3	1	2	3
11	2	1	2	3	2	3	1	2	3	1	2	3	1
12	2	1	2	3	3	1	2	3	1	2	3	1	2
13	2	2	3	1	1	2	3	2	3	1	3	1	2
14	2	2	3	1	2	3	1	3	1	2	1	2	3
15	2	2	3	1	3	1	2	1	2	3	2	3	1
16	2	3	1	2	1	2	3	3	1	2	2	3	1
17	2	3	1	2	2	3	1	1	2	3	3	1	2
18	2	3	1	2	3	1	2	2	3	1	1	2	3
19	3	1	3	2	1	3	2	1	3	2	1	3	2
20	3	1	3	2	2	1	3	2	1	3	2	1	3
21	3	1	3	2	3	2	1	3	2	1	3	2	1
22	3	2	1	3	1	3	2	2	1	3	3	2	1
23	3	2	1	3	2	1	3	3	2	1	1	3	2
24	3	2	1	3	3	2	1	1	3	2	2	1	3
25	3	3	2	1	1	3	2	3	2	1	2	1	3
26	3	3	2	1	2	1	3	1	3	2	3	2	1
27	3	3	2	1	3	2	1	2	1	3	1	3	2

表 1-19 $L_{27}(3^{13})$ 表头设计

因素数	列号												
	1	2	3	4	5	6	7	8	9	10	11	12	13
3	A	B	$(A\times B)_1$	$(A\times B)_2$	C	$(A\times C)_1$	$(A\times C)_2$	$(B\times C)_1$					$(B\times C)_2$
			$(A\times B)_1$			$(A\times C)_1$		$(B\times C)_1$					
4	A	B		$(A\times B)_2$	C		$(A\times C)_2$		D	$(A\times D)_2$	$(B\times C)_2$	$(B\times D)_1$	$(C\times D)_1$
			$(C\times D)_2$			$(B\times D)_2$		$(A\times D)_1$					

表 1-20 $L_{27}(3^{13})$ 两列间的交互作用

实验号	列号												
	1	2	3	4	5	6	7	8	9	10	11	12	13
(1)	(1)	3	2	2	6	5	5	9	8	8	12	11	11
		4	4	3	7	7	6	10	10	9	13	13	12
(2)		(2)	1	1	8	9	10	5	6	7	5	6	7
			4	3	11	12	13	11	12	13	8	9	10
(3)			(3)	1	9	10	8	7	5	6	6	7	5
				2	13	11	12	12	13	11	10	8	9
(4)				(4)	10	8	9	6	7	5	7	5	6
					12	13	11	13	11	12	9	10	8
(5)					(5)	1	1	2	3	4	2	4	3
						7	6	11	13	12	8	10	9
(6)						(6)	1	4	2	3	3	2	4
							5	13	12	11	10	9	8
(7)							(7)	8	4	2	4	3	2
								12	11	13	9	8	10
(8)								(8)	1	1	2	3	4
									10	9	5	7	6

续表

实验号	列号												
	1	2	3	4	5	6	7	8	9	10	11	12	13
(9)									(9)	1	4	2	3
										8	7	6	5
(10)										3	4	2	
									(10)	6	5	7	
(11)											1	1	
										(11)	13	12	
(12)												1	
											(12)	11	

表 1-21　L_{25}（5^6）

实验号	列号					
	1	2	3	4	5	6
1	1	1	1	1	1	1
2	1	2	2	2	2	2
3	1	3	3	3	3	3
4	1	4	4	4	4	4
5	1	5	5	5	5	5
6	2	1	2	3	4	5
7	2	2	3	4	5	1
8	2	3	4	5	1	2
9	2	4	5	1	2	3
10	2	5	1	2	3	4
11	3	1	3	5	2	4
12	3	2	4	1	3	5
13	3	3	5	2	4	1
14	3	4	1	3	5	2
15	3	5	2	4	1	3
16	4	1	4	2	5	3
17	4	2	5	3	1	4
18	4	3	1	4	2	5
19	4	4	2	5	3	1
20	4	5	3	1	4	2
21	5	1	5	4	3	2
22	5	2	1	5	4	3
23	5	3	2	1	5	4
24	5	4	3	2	1	5
25	5	5	4	3	2	1

附录二　乙醇-正丙醇在常压下的气-液平衡数据（$p = 101.325\text{kPa}$）

序号	乙醇在液相中的摩尔分数 x	乙醇在气相中的摩尔分数 y	沸点/℃
1	0.000	0.000	97.16
2	0.126	0.240	93.85
3	0.188	0.318	92.66
4	0.210	0.339	91.60

续表

序号	乙醇在液相中的摩尔分数 x	乙醇在气相中的摩尔分数 y	沸点/℃
5	0.358	0.550	88.32
6	0.461	0.650	86.25
7	0.546	0.711	84.98
8	0.600	0.760	84.13
9	0.663	0.799	83.06
10	0.844	0.914	80.59
11	1.000	1.000	78.38

附录三 乙醇-正丙醇的折射率与溶液浓度的关系

序号	折射率			乙醇的质量分数
	25 ℃	30 ℃	35 ℃	
1	1.3827	1.3809	1.3790	0
2	1.3815	1.3796	1.3775	0.0505
3	1.3797	1.3784	1.3762	0.0998
4	1.3770	1.3759	1.3740	0.1974
5	1.3750	1.3755	1.3719	0.2950
6	1.3730	1.3712	1.3692	0.3977
7	1.3705	1.3690	1.3670	0.4970
8	1.3680	1.3668	1.3650	0.5990
9	1.3607	1.3657	1.3634	0.6445
10	1.3658	1.3640	1.3620	0.7101
11	1.3640	1.3620	1.3600	0.7983
12	1.3628	1.3607	1.3590	0.8442
13	1.3618	1.3593	1.3573	0.9064
14	1.3606	1.3584	1.3653	0.9509
15	1.3589	1.3574	1.3551	1.000

附录四 乙醇-正丙醇的汽化热和比热容数据表

温度/℃	乙醇		正丙醇	
	汽化热/(kJ/kg)	比热容/[kJ/(kg·K)]	汽化热/(kJ/kg)	比热容/[kJ/(kg·K)]
0	985.29	2.23	839.88	2.21
10	969.66	2.30	827.62	2.28
20	953.21	2.38	814.80	2.35
30	936.03	2.46	801.42	2.43
40	918.12	2.55	787.42	2.49
50	899.31	2.65	772.86	2.59
60	879.77	2.76	757.60	2.69
70	859.32	2.88	741.78	2.79
80	838.05	3.01	725.34	2.89
90	815.79	3.14	708.20	2.92
100	792.52	3.29	690.30	2.96

附录五 乙醇-水在常压下的气-液平衡数据（$p=101.325$ kPa）

序号	沸点/℃	液相中乙醇的摩尔分数 $x/\%$	气相中乙醇的摩尔分数 $y/\%$	序号	沸点/℃	液相中乙醇的摩尔分数 $x/\%$	气相中乙醇的摩尔分数 $y/\%$
1	100	0	0	29	87.4	8.40	41.30
2	99.9	0.004	0.053	30	87.0	8.90	42.10
3	99.8	0.04	0.51	31	86.7	9.40	42.90
4	99.7	0.05	0.77	32	86.4	9.90	43.80
5	99.5	0.12	1.57	33	86.2	10.50	44.60
6	99.3	0.20	2.50	34	86.0	11.00	45.40
7	99.2	0.23	2.90	35	85.7	11.50	46.10
8	99.0	0.31	3.73	36	85.4	12.10	46.90
9	98.8	0.40	4.20	37	85.2	12.64	47.49
10	98.57	0.39	4.50	38	85.0	13.20	48.10
11	97.65	0.79	8.70	39	84.8	13.80	48.70
12	96.7	1.20	12.80	40	84.7	14.40	49.30
13	95.8	1.61	16.34	41	84.5	15.00	49.80
14	95.0	2.00	18.70	42	83.3	20.00	53.10
15	94.2	2.40	21.40	43	82.3	25.75	55.74
16	93.4	2.90	24.00	44	82.0	27.3	56.44
17	92.6	3.30	26.20	45	81.3	33.24	58.78
18	91.9	3.70	28.10	46	80.6	42.09	62.22
19	91.6	4.10	29.92	47	80.1	48.92	64.70
20	91.3	4.20	29.9	48	79.5	61.02	70.09
21	90.8	4.60	31.60	49	79.2	65.64	72.71
22	90.5	5.10	33.10	50	78.8	70.60	75.80
23	89.7	5.50	34.50	51	78.6	75.99	79.26
24	89.2	6.00	35.80	52	78.4	79.82	81.83
25	89.0	6.50	37.00	53	78.27	83.87	84.91
26	88.3	6.90	38.10	54	78.2	85.97	86.40
27	87.9	7.40	39.20	55	78.15	89.41	89.41
28	87.7	7.90	40.20	56	78.3	100	100

附录六 乙醇-水的汽化热和比热容数据表

温度/℃	乙醇		水	
	汽化热/(kJ/kg)	比热容/[kJ/(kg·K)]	汽化热/(kJ/kg)	比热容/[kJ/(kg·K)]
0	985.29	2.23	2491	4.212
10	969.66	2.30	2469	4.191
20	953.21	2.38	2446	4.183
30	936.03	2.46	2424	4.174
40	918.12	2.55	2401	4.174
50	899.31	2.65	2378	4.174
60	879.77	2.76	2355	4.178
70	859.32	2.88	2331	4.187
80	838.05	3.01	2307	4.195
90	815.79	3.14	2283	4.208
100	792.52	3.29	2258	4.220

附录七 氨在水中的相平衡常数 m 与温度 t 的关系

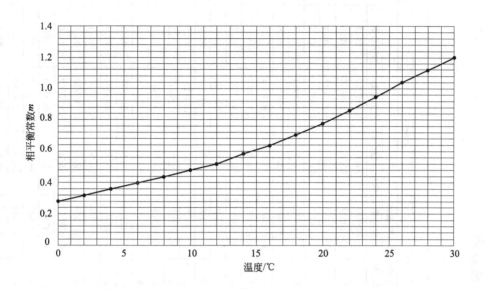

附录八 二氧化碳气体在水中的亨利系数

温度/℃	0	5	10	15	20	25	30	35	40	45	50	60
$E/10^5$ kPa	0.738	0.888	1.05	1.24	1.44	1.66	1.88	2.12	2.36	2.60	2.87	3.46

附录九 苯甲酸-煤油-水物系的分配曲线

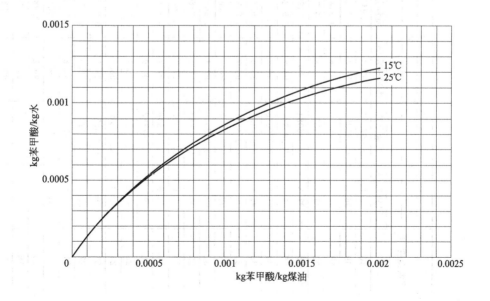

附录十 酒精计温度浓度换算表

温度在20℃时用体积分数或质量分数表示酒精浓度

溶液温度/℃	酒精计读数 95 体积分数/%	95 质量分数	96 体积分数/%	96 质量分数	97 体积分数/%	97 质量分数	98 体积分数/%	98 质量分数	99 体积分数/%	99 质量分数	100 体积分数/%	100 质量分数
40	90.4	0.881561	91.6	0.896043	92.6	0.908181	94	0.92528	95.3	0.94127	96.6	0.957369
39	90.6	0.883968	91.8	0.898466	92.8	0.910616	94.2	0.927612	95.4	0.942505	96.8	0.959856
38	90.9	0.887584	92	0.900891	93	0.913054	94.4	0.930071	95.6	0.944976	96.9	0.9611
37	91.1	0.888998	92.3	0.904533	93.3	0.916715	94.6	0.932533	95.8	0.947449	97.1	0.963591
36	91.3	0.892414	92.5	0.906964	93.5	0.919159	94.8	0.934998	96	0.949925	97.3	0.966084
35	91.6	0.896043	92.7	0.909398	93.7	0.921605	95	0.937465	96.2	0.952404	97.4	0.967331
34	91.8	0.898466	92.9	0.911834	93.9	0.924054	95.2	0.939935	96.3	0.953644	97.6	0.969828
33	92	0.900891	93.1	0.914273	94.1	0.926506	95.4	0.942407	96.5	0.956127	97.8	0.972328
32	92.2	0.903318	93.4	0.917936	94.4	0.930188	95.6	0.944882	96.7	0.958612	98	0.974831
31	92.5	0.906964	93.6	0.920382	94.6	0.932646	95.8	0.947359	96.9	0.9611	98.1	0.976083
30	92.7	0.909398	93.8	0.92283	94.8	0.935107	96	0.949839	97.1	0.963591	98.3	0.978589
29	92.9	0.911834	94	0.92528	95.1	0.938803	96.2	0.952322	97.3	0.966084	98.4	0.979843
28	93.1	0.914273	94.2	0.927733	95.3	0.94127	96.4	0.954808	97.5	0.968858	98.6	0.982353
27	93.4	0.917936	94.5	0.931417	95.5	0.94374	96.6	0.957296	97.7	0.971078	98.8	0.984866
26	93.6	0.920382	94.7	0.933876	95.8	0.947449	96.8	0.959786	97.9	0.973579	99	0.987382
25	93.9	0.924054	94.9	0.936338	96	0.949925	97	0.96228	98.1	0.976083	99.2	0.9899
24	94.1	0.926506	95.1	0.938803	96.2	0.952404	97.2	0.964776	98.3	0.978589	99.3	0.99116
23	94.3	0.92896	95.4	0.942505	96.4	0.954885	97.4	0.967274	98.5	0.981098	99.5	0.993683
22	94.6	0.932646	95.6	0.944976	96.6	0.957369	97.6	0.969776	98.6	0.982353	99.7	0.996208
21	94.8	0.935107	95.8	0.947449	96.8	0.959856	97.8	0.97228	98.8	0.984866	99.8	0.997471
20	95	0.93757	96	0.949925	97	0.962345	98	0.974786	99	0.987382	100	1
19	95.2	0.940036	96.2	0.952404	97.2	0.964837	98.2	0.977296	99.2	0.9899		
18	95.4	0.942505	96.4	0.954885	97.4	0.967331	98.3	0.978551	99.3	0.99116		
17	95.6	0.944976	96.6	0.957369	97.6	0.969828	98.5	0.981065	99.5	0.993683		
16	95.9	0.948687	96.8	0.959856	97.8	0.972328	98.7	0.983581	99.7	0.996208		

续表

酒精计读数 — 温度在20℃时用体积分数或质量分数表示酒精浓度

溶液温度/℃	95 体积分数/%	95 质量分数	96 体积分数/%	96 质量分数	97 体积分数/%	97 质量分数	98 体积分数/%	98 质量分数	99 体积分数/%	99 质量分数	100 体积分数/%	100 质量分数
15	96.1	0.951164	97	0.962345	98	0.974831	98.9	0.986099	99.8	0.997471		
14	96.3	0.953644	97.2	0.964837	98.1	0.976083	99.1	0.988621	100	1		
13	96.5	0.956127	97.4	0.967331	98.3	0.978589	99.2	0.989882				
12	96.7	0.958612	97.6	0.969828	98.5	0.981098	99.4	0.992408				
11	96.9	0.9611	97.8	0.972328	98.7	0.98361	99.6	0.994936				
10	97.1	0.963591	98	0.974831	98.9	0.986124	99.7	0.996201				
9	97.3	0.966084	98.2	0.977336	99	0.987382	99.9	0.998733				
8	97.5	0.96858	98.3	0.978589	99.2	0.9899						
7	97.6	0.969828	98.5	0.981098	99.3	0.99116						
6	97.8	0.972328	98.7	0.98361	99.4	0.992421						
5	98	0.974831	98.9	0.986124	99.5	0.993683						
4	98.2	0.977336	99	0.987382	99.7	0.996208						
3	98.4	0.979843	99.2	0.9899	99.8	0.997471						
2	98.5	0.981098	99.4	0.992421	100	1						
1	98.7	0.98361	99.5	0.993683								
0	98.9	0.986124	99.7	0.996208								

酒精计读数 — 温度在20℃时用体积分数或质量分数表示酒精浓度

溶液温度/℃	89 体积分数/%	89 质量分数	90 体积分数/%	90 质量分数	91 体积分数/%	91 质量分数	92 体积分数/%	92 质量分数	93 体积分数/%	93 质量分数	94 体积分数/%	94 质量分数
40	83.4	0.79884	84.5	0.811643	85.8	0.826868	86.8	0.838648	88	0.852864	89.2	0.867168
39	83.7	0.802325	84.8	0.815148	86.1	0.830396	87.1	0.842194	88.2	0.855242	89.4	0.869561
38	84	0.805815	85.1	0.818658	86.3	0.83275	87.3	0.844561	88.5	0.858813	89.7	0.873154
37	84.3	0.80931	85.3	0.821	86.6	0.836287	87.6	0.848116	88.8	0.86239	89.9	0.875553
36	84.6	0.812811	85.6	0.824519	86.8	0.838648	87.8	0.850489	89	0.864778	90.2	0.879156
35	84.8	0.815148	85.9	0.828043	87.1	0.842194	88.1	0.854053	89.2	0.867168	90.4	0.881561
34	85	0.817487	86.2	0.831573	87.4	0.845745	88.2	0.855242	89.5	0.870758	90.6	0.883968
33	85.1	0.818658	86.5	0.835108	87.6	0.848116	88.6	0.860005	89.8	0.874353	90.9	0.887584
32	85.4	0.822173	86.7	0.837467	87.9	0.851676	88.9	0.863584	90	0.876753	91.1	0.889998
31	85.7	0.825693	87	0.841011	88.1	0.854053	89.1	0.865973	90.2	0.879156	91.4	0.893623

续表

溶液温度/℃	酒精计读数										
	94		93		92		91		90		89
	体积分数/%	质量分数	体积分数/%	质量分数	体积分数/%	质量分数	体积分数/%	质量分数	体积分数/%	质量分数	体积分数/%	质量分数
	温度在20℃时用体积分数或质量分数表表示酒精浓度										
30	91.6	0.896043	90.5	0.882764	89.4	0.869561	88.4	0.857622	87.3	0.844561	86	0.829219
29	91.8	0.898466	90.8	0.886378	89.7	0.873154	88.6	0.860005	87.6	0.848116	86.3	0.83275
28	92.1	0.902104	91.1	0.889998	90	0.876753	88.9	0.863584	87.9	0.851676	86.5	0.835108
27	92.3	0.904533	91.3	0.892414	90.2	0.879156	89.2	0.867168	88.1	0.854053	86.8	0.838648
26	92.6	0.908181	91.5	0.894833	90.5	0.882764	89.4	0.869561	88.4	0.857622	87.1	0.842194
25	92.8	0.910616	91.8	0.898466	90.7	0.885173	89.7	0.873154	88.7	0.861197	87.4	0.845745
24	93.1	0.914273	92	0.900891	91	0.888791	90	0.876753	89	0.864778	87.7	0.849302
23	93.3	0.916715	92.3	0.904533	91.3	0.892414	90.2	0.879156	89.2	0.867168	88	0.852864
22	93.5	0.919159	92.5	0.906964	91.5	0.894833	90.5	0.882764	89.5	0.870758	88.4	0.857622
21	93.8	0.92283	92.8	0.910616	91.8	0.898466	90.7	0.885173	89.7	0.873154	88.7	0.861197
20	94	0.92528	93	0.913054	92	0.900891	91	0.888791	90	0.876753	89	0.864778
19	94.2	0.927733	93.2	0.915494	92.2	0.903318	91.2	0.891206	90.3	0.880358	89.3	0.868364
18	94.4	0.930188	93.5	0.919159	92.5	0.906964	91.5	0.894833	90.6	0.883968	89.5	0.870758
17	94.6	0.932646	93.7	0.921605	92.7	0.909398	91.7	0.897254	90.8	0.886378	89.8	0.874353
16	94.9	0.936338	93.9	0.924054	93	0.913054	92	0.900891	91	0.888791	90	0.876753
15	95.1	0.938803	94.2	0.927733	93.2	0.915494	92.2	0.903318	91.3	0.892414	90.3	0.880358
14	95.3	0.94127	94.3	0.92896	93.4	0.917936	92.5	0.906964	91.5	0.894833	90.5	0.882764
13	95.5	0.94374	94.6	0.932646	93.6	0.920382	92.7	0.909398	91.7	0.897254	90.8	0.886378
12	95.7	0.946212	94.8	0.935107	93.9	0.924054	92.9	0.911834	92	0.900891	91	0.888791
11	96	0.949925	95	0.93757	94.1	0.926506	93.2	0.915494	92.2	0.903318	91.3	0.892414
10	96.2	0.952404	95.2	0.940036	94.3	0.92896	93.4	0.917936	92.5	0.906964	91.5	0.894833
9	96.4	0.954885	95.5	0.94374	94.5	0.931417	93.6	0.920382	92.8	0.910616	91.8	0.898466
8	96.6	0.957369	95.7	0.946212	94.8	0.935107	93.9	0.924054	92.1	0.902104	92	0.900891
7	96.8	0.959856	95.9	0.948687	95	0.93757	94.1	0.926506	93.2	0.915494	92.2	0.903318
6	97	0.962345	96.1	0.951164	95.2	0.940036	94.3	0.92896	93.4	0.917936	92.5	0.906964
5	97.1	0.963591	96.3	0.953644	95.4	0.942505	94.5	0.931417	93.6	0.920382	92.7	0.909398
4	97.3	0.966084	96.5	0.956127	95.6	0.944976	94.7	0.933876	93.8	0.92283	92.9	0.911834
3	97.5	0.96858	96.7	0.958612	95.8	0.947449	94.9	0.936338	94.1	0.926506	93.2	0.915494
2	97.7	0.971078	96.9	0.9611	96	0.949925	95.1	0.938803	94.3	0.92896	93.4	0.917936
1	97.9	0.973579	97	0.962345	96.2	0.952404	95.3	0.94127	94.5	0.931417	93.6	0.920382
0	98.1	0.976083	97.2	0.964837	96.4	0.954885	95.7	0.946212	94.7	0.933876	93.8	0.92283

续表

酒精计读数 — 温度在20℃时用体积分数或质量分数表示酒精浓度

溶液温度/℃	88 体积分数/%	88 质量分数	87 体积分数/%	87 质量分数	86 体积分数/%	86 质量分数	85 体积分数/%	85 质量分数	84 体积分数/%	84 质量分数	83 体积分数/%	83 质量分数
40	82.3	0.786107	81.3	0.774594	80.1	0.760854	79.1	0.749468	78	0.737009	76.9	0.724618
39	82.6	0.789573	81.6	0.778042	80.4	0.764281	79.4	0.752878	78.3	0.7404	77.2	0.727991
38	82.9	0.793043	81.9	0.781495	80.7	0.767714	79.7	0.756293	78.6	0.743796	77.5	0.731368
37	83.2	0.796519	82.2	0.784953	81	0.771151	80	0.759713	78.9	0.747197	77.8	0.734751
36	83.5	0.800001	82.5	0.788417	81.3	0.774594	80.3	0.763138	79.2	0.750604	78.1	0.738139
35	83.8	0.803487	82.8	0.791886	81.6	0.778042	80.6	0.766569	79.5	0.754016	78.4	0.741531
34	84	0.805815	83	0.794202	81.9	0.781495	80.9	0.770005	79.8	0.757432	78.7	0.744929
33	84.3	0.80931	83.3	0.797679	82.2	0.784953	81.2	0.773446	80.1	0.760854	79.1	0.749468
32	84.6	0.812811	83.6	0.801162	82.5	0.788417	81.5	0.776892	80.4	0.764281	79.4	0.752878
31	84.9	0.816317	83.9	0.804651	82.8	0.791886	81.8	0.780343	80.7	0.767714	79.7	0.756293
30	85.2	0.819829	84.2	0.808144	83.1	0.79536	82.1	0.7838	81	0.771151	80	0.759713
29	85.6	0.824519	84.4	0.810476	83.4	0.79884	82.4	0.787262	81.3	0.774594	80.3	0.763138
28	85.8	0.826868	84.7	0.813979	83.7	0.802325	82.7	0.790729	81.6	0.778042	80.6	0.766569
27	86.1	0.830396	85	0.817487	84	0.805815	83	0.794202	81.9	0.781495	80.9	0.770005
26	86.3	0.83275	85.3	0.821	84.3	0.80931	83.3	0.797679	82.2	0.784953	81.2	0.773446
25	86.6	0.836287	85.6	0.824519	84.6	0.812811	83.6	0.801162	82.5	0.788417	81.5	0.776892
24	86.9	0.839829	85.9	0.828043	84.9	0.816317	83.8	0.803487	82.8	0.791886	81.8	0.780343
23	87.2	0.843377	86.2	0.831573	85.1	0.818658	84.1	0.806979	83.1	0.79536	82.1	0.7838
22	87.4	0.845745	86.4	0.833929	85.2	0.819829	84.4	0.810476	83.4	0.79884	82.4	0.787262
21	87.7	0.849302	86.7	0.837467	85.7	0.825693	84.7	0.813979	83.7	0.802325	82.7	0.790729
20	88	0.852864	87	0.841011	86	0.829219	85	0.817487	84	0.805815	83	0.794202
19	88.3	0.856432	87.3	0.844561	86.3	0.83275	85.3	0.821	84.3	0.80931	83.3	0.797679
18	88.5	0.858813	87.5	0.84693	86.5	0.835108	85.5	0.823346	84.6	0.812811	83.6	0.801162
17	88.8	0.86239	87.8	0.850489	86.8	0.838648	85.8	0.826868	84.8	0.815148	83.9	0.804651
16	89	0.864778	88.1	0.854053	87.1	0.842194	86.1	0.830396	85.1	0.818658	84.2	0.808144
15	89.3	0.868364	88.3	0.856432	87.4	0.845745	86.4	0.833929	85.4	0.822173	84.4	0.810476
14	89.6	0.871956	88.6	0.860005	87.6	0.848116	86.7	0.837467	85.7	0.825693	84.7	0.813979
13	89.8	0.874353	88.9	0.863584	87.9	0.851676	86.9	0.839829	86	0.829219	85	0.817487
12	90.1	0.877954	89.1	0.865973	88.2	0.855242	87.2	0.843377	86.2	0.831573	85.3	0.821
11	90.3	0.880358	89.4	0.869561	88.3	0.856432	87.5	0.84693	86.5	0.835108	85.6	0.824519

续表

酒精计读数

温度在20℃时用体积分数或质量分数表示酒精浓度

溶液温度/°C	88 体积分数/%	88 质量分数	87 体积分数/%	87 质量分数	86 体积分数/%	86 质量分数	85 体积分数/%	85 质量分数	84 体积分数/%	84 质量分数	83 体积分数/%	83 质量分数
10	90.6	0.883968	89.6	0.871956	88.7	0.861197	87.7	0.849302	86.8	0.838648	85.8	0.826868
9	90.8	0.886378	89.9	0.875553	89	0.864778	88	0.852864	87	0.841011	86.1	0.830396
8	91.1	0.889998	90.1	0.877954	89.3	0.868364	88	0.852864	87.3	0.844561	86.4	0.833929
7	91.3	0.892414	90.4	0.881561	89.5	0.870758	88.5	0.858813	87.6	0.848116	86.6	0.836287
6	91.6	0.896043	90.6	0.883968	89.8	0.874353	88.8	0.86239	87.8	0.850489	86.9	0.839829
5	91.8	0.898466	90.9	0.887584	90	0.876753	89	0.864778	88.1	0.854053	87.2	0.843377
4	92	0.900891	91.1	0.889998	90.3	0.880358	89.3	0.868364	88.4	0.857622	87.4	0.845745
3	92.2	0.903318	91.3	0.892414	90.5	0.882764	89.5	0.870758	88.6	0.860005	87.7	0.849302
2	92.5	0.906964	91.6	0.896043	90.8	0.886378	89.8	0.874353	88.8	0.86239	87.9	0.851676
1	92.7	0.909398	91.8	0.898466	91	0.888791	90	0.876753	89.1	0.865973	88.2	0.855242
0	92.9	0.911834	92	0.900891	91.2	0.891206	90.2	0.879156	89.4	0.869561	88.4	0.857622

酒精计读数

温度在20℃时用体积分数或质量分数表示酒精浓度

溶液温度/°C	82 体积分数/%	82 质量分数	81 体积分数/%	81 质量分数	80 体积分数/%	80 质量分数	79 体积分数/%	79 质量分数	78 体积分数/%	78 质量分数	77 体积分数/%	77 质量分数
40	75.9	0.713413	75	0.703376	73.8	0.690063	72.8	0.679029	71.6	0.66586	70.6	0.654945
39	76.2	0.716769	75.3	0.706716	74.1	0.693383	73.1	0.682333	71.9	0.669145	70.9	0.658214
38	76.5	0.720129	75.6	0.710062	74.4	0.696709	73.4	0.685642	72.3	0.673532	71.2	0.661488
37	76.8	0.723495	75.9	0.713413	74.7	0.70004	73.7	0.688957	72.6	0.676828	71.6	0.66586
36	77.1	0.726866	76.2	0.716769	74.9	0.702263	74	0.692276	72.9	0.68013	71.9	0.669145
35	77.4	0.730242	76.5	0.720129	75.3	0.706716	74.3	0.6956	73.2	0.683436	72.2	0.672435
34	77.8	0.734751	76.8	0.723495	75.7	0.711178	74.7	0.70004	73.6	0.687851	72.5	0.675729
33	78.1	0.738139	77.1	0.726866	76	0.714531	75	0.703376	73.9	0.691169	72.8	0.679029
32	78.4	0.741531	77.4	0.730242	76.3	0.717888	75.3	0.706716	74.2	0.694492	73.2	0.683436
31	78.7	0.744929	77.7	0.733623	76.6	0.721251	75.6	0.710062	74.6	0.698929	73.5	0.686747
30	79	0.748332	78	0.737009	76.9	0.724618	75.9	0.713413	74.9	0.702263	73.8	0.690063
29	79.3	0.751741	78.3	0.7404	77.2	0.727991	76.2	0.716769	75.2	0.705602	74.2	0.694492
28	79.6	0.755154	78.6	0.743796	77.6	0.732495	76.5	0.720129	75.5	0.708946	74.5	0.697819
27	79.9	0.758572	78.9	0.747197	77.9	0.73588	76.8	0.723495	75.8	0.712295	74.8	0.701151
26	80.2	0.761996	79.2	0.750604	78.2	0.739269	77.2	0.727991	76.1	0.715649	75.1	0.704489

续表

溶液温度/℃	酒精计读数											
	77		78		79		80		81		82	
	体积分数/%	质量分数	体积分数/%	质量分数	体积分数/%	质量分数	体积分数/%	质量分数	体积分数/%	质量分数	体积分数/%	质量分数
	温度在20℃时用体积分数或质量分数表示酒精浓度											
25	75.4	0.707831	76.4	0.719008	77.5	0.731368	78.5	0.742663	79.5	0.754016	80.5	0.765425
24	75.8	0.712295	76.8	0.723495	77.8	0.734751	78.8	0.746063	79.8	0.757432	80.8	0.768859
23	76.1	0.715649	77.1	0.726866	78.1	0.738139	79.1	0.749468	80.1	0.760854	81.1	0.772298
22	76.4	0.719008	77.4	0.730242	78.4	0.741531	79.4	0.752878	80.4	0.764281	81.4	0.775743
21	76.7	0.722373	77.7	0.733623	78.7	0.744929	79.7	0.756293	80.7	0.767714	81.7	0.779192
20	77	0.725742	78	0.737009	79	0.748332	80	0.759713	81	0.771151	82	0.782647
19	77.3	0.729116	78.3	0.7404	79.3	0.751741	80.3	0.763138	81.3	0.774594	82.3	0.786107
18	77.6	0.732495	78.6	0.743796	79.6	0.755154	80.6	0.766569	81.6	0.778042	82.6	0.789573
17	77.9	0.73588	78.9	0.747197	79.9	0.758572	80.9	0.770005	81.9	0.781495	82.9	0.793043
16	78.2	0.739269	79.2	0.750604	80.2	0.761996	81.2	0.773446	82.2	0.784953	83.2	0.796519
15	78.5	0.742663	79.5	0.754016	80.5	0.765425	81.5	0.776892	82.5	0.788417	83.4	0.79984
14	78.8	0.746063	79.8	0.757432	80.8	0.768859	81.8	0.780343	82.8	0.791886	83.7	0.802325
13	79.1	0.749468	80.1	0.760854	81.1	0.772298	82.1	0.7838	83.1	0.79536	84	0.805815
12	79.4	0.752878	80.4	0.764281	81.4	0.775743	82.4	0.787262	83.3	0.797679	84.3	0.80931
11	79.7	0.756293	80.7	0.767714	81.7	0.779192	82.7	0.790729	83.6	0.801162	84.6	0.812811
10	80	0.759713	81	0.771151	82	0.782647	83	0.794202	83.9	0.804651	84.9	0.816317
9	80.3	0.763138	81.3	0.774594	82.3	0.786107	83.2	0.796519	84.2	0.808144	85.2	0.819829
8	80.6	0.766569	81.6	0.778042	82.6	0.789573	83.5	0.800001	84.5	0.811643	85.4	0.822173
7	80.8	0.768859	81.9	0.781495	82.8	0.791886	83.8	0.803487	84.8	0.815148	85.7	0.825693
6	81.1	0.772298	82.2	0.784953	83.1	0.79536	84.1	0.806979	85	0.817487	86	0.829219
5	81.2	0.773446	82.4	0.787262	83.4	0.79884	84.3	0.80931	85.3	0.821	86.2	0.831573
4	81.6	0.778042	82.7	0.790729	83.7	0.802325	84.6	0.812811	85.6	0.824519	86.5	0.835108
3	81.9	0.781495	83	0.794202	84	0.805815	84.9	0.816317	85.8	0.826868	86.8	0.838648
2	82.4	0.787262	83.3	0.797679	84.2	0.808144	85.2	0.819829	86.1	0.830396	87	0.841011
1	82.6	0.789573	83.6	0.801162	84.5	0.811643	85.4	0.822173	86.4	0.833929	87.3	0.844561
0	82.9	0.793043	83.8	0.803487	84.8	0.815148	85.7	0.825693	86.6	0.836287	87.5	0.84693

续表

酒精计读数

温度在20℃时用体积分数或质量分数表示酒精液度

溶液温度/°C	76 体积分数/%	76 质量分数	75 体积分数/%	75 质量分数	74 体积分数/%	74 质量分数	73 体积分数/%	73 质量分数	72 体积分数/%	72 质量分数	71 体积分数/%	71 质量分数
40	69.5	0.643001	68.6	0.633276	67.5	0.621448	66.4	0.609684	65.4	0.599043	64.3	0.587399
39	69.8	0.646252	68.9	0.636513	67.8	0.624668	66.7	0.612886	65.7	0.60223	64.6	0.590568
38	70.2	0.650594	69.2	0.639755	68.1	0.627892	67.1	0.617163	66	0.605422	65	0.594802
37	70.5	0.653857	69.6	0.644084	68.5	0.632198	67.4	0.620376	66.4	0.609684	65.4	0.599043
36	70.8	0.657124	69.9	0.647337	68.8	0.635433	67.8	0.624668	66.7	0.612886	65.7	0.60223
35	71.2	0.661488	70.2	0.650594	69.1	0.638673	68.1	0.627892	67	0.616093	66.1	0.606486
34	71.5	0.664766	70.6	0.654945	69.5	0.643001	68.4	0.631121	67.4	0.620376	66.4	0.609684
33	71.8	0.668049	70.9	0.658214	69.8	0.646252	68.8	0.635433	67.7	0.623594	66.7	0.612886
32	72.1	0.671337	71.2	0.661488	70.1	0.649508	69.1	0.638673	68	0.626817	67	0.616093
31	72.5	0.675729	71.5	0.664766	70.5	0.653857	69.5	0.643001	68.4	0.631121	67.4	0.620376
30	72.8	0.679029	71.8	0.668049	70.8	0.657124	69.8	0.646252	68.7	0.634355	67.7	0.623594
29	73.1	0.682333	72.1	0.671337	71.1	0.660396	70.1	0.649508	69.1	0.638673	68	0.626817
28	73.5	0.686747	72.4	0.67463	71.4	0.663673	70.4	0.652769	69.4	0.641918	68.4	0.631121
27	73.8	0.690063	72.8	0.679029	71.7	0.666954	70.7	0.656034	69.7	0.645168	68.7	0.634355
26	74.1	0.693383	73.1	0.682333	72.1	0.671337	71.1	0.660396	70.1	0.649508	69.1	0.638673
25	74.4	0.696709	73.4	0.685542	72.4	0.67463	71.4	0.663673	70.4	0.652769	69.4	0.641918
24	74.7	0.70004	73.7	0.688957	72.7	0.677928	71.7	0.666954	70.7	0.656034	69.7	0.645168
23	75.1	0.704489	74.1	0.693383	73	0.681231	72	0.670241	71	0.659305	70	0.648422
22	75.4	0.707831	74.4	0.696709	73.4	0.685642	72.4	0.67463	71.4	0.663673	70.4	0.652769
21	75.7	0.711178	74.7	0.70004	73.7	0.688957	72.7	0.677928	71.7	0.666954	70.7	0.656034
20	76	0.714531	75	0.703376	74	0.692276	73	0.681231	72	0.670241	71	0.659305
19	76.3	0.717888	75.3	0.706716	74.3	0.6956	73.3	0.684539	72.3	0.673532	71.3	0.66258
18	76.6	0.721251	75.6	0.710062	74.6	0.698929	73.6	0.687851	72.6	0.676828	71.6	0.66586
17	76.9	0.724618	75.9	0.713413	74.9	0.702263	73.9	0.691169	73	0.681231	72	0.670241
16	77.2	0.727991	76.2	0.716769	75.3	0.706716	74.3	0.694492	73.3	0.684539	72.3	0.673532
15	77.6	0.732495	76.6	0.721251	75.6	0.710062	74.6	0.697819	73.6	0.687851	72.6	0.676828
14	77.9	0.73588	76.9	0.724618	75.9	0.713413	75	0.703376	73.9	0.691169	72.9	0.68013
13	78.2	0.739269	77.2	0.727991	76.2	0.716769	75.4	0.707831	74.2	0.694492	73.2	0.683436
12	78.5	0.742663	77.5	0.731368	76.5	0.720129	75.6	0.710062	74.5	0.697819	73.6	0.687851
11	78.8	0.746063	77.8	0.734751	76.8	0.723495	75.8	0.712295	74.9	0.702263	73.9	0.691169

续表

溶液温度/℃	酒精计读数											
	76		75		74		73		72		71	
	温度在20℃时用体积分数或质量分数表示酒精浓度											
	体积分数/%	质量分数	体积分数/%	质量分数	体积分数/%	质量分数	体积分数/%	质量分数	体积分数/%	质量分数	体积分数/%	质量分数
10	79.1	0.749468	78.1	0.738139	77.1	0.726866	76.2	0.716769	75.2	0.705602	74.2	0.694492
9	79.4	0.752878	78.4	0.741531	77.4	0.730242	76.5	0.720129	75.5	0.708946	74.5	0.697819
8	79.7	0.756293	78.7	0.744929	77.7	0.733623	76.8	0.723495	76	0.714531	74.8	0.701151
7	80	0.759713	79	0.748332	78	0.737009	77.1	0.726866	76.4	0.719008	75.1	0.704489
6	80.2	0.761996	79.3	0.751741	78.3	0.7404	77.4	0.730242	76.7	0.722373	75.4	0.707831
5	80.5	0.765425	79.6	0.755154	78.6	0.743796	77.7	0.733623	77	0.725742	75.8	0.712295
4	80.8	0.768859	79.9	0.758572	79.2	0.750604	78	0.737009	77.3	0.729116	76	0.714531
3	81.1	0.772298	80.2	0.761996	79.5	0.754016	78.3	0.7404	77.6	0.732495	76.4	0.719008
2	81.4	0.775743	80.4	0.764281	79.8	0.757432	78.6	0.743796	77.8	0.734751	76.6	0.721251
1	81.7	0.779192	80.7	0.767714	80.1	0.760854	78.8	0.746063	77.9	0.73588	77	0.725742
0	82	0.782647	81	0.771151	80.4	0.764281	79.1	0.749468	78.2	0.739269	77.2	0.727991

溶液温度/℃	酒精计读数											
	70		69		68		67		66		65	
	温度在20℃时用体积分数或质量分数表示酒精浓度											
	体积分数/%	质量分数	体积分数/%	质量分数	体积分数/%	质量分数	体积分数/%	质量分数	体积分数/%	质量分数	体积分数/%	质量分数
40	63.3	0.576866	62.2	0.565339	61.1	0.553873	60.1	0.543501	59.1	0.53318	58.1	0.522907
39	63.6	0.58002	62.6	0.569523	61.5	0.558035	60.5	0.547644	59.5	0.537302	58.5	0.52701
38	64	0.584233	62.9	0.572667	61.8	0.561162	60.8	0.550756	59.8	0.5404	58.8	0.530093
37	64.3	0.587399	63.2	0.575816	62.2	0.565339	61.2	0.554913	60.2	0.544536	59.2	0.53421
36	64.7	0.591626	63.6	0.58002	62.6	0.569523	61.6	0.559077	60.5	0.547644	59.6	0.538334
35	65	0.594802	64	0.584233	62.9	0.572667	61.8	0.561162	60.9	0.551794	59.9	0.541433
34	65.3	0.597982	64.3	0.587399	63.2	0.575816	62.2	0.565339	61.2	0.554913	60.2	0.544536
33	65.7	0.60223	64.6	0.590568	63.6	0.58002	62.5	0.568477	61.6	0.559077	60.6	0.548681
32	66	0.605422	65	0.594802	63.9	0.583179	62.9	0.572667	61.9	0.562206	60.9	0.551794
31	66.4	0.609684	65.4	0.599043	94.3	0.92896	63.3	0.576866	62.3	0.566384	61.3	0.555953
30	66.7	0.612886	65.6	0.601167	64.6	0.590568	63.6	0.58002	62.6	0.569523	61.6	0.559077
29	67	0.616093	66	0.605422	65	0.594802	64	0.584233	62.9	0.572667	61.9	0.562206
28	67.4	0.620376	66.3	0.608618	65.3	0.597982	64.3	0.587399	63.3	0.576866	62.3	0.566384
27	67.7	0.623594	66.7	0.612886	65.7	0.60223	64.7	0.591626	63.6	0.58002	62.6	0.569523
26	68	0.626817	67	0.616093	66	0.605422	65	0.594802	64	0.584233	63	0.573716

续表

溶液温度/°C	酒精计读数											
	70		69		68		67		66		65	
	体积分数/%	质量分数	体积分数/%	质量分数	体积分数/%	质量分数	体积分数/%	质量分数	体积分数/%	质量分数	体积分数/%	质量分数
	温度在20°C时用体积分数或质量分数表示酒精浓度											
25	68.4	0.631121	67.3	0.619305	66.3	0.608818	65.3	0.597982	64.3	0.587399	63.3	0.576866
24	68.7	0.634355	67.7	0.623594	66.7	0.612886	65.7	0.60223	64.6	0.590568	63.6	0.58002
23	69	0.637593	68	0.626817	67	0.616093	66	0.605422	65	0.594802	64	0.584233
22	69.3	0.640836	68.3	0.630044	67.3	0.619305	66.3	0.608618	65.3	0.597982	64.3	0.587399
21	69.7	0.645168	68.7	0.634355	67.7	0.623594	66.7	0.612886	65.7	0.60223	64.6	0.590568
20	70	0.648422	69	0.637593	68	0.626817	67	0.616093	66	0.605422	65	0.594802
19	70.3	0.651681	69.3	0.640836	68.3	0.630044	67.3	0.619305	66.3	0.608618	65.3	0.597982
18	70.6	0.654945	69.6	0.644084	68.7	0.634355	67.7	0.623594	66.7	0.612886	65.7	0.60223
17	71	0.659305	70	0.648422	69	0.637593	68	0.626817	67	0.616093	66	0.605422
16	71.3	0.66258	70.3	0.651681	69.3	0.640836	68.3	0.630044	67.3	0.619305	66.3	0.608618
15	71.6	0.66586	70.6	0.654945	69.6	0.644084	68.6	0.633276	67.7	0.623594	66.7	0.612886
14	72	0.670241	71	0.659305	70	0.648422	69	0.637593	68	0.626817	67	0.616093
13	72.3	0.673532	71.3	0.66258	70.3	0.651681	69.3	0.640836	68.3	0.630044	67.4	0.620376
12	72.6	0.676828	71.6	0.66586	70.6	0.654945	69.6	0.644084	68.7	0.634355	67.7	0.623594
11	72.9	0.68013	71.9	0.669145	71	0.659305	70	0.648422	69	0.637593	68	0.626817
10	73.2	0.683436	72.2	0.672435	71.3	0.66258	70.3	0.651681	69.3	0.640836	68.3	0.630044
9	73.5	0.686747	72.6	0.676828	71.9	0.669145	70.6	0.654945	69.6	0.644084	68.7	0.634355
8	73.8	0.690063	72.9	0.68013	71.9	0.669145	70.9	0.658214	70	0.648422	69	0.637593
7	74.2	0.694492	73.2	0.683436	72.2	0.672435	71.3	0.66258	70.3	0.651681	69.3	0.640836
6	74.5	0.697819	73.5	0.686747	72.5	0.675729	71.6	0.66586	70.6	0.654945	69.6	0.644084
5	74.8	0.701151	73.8	0.690063	72.9	0.68013	71.9	0.669145	70.9	0.658214	70	0.648422
4	75.1	0.704489	74.1	0.693383	73.2	0.683436	72.2	0.672435	71.2	0.661488	70.3	0.651681
3	75.4	0.707831	74.4	0.696709	73.5	0.686747	72.5	0.675729	71.6	0.66586	70.6	0.654945
2	75.7	0.711178	74.7	0.70004	73.8	0.690063	72.8	0.679029	71.9	0.669145	70.9	0.658214
1	76	0.714531	75	0.703376	74	0.692276	73.1	0.682333	72.2	0.672435	71.2	0.661488
0	76.3	0.717888	75.4	0.707831	74.1	0.693383	73.4	0.685642	72.5	0.675729	71.5	0.664766

续表

溶液温度/℃	酒精计读数											
	64		63		62		61		60		59	
	体积分数/%	质量分数	体积分数/%	质量分数	体积分数/%	质量分数	体积分数/%	质量分数	体积分数/%	质量分数	体积分数/%	质量分数
40	57.1	0.512684	56	0.501494	55	0.491372	54	0.481298	52.8	0.469271	51.8	0.459301
39	57.5	0.516767	56.4	0.505556	55.3	0.494403	54.4	0.485321	53.2	0.473272	52.2	0.463284
38	57.8	0.519835	56.7	0.508608	55.7	0.498452	54.7	0.488344	53.5	0.476278	52.5	0.466275
37	58.2	0.523932	57.1	0.512684	56	0.501494	55.1	0.492382	53.9	0.480293	52.9	0.470271
36	58.5	0.52701	57.4	0.515745	56.3	0.50454	55.5	0.496427	54.2	0.483309	53.2	0.473272
35	58.9	0.531121	57.8	0.519835	56.8	0.509626	55.8	0.499465	54.6	0.487336	53.6	0.477281
34	59.2	0.53421	58.1	0.522907	57.1	0.512684	56.1	0.502509	55	0.491372	54	0.481298
33	59.6	0.538334	58.5	0.52701	57.4	0.515745	56.5	0.506573	55.3	0.494403	54.3	0.484315
32	59.9	0.541433	58.8	0.530093	57.7	0.518812	56.8	0.509626	55.7	0.498452	54.7	0.488344
31	60.3	0.545572	59.2	0.53421	58.1	0.522907	57.2	0.513704	56	0.501494	55	0.491372
30	60.6	0.548681	59.5	0.537302	58.5	0.52701	57.5	0.516767	56.4	0.505556	55.4	0.495415
29	60.9	0.551794	59.9	0.541433	58.8	0.530093	57.8	0.519835	56.8	0.509626	55.8	0.499465
28	61.2	0.554913	60.2	0.544536	59.2	0.53421	58.2	0.523932	57.2	0.513704	56.1	0.502509
27	61.6	0.559077	60.6	0.548681	59.6	0.538334	58.5	0.52701	57.5	0.516767	56.5	0.506573
26	62	0.56325	60.9	0.551794	59.9	0.541433	58.9	0.531121	57.9	0.520858	56.9	0.510645
25	62.2	0.565339	61.3	0.555953	60.3	0.545572	59.2	0.53421	58.2	0.523932	57.2	0.513704
24	62.6	0.569523	61.6	0.559077	60.6	0.548681	59.6	0.538334	58.6	0.528334	57.6	0.517789
23	63	0.573716	62	0.56325	61	0.552833	60	0.542467	58.9	0.531121	57.9	0.520858
22	63.3	0.576866	62.3	0.566384	61.3	0.555953	60.3	0.545572	59.3	0.53524	58.3	0.524958
21	63.6	0.58002	62.6	0.569523	61.6	0.559077	60.6	0.548681	59.6	0.538334	58.6	0.528037
20	64	0.584233	63	0.573716	62	0.56325	61	0.552833	60	0.542467	59	0.53215
19	64.3	0.587399	63.3	0.576866	62.3	0.566384	61.3	0.555953	60.4	0.546607	59.4	0.536271
18	64.7	0.591626	63.7	0.581073	92.7	0.909398	61.7	0.560119	60.7	0.549718	59.7	0.539367
17	65	0.594802	64	0.584233	63	0.573716	62	0.56325	61	0.552833	60	0.542467
16	65.4	0.599043	64.4	0.588455	63.4	0.577917	62.4	0.56743	61.4	0.556994	60.4	0.546607
15	65.7	0.60223	64.7	0.591626	63.7	0.581073	62.7	0.570571	61.7	0.560119	60.8	0.550756
14	66	0.605422	65	0.594802	64.1	0.585288	63.1	0.574766	62	0.56325	61.1	0.553873
13	66.4	0.609684	65.4	0.599043	64.4	0.588455	63.5	0.577917	62.4	0.56743	61.4	0.556994
12	66.7	0.612886	65.7	0.60223	64.7	0.591626	63.8	0.582126	62.8	0.571619	61.8	0.561162
11	67	0.616093	66	0.605422	65.1	0.595861	64.1	0.585288	63.1	0.574766	62.1	0.564294

温度在20℃时用体积分数或质量分数表示酒精浓度

续表

酒精计读数

温度在20℃时用体积分数或质量分数表示酒精液度

溶液温度/°C	59 体积分数/%	59 质量分数	60 体积分数/%	60 质量分数	61 体积分数/%	61 质量分数	62 体积分数/%	62 质量分数	63 体积分数/%	63 质量分数	64 体积分数/%	64 质量分数
10	62.5	0.568477	63.5	0.578968	64.4	0.588455	65.4	0.599043	66.4	0.609684	67.4	0.620376
9	62.8	0.571619	63.8	0.582126	64.8	0.592684	65.7	0.60223	66.7	0.612886	67.7	0.623594
8	63.2	0.575816	64.1	0.585288	65.1	0.595861	66.1	0.606486	67	0.616093	68	0.626817
7	63.5	0.578968	64.5	0.589511	65.4	0.599043	66.4	0.609684	67.4	0.620376	68.4	0.631121
6	63.8	0.582126	64.8	0.592684	65.8	0.603293	66.7	0.612886	67.7	0.623594	68.7	0.634355
5	64.2	0.586343	65.1	0.595861	66.1	0.606486	67.1	0.617163	68	0.626817	69	0.637593
4	64.5	0.589511	65.5	0.600105	66.4	0.609684	67.4	0.620376	68.4	0.631121	69.3	0.640836
3	64.8	0.592684	65.8	0.603293	66.8	0.613955	67.7	0.623594	68.7	0.634355	69.6	0.644084
2	65.2	0.596922	66.1	0.606486	67.1	0.617163	68	0.626817	69	0.637593	70	0.648422
1	65.5	0.600105	66.4	0.609684	67.4	0.620376	68.4	0.631121	69.3	0.640836	70.3	0.651681
0	65.8	0.603293	66.8	0.613955	67.7	0.623594	68.7	0.634355	69.6	0.644084	70.6	0.654945

酒精计读数

温度在20℃时用体积分数或质量分数表示酒精液度

溶液温度/°C	53 体积分数/%	53 质量分数	54 体积分数/%	54 质量分数	55 体积分数/%	55 质量分数	56 体积分数/%	56 质量分数	57 体积分数/%	57 质量分数	58 体积分数/%	58 质量分数
40	45.5	0.397552	46.6	0.408203	47.6	0.417934	48.6	0.42771	49.7	0.438516	50.8	0.449378
39	45.9	0.401419	47	0.41209	48	0.421839	49	0.431633	50.1	0.442459	51.1	0.45235
38	46.3	0.405293	47.3	0.41501	48.3	0.424772	49.3	0.43458	50.4	0.445422	51.5	0.456319
37	46.6	0.408203	47.7	0.418909	48.7	0.42869	49.7	0.438516	50.8	0.449378	51.9	0.460296
36	47	0.41209	48.1	0.422816	49.1	0.432615	50.1	0.442459	51.2	0.453342	52.2	0.463284
35	47.4	0.415984	48.5	0.42673	49.5	0.436547	50.5	0.44641	51.6	0.457313	52.6	0.467273
34	47.8	0.419885	48.8	0.42967	49.8	0.439501	50.8	0.449378	51.9	0.460296	53	0.471271
33	48.2	0.423794	49.2	0.433597	50.2	0.443446	51.2	0.453342	52.3	0.46428	53.3	0.474274
32	48.6	0.42771	49.6	0.437531	50.6	0.447399	51.6	0.457313	52.7	0.468272	53.7	0.478285
31	48.9	0.430651	49.9	0.440487	50.9	0.450368	51.9	0.460296	53	0.471271	54	0.481298
30	49.3	0.43458	50.3	0.444434	51.3	0.454334	52.3	0.46428	53.4	0.475276	54.4	0.485321
29	49.6	0.437531	50.7	0.448388	51.7	0.458307	52.7	0.468272	53.7	0.478285	54.8	0.489353
28	50	0.441473	51	0.451359	52.1	0.462287	53.1	0.472271	54.1	0.482303	55.1	0.492382
27	50.4	0.445422	51.4	0.455326	52.4	0.465278	53.4	0.475276	54.5	0.486329	55.5	0.496427
26	50.8	0.449378	51.8	0.459301	52.8	0.469271	53.8	0.479288	54.8	0.489353	55.8	0.499465

续表

溶液温度/℃	酒精计读数											
	58		57		56		55		54		53	
	体积分数/%	质量分数	体积分数/%	质量分数	体积分数/%	质量分数	体积分数/%	质量分数	体积分数/%	质量分数	体积分数/%	质量分数
	温度在20℃时用体积分数或质量分数表表示酒精浓度											
25	56.2	0.503524	55.2	0.493392	54.2	0.483309	53.2	0.473272	52.2	0.463284	51.1	0.45235
24	56.6	0.50759	55.6	0.497439	54.5	0.486329	53.5	0.476278	52.5	0.466275	51.5	0.456319
23	56.9	0.510645	55.9	0.500479	54.9	0.490362	53.9	0.480293	52.9	0.470271	51.9	0.460296
22	57.3	0.514724	56.3	0.50454	55.3	0.494403	54.3	0.484315	53.3	0.474274	52.2	0.463284
21	57.6	0.517789	56.6	0.50759	55.6	0.497439	54.6	0.487336	53.6	0.477281	52.6	0.467273
20	58	0.521883	57	0.511664	56	0.501494	55	0.491372	54	0.481298	53	0.471271
19	58.4	0.525984	57.4	0.515745	56.4	0.505556	55.4	0.495415	54.4	0.485321	53.4	0.475276
18	58.7	0.529065	57.7	0.518812	56.7	0.508608	55.7	0.498452	54.7	0.488344	53.7	0.478285
17	59.1	0.53318	58.1	0.522907	57.1	0.512684	56.1	0.502509	55.1	0.492382	54.1	0.482303
16	59.5	0.537302	58.5	0.52701	57.5	0.516767	56.5	0.506573	55.5	0.496427	54.5	0.486329
15	59.8	0.5404	58.8	0.530093	57.8	0.519835	56.8	0.509626	55.8	0.499465	54.8	0.489353
14	60.1	0.543501	59.1	0.53318	58.2	0.523932	57.2	0.513704	56.2	0.503524	55.2	0.493392
13	60.5	0.547644	59.5	0.537302	58.5	0.52701	57.5	0.516767	56.6	0.50759	55.6	0.497439
12	60.8	0.550756	59.8	0.5404	58.8	0.530093	57.9	0.520858	56.9	0.510645	55.9	0.500479
11	61.2	0.554913	60.2	0.544536	59.1	0.53318	58.2	0.523932	57.2	0.513704	56.3	0.50454
10	61.5	0.558035	60.5	0.547644	59.6	0.538334	58.6	0.528037	57.6	0.517789	56.6	0.50759
9	61.9	0.562206	60.9	0.551794	59.9	0.541433	58.9	0.531121	58	0.521883	57	0.511664
8	62.2	0.565339	61.2	0.554913	60.3	0.545572	59.3	0.53524	58.3	0.524958	57.4	0.515745
7	62.5	0.568477	61.6	0.559077	60.6	0.548681	59.6	0.538334	58.7	0.529065	57.7	0.518812
6	62.9	0.572667	61.9	0.562206	61	0.552833	60	0.542467	59	0.53215	58.1	0.522907
5	63.2	0.575816	62.3	0.566384	61.3	0.555953	60.3	0.545572	59.4	0.536271	58.4	0.525984
4	63.6	0.58002	62.6	0.569523	61.6	0.559077	60.7	0.549718	59.7	0.539367	58.8	0.530093
3	63.9	0.583179	62.9	0.572667	62	0.56325	61	0.552833	60.1	0.543501	59.1	0.53318
2	64.2	0.586343	63.3	0.576866	62.3	0.566384	61.4	0.556994	60.4	0.546607	59.4	0.536271
1	64.6	0.590568	63.6	0.58002	62.6	0.569523	61.7	0.560119	60.7	0.549718	59.8	0.5404
0	64.9	0.593743	63.9	0.583179	63	0.573716	62	0.56325	61.1	0.553873	60.1	0.543501

续表

温度在20℃时用体积分数或质量分数表示酒精液度

溶液温度/℃	酒精计读数 52		51		50		49		48		47	
	体积分数/%	质量分数	体积分数/%	质量分数	体积分数/%	质量分数	体积分数/%	质量分数	体积分数/%	质量分数	体积分数/%	质量分数
40	44.4	0.386955	43.4	0.377368	42.4	0.367824	41.4	0.358325	40.4	0.348869	39.2	0.337579
39	44.8	0.390802	43.8	0.381197	42.7	0.370683	41.8	0.36212	40.8	0.352646	39.6	0.341336
38	45.2	0.394656	44.2	0.385034	43.1	0.3745	42.2	0.365921	41.2	0.35643	40	0.345099
37	45.5	0.397552	44.5	0.387916	43.5	0.378324	42.5	0.368777	41.5	0.359273	40.4	0.348869
36	45.9	0.401419	44.9	0.391765	43.9	0.382156	42.9	0.37259	41.9	0.363069	40.8	0.352646
35	46.3	0.405293	45.3	0.395621	44.3	0.385994	43.3	0.376411	42.3	0.366873	41.2	0.35643
34	46.7	0.409174	45.7	0.399485	44.7	0.38984	43.7	0.380239	42.7	0.370683	41.5	0.359273
33	47.1	0.413063	46.1	0.403355	45	0.392728	44.1	0.384074	43.1	0.3745	41.9	0.363069
32	47.4	0.415984	46.4	0.406263	45.4	0.396586	44.4	0.386955	43.4	0.377368	42.4	0.367824
31	47.8	0.419885	46.8	0.410146	45.8	0.400452	44.8	0.390802	43.8	0.381197	42.7	0.370683
30	48.2	0.423794	47.2	0.414036	46.2	0.404324	45.2	0.394656	44.2	0.385034	43.1	0.3745
29	48.6	0.42771	47.6	0.417934	46.6	0.408203	45.6	0.398518	44.5	0.387916	43.5	0.378324
28	49	0.431633	48	0.421839	47	0.41209	45.9	0.401419	44.9	0.391765	43.9	0.382156
27	49.4	0.435563	48.3	0.424772	47.3	0.41501	46.3	0.405293	45.3	0.395621	44.3	0.385994
26	49.7	0.438516	48.7	0.42869	47.7	0.418909	46.7	0.409174	45.7	0.399485	44.7	0.38984
25	50.1	0.442459	49.1	0.432615	48.1	0.422816	47.1	0.413063	46.1	0.403355	45.1	0.393692
24	50.4	0.445422	49.5	0.436547	48.5	0.42673	47.5	0.416959	46.4	0.406263	45.4	0.396586
23	50.9	0.450368	49.9	0.440487	48.9	0.430651	47.8	0.419885	46.8	0.410146	45.8	0.400452
22	51.2	0.453342	50.2	0.443446	49.2	0.433597	48.2	0.423794	47.2	0.414036	46.2	0.404324
21	51.6	0.457313	50.6	0.447399	49.6	0.437531	48.6	0.42771	47.6	0.417934	46.6	0.408203
20	52.2	0.463284	51	0.451359	50	0.441473	49	0.431633	48	0.421839	47	0.41209
19	52.4	0.465278	51.4	0.455326	50.4	0.445422	49.4	0.435563	48.4	0.425751	47.4	0.415984
18	52.7	0.468272	51.7	0.458307	50.7	0.448388	49.8	0.439501	48.8	0.42967	47.8	0.419885
17	53.1	0.472271	52.1	0.462287	51.1	0.45235	50.1	0.442459	49.2	0.433597	48.2	0.423794
16	53.5	0.476278	52.5	0.466675	51.5	0.456319	50.5	0.44641	49.5	0.436547	48.6	0.42771
15	53.9	0.480293	52.9	0.470271	51.9	0.460296	50.9	0.450368	49.9	0.440487	48.9	0.430651
14	54.3	0.484315	53.2	0.473272	52.2	0.463284	51.3	0.454334	50.3	0.444434	49.3	0.43458
13	54.6	0.487336	53.6	0.477281	52.6	0.467273	51.6	0.457313	50.7	0.448388	49.7	0.438516
12	55	0.491372	54	0.481298	53	0.471271	52	0.461291	51	0.451359	50.1	0.442459
11	55.3	0.494403	54.3	0.484315	53.4	0.475276	52.4	0.465278	51.4	0.455326	50.4	0.445422

续表

溶液温度/℃	酒精计读数											
	47		48		49		50		51		52	
	体积分数/%	质量分数	体积分数/%	质量分数	体积分数/%	质量分数	体积分数/%	质量分数	体积分数/%	质量分数	体积分数/%	质量分数
	温度在20℃时用体积分数或质量分数表示酒精浓度											
10	50.8	0.449378	51.8	0.459301	52.8	0.469271	53.7	0.478285	54.7	0.488344	55.7	0.498452
9	51.2	0.453342	52.2	0.463284	53.1	0.472271	54.1	0.482303	55.1	0.492382	56	0.501494
8	51.6	0.457313	52.5	0.466275	53.5	0.476278	54.5	0.486329	55.4	0.495415	56.4	0.505556
7	51.9	0.460296	52.9	0.470271	53.9	0.480293	54.8	0.489353	55.8	0.499465	56.8	0.509626
6	52.3	0.46428	53.2	0.473272	54.2	0.483309	55.2	0.493392	56.1	0.502509	57.1	0.512684
5	52.7	0.468272	53.6	0.477281	54.6	0.487336	55.5	0.496427	56.5	0.506573	57.4	0.515745
4	53	0.471271	54	0.481298	54.9	0.490362	55.9	0.500479	56.8	0.509626	57.8	0.519835
3	53.4	0.475276	54.3	0.484315	55.3	0.494403	56.2	0.503524	57.2	0.513704	58.2	0.523932
2	53.8	0.479288	54.7	0.488344	55.6	0.497439	56.6	0.50759	57.5	0.516767	58.5	0.52701
1	54.1	0.482303	55	0.491372	56	0.501494	57	0.511664	57.9	0.520858	58.8	0.530093
0	54.5	0.486329	55.4	0.495415	56.4	0.505556	57.3	0.514724	58.2	0.523932	59.2	0.53421

溶液温度/℃	酒精计读数											
	41		42		43		44		45		46	
	体积分数/%	质量分数	体积分数/%	质量分数	体积分数/%	质量分数	体积分数/%	质量分数	体积分数/%	质量分数	体积分数/%	质量分数
	温度在20℃时用体积分数或质量分数表示酒精浓度											
40	33	0.28022	34	0.289547	35	0.298547	36.1	0.308698	37	0.317041	38.2	0.328218
39	33.4	0.283872	34.4	0.293031	35.4	0.302232	36.5	0.312402	37.4	0.32076	38.4	0.330087
38	33.8	0.287531	34.8	0.296707	35.8	0.305924	36.9	0.316112	37.8	0.324486	39	0.335704
37	34.2	0.291196	35.2	0.300389	36.2	0.309623	37.3	0.31983	38.2	0.328218	39.4	0.339457
36	34.6	0.294868	35.6	0.304078	36.6	0.313329	37.7	0.323554	38.6	0.331957	39.8	0.343217
35	35	0.298547	36	0.307773	37	0.317041	38.1	0.327284	39	0.335704	40.2	0.346983
34	35.4	0.302232	36.4	0.311475	37.4	0.32076	38.5	0.331022	39.5	0.340396	40.5	0.349813
33	35.8	0.305924	36.8	0.315184	37.8	0.324486	38.9	0.334766	39.9	0.344158	40.9	0.353592
32	36.2	0.309623	37.2	0.3189	38.2	0.328218	39.3	0.338518	40.3	0.347926	41.3	0.357378
31	36.6	0.313329	37.6	0.322622	38.6	0.331957	39.7	0.342276	40.7	0.351701	41.7	0.36117
30	37	0.317041	38	0.326351	39	0.335704	40.1	0.346041	41.1	0.355484	42.1	0.36497
29	37.4	0.32076	38.4	0.330087	39.4	0.339457	40.6	0.350757	41.5	0.359273	42.5	0.368777
28	37.8	0.324486	38.8	0.33383	39.8	0.343217	40.8	0.352646	41.9	0.363069	42.9	0.37259
27	38.2	0.328218	39.2	0.337579	40.2	0.346983	41.2	0.35643	42.3	0.366873	43.3	0.376411
26	38.6	0.331957	39.6	0.341336	40.6	0.350757	41.6	0.360221	42.7	0.370683	43.7	0.380239

续表

溶液温度/°C	酒精计读数											
	46		45		44		43		42		41	
	体积分数/%	质量分数	体积分数/%	质量分数	体积分数/%	质量分数	体积分数/%	质量分数	体积分数/%	质量分数	体积分数/%	质量分数
	温度在20℃时用体积分数或质量分数表表示酒精液度											
25	44.1	0.384074	43	0.373545	42	0.364019	41	0.354538	40	0.345099	39	0.335704
24	44.4	0.386955	43.4	0.377368	42.4	0.367824	41.4	0.358325	40.4	0.348869	39.4	0.339457
23	44.8	0.390802	43.8	0.381197	42.8	0.371636	41.8	0.36212	40.8	0.352646	39.8	0.343217
22	45.2	0.394656	44.2	0.385034	43.2	0.375455	42.2	0.365921	41.2	0.35643	40.2	0.346983
21	45.6	0.398518	44.6	0.388877	43.6	0.379281	42.6	0.36973	41.6	0.360221	40.6	0.350757
20	46	0.402387	45	0.392728	44	0.383115	43	0.373545	42	0.364019	41	0.354538
19	46.4	0.406263	45.4	0.396586	44.4	0.386955	43.4	0.377368	42.4	0.367824	41.4	0.358325
18	46.8	0.410146	45.8	0.400452	44.8	0.390802	43.8	0.381197	42.8	0.371636	41.8	0.36212
17	47.2	0.414036	46.2	0.404324	45.2	0.394656	44.2	0.385034	43.2	0.375455	42.2	0.365921
16	47.6	0.417934	46.6	0.408203	45.6	0.398518	44.6	0.388877	43.6	0.379281	42.6	0.36973
15	47.9	0.420862	47	0.41209	46	0.402387	45	0.392728	44	0.383115	43	0.373545
14	48.3	0.424772	47.3	0.41501	46.4	0.406263	45.4	0.396586	44.4	0.386955	43.4	0.377368
13	48.7	0.42869	47.7	0.418909	46.7	0.409174	45.8	0.400452	44.8	0.390802	43.8	0.381197
12	49.1	0.432615	48.1	0.422816	47.1	0.413063	46.1	0.403355	45.2	0.394656	44.2	0.385034
11	49.5	0.436547	48.5	0.42673	47.5	0.416959	46.5	0.407233	45.6	0.398518	44.6	0.388877
10	49.8	0.439501	48.9	0.430651	47.9	0.420862	46.9	0.411118	46	0.402387	45	0.392728
9	50.2	0.443446	49.2	0.433597	48.3	0.424772	47.3	0.41501	46.4	0.406263	45.4	0.396586
8	50.6	0.447399	49.6	0.437531	48.6	0.42771	47.7	0.418909	46.7	0.409174	45.8	0.400452
7	51	0.451359	50	0.441473	49	0.431633	48.1	0.422816	47.1	0.413063	46.2	0.404324
6	51.3	0.454334	50.4	0.445422	49.4	0.435563	48.4	0.425751	47.5	0.416959	46.5	0.407233
5	51.7	0.458307	50.8	0.449378	49.8	0.439501	48.8	0.42967	47.9	0.420862	46.9	0.411118
4	52.1	0.462287	51.1	0.45235	50.2	0.443446	49.2	0.433597	48.2	0.423794	47.3	0.41501
3	52.4	0.465278	51.5	0.456319	50.5	0.44641	49.6	0.437531	48.6	0.42771	47.7	0.418909
2	52.8	0.469271	51.8	0.459301	50.9	0.450368	49.9	0.440487	49	0.431633	48	0.421839
1	53.2	0.473272	52.2	0.463284	51.3	0.454334	50.3	0.444434	49.4	0.435563	48.4	0.425751
0	53.5	0.476278	52.6	0.467273	51.6	0.457313	50.7	0.448388	49.7	0.438516	48.8	0.42967

续表

溶液温度/℃	酒精计读数											
	40		39		38		37		36		35	
	体积分数/%	质量分数	体积分数/%	质量分数	体积分数/%	质量分数	体积分数/%	质量分数	体积分数/%	质量分数	体积分数/%	质量分数
	温度在20℃时用体积分数或质量分数表示酒精浓度											
40	33.2	8.626472	31	0.262057	30	0.253036	29	0.244056	28	0.235115	26.8	0.224439
39	32.4	0.274754	31.4	0.265676	30.4	0.256639	29.4	0.247643	28.4	0.238687	27.2	0.227992
38	32.8	0.278396	31.8	0.269302	30.8	0.260249	29.8	0.251237	28.8	0.242264	27.7	0.232441
37	33.2	0.282045	32.2	0.272935	31.2	0.263866	30.2	0.254837	29.2	0.245849	28	0.235115
36	33.6	0.2857	32.6	0.276574	31.6	0.267488	30.6	0.258444	29.6	0.249439	28.4	0.238687
35	34	0.289363	33	0.28022	32	0.271118	31	0.262057	30	0.253036	28.8	0.242264
34	34.4	0.293031	33.4	0.283872	32.4	0.274754	31.4	0.265676	30.4	0.256639	29.3	0.246746
33	34.8	0.296707	33.8	0.287531	32.8	0.278396	31.8	0.269302	30.8	0.260249	29.7	0.250338
32	35.2	0.300389	34.2	0.291196	33.2	0.282045	32.2	0.272935	31.2	0.263866	30.1	0.253936
31	35.6	0.304078	34.6	0.294868	33.6	0.2857	32.6	0.276574	31.6	0.267488	30.5	0.257541
30	36	0.307773	35	0.298547	34	0.289363	33	0.28022	32	0.271118	30.9	0.261153
29	36.4	0.311475	35.4	0.302232	34.4	0.293031	33.4	0.283872	32.3	0.273844	31.3	0.264771
28	36.8	0.315184	35.8	0.305924	34.8	0.296707	33.8	0.287531	32.8	0.278396	31.7	0.268395
27	37.2	0.3189	36.2	0.309623	35.2	0.300389	34.2	0.291196	33.2	0.282045	32.2	0.272935
26	37.6	0.322622	36.6	0.313329	35.6	0.304078	34.6	0.294868	33.6	0.2857	32.6	0.276574
25	38	0.326351	37	0.317041	36	0.307773	35	0.298547	34	0.289363	33	0.28022
24	38.4	0.330087	37.4	0.32076	36.4	0.311475	35.4	0.302232	34.4	0.293031	33.4	0.283872
23	38.8	0.33383	37.8	0.324486	36.8	0.315184	35.8	0.305924	34.8	0.296707	33.8	0.287531
22	39.2	0.337579	38.2	0.328218	37.2	0.3189	36.2	0.309623	35.2	0.300389	34.2	0.291196
21	39.6	0.341336	38.6	0.331957	37.6	0.322622	36.6	0.313329	35.6	0.304078	34.6	0.294868
20	40	0.345099	39	0.335704	38	0.326351	37	0.317041	36	0.307773	35	0.298547
19	40.4	0.348869	39.4	0.339457	38.4	0.330087	37.4	0.32076	36.4	0.311475	35.4	0.302232
18	40.8	0.352646	39.8	0.343217	38.8	0.33383	37.8	0.324486	36.8	0.315184	35.8	0.305924
17	41.2	0.35643	40.2	0.346983	39.2	0.337579	38.2	0.328218	37.2	0.3189	36.2	0.309623
16	41.6	0.360221	40.6	0.350757	39.6	0.341336	38.6	0.331957	37.6	0.322622	36.6	0.313329
15	42	0.364019	41	0.354538	40	0.345099	39	0.335704	38	0.326351	37	0.317041
14	42.4	0.367824	41.4	0.358325	40.4	0.348869	39.4	0.339457	38.4	0.330087	37.4	0.32076
13	42.8	0.371636	41.8	0.36212	40.8	0.352646	39.8	0.343217	38.8	0.33383	37.8	0.324486
12	43.2	0.375455	42.2	0.365921	41.2	0.35643	40.2	0.346983	39.2	0.337579	38.2	0.328218
11	43.6	0.379281	42.6	0.36973	41.6	0.360221	40.6	0.350757	39.6	0.341336	38.7	0.332893

续表

溶液温度/℃	酒精计读数											
	40		39		38		37		36		35	
	温度在20℃时用体积分数或质量分数表示酒精浓度											
	体积分数/%	质量分数	体积分数/%	质量分数	体积分数/%	质量分数	体积分数/%	质量分数	体积分数/%	质量分数	体积分数/%	质量分数
10	44	0.383115	43	0.373545	42	0.364019	41	0.354538	40.1	0.346041	39.1	0.336641
9	44.4	0.386955	43.4	0.377368	42.4	0.367824	41.4	0.358325	40.5	0.349813	39.5	0.340396
8	44.8	0.390802	43.8	0.381197	42.8	0.371636	41.9	0.363069	40.9	0.353592	39.9	0.344158
7	45.2	0.394656	44.2	0.385034	43.2	0.375455	42.3	0.366873	41.3	0.357378	40.3	0.347926
6	45.6	0.398518	44.6	0.388877	43.6	0.379281	42.7	0.370683	41.7	0.36117	40.7	0.351701
5	46	0.402387	45	0.392728	44	0.383115	43.1	0.3745	42.1	0.36497	41.1	0.355484
4	46.3	0.405293	45.4	0.396586	44.4	0.386955	43.4	0.377368	42.5	0.368777	41.5	0.359273
3	46.7	0.409174	45.8	0.400452	44.8	0.390802	43.8	0.381197	42.9	0.37259	41.9	0.363069
2	47.1	0.413063	46.1	0.403355	45.2	0.394656	44.2	0.385034	43.3	0.376411	42.3	0.366873
1	47.5	0.416959	46.5	0.407233	45.6	0.398518	44.6	0.388877	43.7	0.380239	42.7	0.370683
0	47.8	0.419885	46.9	0.411118	46	0.402387	45	0.392728	44	0.383115	43.1	0.3745

溶液温度/℃	酒精计读数											
	34		33		32		31		30		29	
	温度在20℃时用体积分数或质量分数表示酒精浓度											
	体积分数/%	质量分数	体积分数/%	质量分数	体积分数/%	质量分数	体积分数/%	质量分数	体积分数/%	质量分数	体积分数/%	质量分数
40	25.8	0.215586	24.8	0.206772	24	0.199749	23	0.191004	22.2	0.184036	21.2	0.175361
39	26.2	0.219123	25.2	0.210293	24.4	0.203257	23.4	0.194497	22.6	0.187517	21.6	0.178827
38	26.7	0.223552	25.7	0.214703	24.8	0.206772	23.8	0.197997	23	0.191004	22	0.182298
37	27	0.226215	26	0.217354	25.2	0.210293	24.2	0.201502	23.4	0.194497	22.4	0.185776
36	27.4	0.22977	26.4	0.220893	25.6	0.21382	24.6	0.205014	23.8	0.197997	22.8	0.18926
35	27.8	0.233332	26.8	0.224439	26	0.217354	25	0.208532	24.2	0.201502	23.2	0.19275
34	28.3	0.237793	27.3	0.228881	26.4	0.220893	25.4	0.212056	24.5	0.204135	23.5	0.195372
33	28.7	0.241369	27.7	0.232441	26.8	0.224439	25.8	0.215586	24.9	0.207652	23.9	0.198872
32	29.1	0.244952	28.1	0.236008	27.2	0.227992	26.2	0.219123	25.3	0.211174	24.3	0.202379
31	29.5	0.248541	28.5	0.239581	27.6	0.23155	26.6	0.222666	25.7	0.214703	24.7	0.205893
30	29.9	0.252136	28.9	0.24316	28	0.235115	27	0.226215	26.1	0.218238	25.1	0.209412
29	30.3	0.255738	29.4	0.247643	28.4	0.238687	27.4	0.22977	26.4	0.220893	25.5	0.212938
28	30.7	0.259346	29.7	0.250338	28.8	0.242264	27.8	0.233332	26.8	0.224439	25.9	0.21647
27	31.2	0.263866	30.2	0.254837	29.2	0.245849	28.2	0.2369	27.2	0.227992	26.3	0.220008
26	31.6	0.267488	30.6	0.258444	29.6	0.249439	28.6	0.240475	27.6	0.23155	26.6	0.222666

续表

溶液温度/℃	酒精计读数											
	34		33		32		31		30		29	
	温度在20℃时用体积分数或质量分数表示酒精浓度											
	体积分数/%	质量分数	体积分数/%	质量分数	体积分数/%	质量分数	体积分数/%	质量分数	体积分数/%	质量分数	体积分数/%	质量分数
25	32	0.271118	31	0.262057	30	0.253036	29	0.244056	28	0.235115	27	0.226215
24	32.4	0.274754	31.4	0.265676	30.4	0.256639	29.4	0.247643	28.4	0.238687	27.4	0.22977
23	32.8	0.278396	31.8	0.269302	30.8	0.260249	29.8	0.251237	28.8	0.242264	27.8	0.233332
22	33.2	0.282045	32.2	0.272935	31.2	0.263866	30.2	0.254837	29.2	0.245849	28.2	0.2369
21	33.6	0.2857	32.6	0.276574	31.6	0.267488	30.6	0.258444	29.6	0.249439	28.6	0.240475
20	34	0.289363	33	0.28022	32	0.271118	31	0.262057	30	0.253036	29	0.244056
19	34.4	0.293031	33.4	0.283872	32.4	0.274754	31.4	0.265676	30.4	0.256639	29.4	0.247643
18	34.8	0.296707	33.8	0.287531	32.8	0.278396	31.8	0.269302	30.8	0.260249	29.8	0.251237
17	35.2	0.300389	34.2	0.291196	33.2	0.282045	32.2	0.272935	31.2	0.263866	30.2	0.254837
16	35.6	0.304078	34.6	0.294868	33.6	0.2857	32.6	0.276574	31.6	0.267488	30.6	0.258444
15	36	0.307773	35	0.298547	34	0.289363	33	0.28022	32	0.271118	31	0.262057
14	36.4	0.311475	35.4	0.302232	34.4	0.293031	33.4	0.283872	32.4	0.274754	31.4	0.265676
13	36.8	0.315184	35.9	0.306849	34.9	0.297627	33.9	0.288446	32.8	0.278396	31.8	0.269302
12	37.3	0.31983	326.3	8.158007	35.3	0.30131	34.3	0.292114	33.3	0.282958	32.3	0.273844
11	37.7	0.323554	36.7	0.314256	35.7	0.305001	34.7	0.295787	33.7	0.286615	32.7	0.277485
10	38.1	0.327284	37.1	0.31797	36.1	0.308698	35.1	0.299468	34.1	0.290279	33.1	0.281132
9	38.5	0.331022	37.5	0.321691	36.5	0.312402	35.5	0.303155	34.5	0.29395	33.5	0.284786
8	38.9	0.334766	37.9	0.325418	36.9	0.316112	36	0.307773	35	0.298547	33.9	0.288446
7	39.3	0.338518	38.3	0.329152	37.3	0.31983	36.4	0.311475	35.4	0.302232	34.4	0.293031
6	39.7	0.342276	38.8	0.33383	37.8	0.324486	36.8	0.315184	35.8	0.305924	34.8	0.296707
5	40.1	0.346041	39.2	0.337579	38.2	0.328218	37.2	0.3189	36.2	0.309623	35.2	0.300389
4	40.5	0.349813	39.6	0.341336	38.6	0.331957	37.6	0.322622	36.6	0.313329	35.6	0.304078
3	40.9	0.353592	40	0.345099	39	0.335704	38	0.326351	37.1	0.31797	36	0.307773
2	41.3	0.357378	40.4	0.348869	39.4	0.339457	38.4	0.330087	37.5	0.321691	36.5	0.312402
1	41.7	0.36117	40.8	0.352646	39.8	0.343217	38.9	0.334766	37.9	0.325418	36.9	0.316112
0	42.1	0.36497	41.2	0.35643	40.2	0.346983	39.3	0.338518	38.3	0.329152	37.3	0.31983

续表

溶液温度/°C	酒精计读数											
	28		27		26		25		24		23	
	温度在20°C时用体积分数或质量分数表示酒精浓度											
	体积分数/%	质量分数	体积分数/%	质量分数	体积分数/%	质量分数	体积分数/%	质量分数	体积分数/%	质量分数	体积分数/%	质量分数
40	20.4	0.168448	19.4	0.159841	18.6	0.152982	17.8	0.146147	17	0.139336	16.2	0.132549
39	20.8	0.171901	19.8	0.163279	19	0.156408	18.2	0.149562	17.4	0.142739	16.5	0.135091
38	21.2	0.175361	20.2	0.166724	19.3	0.158982	18.5	0.152126	17.7	0.145295	16.9	0.138486
37	21.5	0.17796	20.5	0.169311	19.7	0.162419	18.9	0.155551	18	0.147854	17.2	0.141037
36	21.9	0.18143	20.9	0.172766	20.1	0.165862	19.2	0.158124	18.4	0.151271	17.6	0.144442
35	22.3	0.184906	21.3	0.176227	20.4	0.168448	19.6	0.161559	18.8	0.154695	17.9	0.147
34	22.7	0.188388	21.7	0.179694	20.8	0.171901	20	0.165001	19.1	0.157266	18.2	0.149562
33	23.1	0.191877	22.2	0.184036	21.2	0.175361	20.3	0.167586	19.4	0.159841	18.6	0.152982
32	23.4	0.194497	22.4	0.185776	21.6	0.178827	20.7	0.171038	19.8	0.163279	18.9	0.155551
31	23.8	0.197997	22.8	0.18926	21.9	0.18143	21	0.17363	20.2	0.166724	19.3	0.158982
30	24.2	0.201502	23.2	0.19275	22.3	0.184906	21.4	0.177093	20.5	0.169311	19.6	0.161559
29	24.6	0.205014	23.6	0.196246	22.7	0.188388	21.8	0.180562	50.8	0.449378	19.9	0.16414
28	24.9	0.207652	24	0.199749	23	0.191004	22.1	0.183167	21.2	0.175361	20.2	0.166724
27	25.3	0.211174	24.4	0.203257	23.4	0.194497	22.5	0.186646	21.5	0.17796	20.6	0.170174
26	25.7	0.214703	24.7	0.205893	23.8	0.197997	22.8	0.18926	21.9	0.18143	20.9	0.172766
25	26.1	0.218238	25.1	0.209412	24.1	0.200625	23.2	0.19275	22.2	0.184036	21.3	0.176227
24	26.4	0.220893	25.5	0.212938	24.5	0.204135	23.5	0.195372	22.6	0.187517	21.6	0.178827
23	26.8	0.224439	25.8	0.215586	24.9	0.207652	23.9	0.198872	22.9	0.190132	22	0.182298
22	27.2	0.227992	26.2	0.219123	25.3	0.211174	24.3	0.202379	23.3	0.193623	22.3	0.184906
21	26.6	0.222666	26.6	0.222666	5.6	0.044789	24.6	0.205014	23.6	0.196246	22.6	0.187517
20	28	0.235115	27	0.226215	26	0.217354	25	0.208532	24	0.199749	23	0.191004
19	28.4	0.238687	27.4	0.22977	26.4	0.220893	25.4	0.212056	24.4	0.203257	23.3	0.193623
18	28.8	0.242264	27.8	0.233332	26.7	0.223552	25.7	0.214703	24.7	0.205893	23.7	0.197121
17	29.2	0.245849	28.1	0.236008	27.1	0.227103	26.1	0.218238	25.1	0.209412	24	0.199749
16	29.6	0.249439	28.5	0.239581	27.5	0.23066	26.5	0.221779	25.4	0.212056	24.4	0.203257
15	30	0.253036	28.9	0.24316	27.9	0.234223	26.8	0.224439	25.8	0.215586	24.7	0.205893
14	30.4	0.256639	29.3	0.246746	28.4	0.238687	27.2	0.227992	26.2	0.219123	25.1	0.209412
13	30.8	0.260249	29.7	0.250338	28.7	0.241369	27.6	0.23155	26.5	0.221779	25.4	0.212056
12	31.2	0.263866	30.2	0.254837	29.1	0.244952	28	0.235115	26.9	0.225327	25.8	0.215586
11	31.6	0.267488	30.6	0.258444	29.5	0.248541	28.4	0.238687	27.3	0.228881	26.2	0.219123

续表

溶液温度/℃	酒精计读数									
	28		27		26		25		24		23
	体积分数/%	质量分数	体积分数/%	质量分数	体积分数/%	质量分数	体积分数/%	质量分数	体积分数/%	质量分数	体积分数/%	质量分数

温度在20℃时用体积分数或质量分数表示酒精浓度

溶液温度/℃	体积分数/%	质量分数	体积分数/%	质量分数	体积分数/%	质量分数	体积分数/%	质量分数	体积分数/%	质量分数	体积分数/%	质量分数
10	32	0.271118	31	0.262057	29.9	0.252136	28.8	0.242264	27.7	0.232441	26.6	0.222666
9	32.5	0.275664	31.4	0.265676	30.3	0.255738	29.2	0.245849	28.1	0.236008	26.9	0.225327
8	32.9	0.279308	31.8	0.269302	30.7	0.259346	29.6	0.249439	28.5	0.239581	27.3	0.228881
7	33.3	0.282958	32.2	0.272935	31.1	0.262961	30	0.253036	28.9	0.24316	27.7	0.232441
6	33.7	0.286615	32.7	0.277485	31.6	0.267488	30.4	0.256639	29.3	0.246746	28.1	0.236008
5	34.2	0.291196	33.1	0.281132	32	0.271118	30.8	0.260249	29.7	0.250338	28.5	0.239581
4	34.6	0.294868	33.5	0.284786	32.4	0.274754	31.3	0.264771	30.1	0.253936	28.9	0.24316
3	35	0.298547	34	0.289363	32.9	0.279308	31.7	0.268395	30.5	0.257541	29.3	0.246746
2	35.4	0.302232	34.4	0.293031	33.3	0.282958	32.3	0.273844	30.9	0.261153	29.7	0.250338
1	35.9	0.306849	34.8	0.296707	33.7	0.286615	32.6	0.276574	31.4	0.265676	30.1	0.253936
0	36.3	0.310549	35.5	0.303155	34.2	0.291196	33	0.28022	31.8	0.269302	30.6	0.258444

溶液温度/℃	酒精计读数											
	22		21		20		19		18		17	
	体积分数/%	质量分数	体积分数/%	质量分数	体积分数/%	质量分数	体积分数/%	质量分数	体积分数/%	质量分数	体积分数/%	质量分数

温度在20℃时用体积分数或质量分数表示酒精浓度

溶液温度/℃	体积分数/%	质量分数	体积分数/%	质量分数	体积分数/%	质量分数	体积分数/%	质量分数	体积分数/%	质量分数	体积分数/%	质量分数
40	15.2	0.124097	14.4	0.117363	13.6	0.110651	13	0.105633	12.2	0.098962	11.4	0.092314
39	15.5	0.126629	14.7	0.119886	13.9	0.113165	13.3	0.108141	12.5	0.101461	11.7	0.094804
38	15.9	0.130009	15.1	0.123254	14.2	0.115683	13.6	0.110651	12.8	0.103963	12	0.097298
37	16.2	0.132549	15.4	0.125785	14.6	0.119044	13.9	0.113165	13.1	0.106468	12.2	0.098962
36	16.6	0.135939	15.7	0.128319	14.9	0.121569	14.2	0.115683	13.4	0.108977	12.5	0.101461
35	16.9	0.138486	16	0.130856	15.2	0.124097	14.5	0.118203	13.6	0.110651	12.8	0.103963
34	17.2	0.141037	16.4	0.134243	15.5	0.126629	14.8	0.120727	13.9	0.113165	13.1	0.106468
33	17.6	0.144442	16.7	0.136788	15.8	0.129164	15.1	0.123254	14.2	0.115683	13.4	0.108977
32	17.9	0.147	17	0.139336	16.2	0.132549	15.4	0.125785	14.5	0.118203	13.6	0.110651
31	18.3	0.150416	17.4	0.142739	16.5	0.135091	15.7	0.128319	14.8	0.120727	13.9	0.113165
30	18.6	0.152982	17.7	0.145295	16.8	0.137637	16	0.130856	15.1	0.123254	14.2	0.115683
29	19	0.156408	18	0.147854	17.2	0.141037	16.3	0.133396	15.4	0.125785	14.5	0.118203
28	19.3	0.158982	18.4	0.151271	17.5	0.14359	16.6	0.135939	15.7	0.128319	14.8	0.120727
27	19.6	0.161559	18.7	0.153838	17.8	0.146147	16.9	0.138486	16	0.130856	15.1	0.123254
26	20	0.165001	19	0.156408	18.1	0.148708	17.2	0.141037	16.3	0.133396	15.4	0.125785

续表

溶液温度/°C	酒精计读数											
	22		21		20		19		18		17	
	体积分数/%	质量分数	体积分数/%	质量分数	体积分数/%	质量分数	体积分数/%	质量分数	体积分数/%	质量分数	体积分数/%	质量分数
					温度在20°C时用体积分数或质量分数表示酒精浓度								
25	20.3	0.167586	19.4	0.159841	18.4	0.151271	17.5	0.14359	16.6	0.135939	15.6	0.127474
24	20.7	0.171038	19.7	0.162419	18.7	0.153838	17.8	0.146147	16.9	0.138486	15.9	0.130009
23	21	0.17363	20	0.165001	19	0.156408	18.1	0.148708	17.1	0.140186	16.2	0.132549
22	21.3	0.176227	20.4	0.168448	19.4	0.159841	18.4	0.151271	17.4	0.142739	16.5	0.135091
21	21.7	0.179694	20.7	0.171038	19.7	0.162419	18.7	0.153838	17.7	0.145295	16.7	0.136788
20	22	0.182298	21	0.17363	20	0.165001	19	0.156408	18	0.147854	17.1	0.140186
19	22.3	0.184906	21.3	0.176227	20.3	0.167586	19.3	0.158982	18.3	0.150416	17.3	0.141888
18	22.6	0.187517	21.6	0.178827	20.6	0.170174	19.6	0.161559	18.6	0.152982	17.6	0.144442
17	23	0.191004	22	0.182298	20.9	0.172766	19.9	0.16414	18.9	0.155551	17.8	0.146147
16	23.3	0.193623	22.3	0.184906	21.2	0.175361	20.2	0.166724	19.2	0.158124	18.1	0.148708
15	23.7	0.197121	22.6	0.187517	21.6	0.178827	20.5	0.169311	19.2	0.158124	18.3	0.150416
14	24	0.199749	23	0.191004	21.9	0.18143	20.8	0.171901	19.7	0.162419	18.6	0.152982
13	24.4	0.203257	23.3	0.193623	22.2	0.184036	21.1	0.174496	20	0.165001	18.8	0.154695
12	24.7	0.205893	23.6	0.196246	22.5	0.186646	21.4	0.177093	20.2	0.166724	19.1	0.157266
11	25	0.208532	23.9	0.198872	22.8	0.18926	21.7	0.179694	20.5	0.169311	19.4	0.159841
10	25.4	0.212056	24.3	0.202379	23.1	0.191877	22	0.182298	20.8	0.171901	19.6	0.161559
9	25.8	0.215586	24.6	0.205014	23.4	0.194497	22.3	0.184906	21.1	0.174496	19.9	0.16414
8	26.1	0.218238	24.9	0.207652	23.8	0.197997	22.6	0.187517	21.3	0.176227	20.1	0.165862
7	26.5	0.221779	25.3	0.211174	24.1	0.200625	22.8	0.18926	21.6	0.178827	20.4	0.168448
6	26.9	0.225327	25.6	0.21382	24.4	0.203257	23.2	0.19275	21.9	0.18143	20.6	0.170174
5	27.2	0.227992	26	0.217354	24.7	0.205893	23.4	0.194497	22.2	0.184036	20.9	0.172766
4	27.6	0.23155	26.4	0.220893	25.1	0.209412	23.8	0.197997	22.5	0.186646	21.1	0.174496
3	28	0.235115	26.8	0.224439	25.4	0.212056	24.1	0.200625	22.7	0.188388	21.4	0.177093
2	28.4	0.238687	27.1	0.227103	25.8	0.215586	24.4	0.203257	23	0.191004	21.6	0.178827
1	28.8	0.242264	27.5	0.23066	26.1	0.218238	24.7	0.205893	23.3	0.193623	21.8	0.180562
0	29.2	0.245849	27.9	0.234223	26.5	0.221779	25.1	0.209412	23.6	0.196246	22	0.182298

续表

溶液温度/℃	酒精计读数												
	16		15		14		13		12		11		
	体积分数/%	质量分数	体积分数/%	质量分数	体积分数/%	质量分数	体积分数/%	质量分数	体积分数/%	质量分数	体积分数/%	质量分数	
					温度在20℃时用体积分数或质量分数表示酒精浓度								
40	10.8	0.087343	10	0.080734	9.2	0.074149	8.4	0.067585	7.6	0.061044	6.8	0.054526	
39	11.1	0.089827	10.2	0.082384	9.4	0.075793	8.6	0.069224	7.8	0.062678	7	0.056153	
38	11.3	0.091484	10.5	0.084862	9.7	0.078262	8.9	0.071685	8	0.064312	7.2	0.057782	
37	11.6	0.093974	10.8	0.087343	9.9	0.07991	9.1	0.073327	8.3	0.066766	7.4	0.059413	
36	11.8	0.095635	11	0.088998	10.2	0.082384	9.3	0.074971	8.5	0.068404	7.6	0.061044	
35	12.1	0.09813	11.2	0.090655	10.4	0.084036	9.6	0.077439	8.7	0.070044	7.9	0.063495	
34	12.4	0.100627	11.5	0.093144	10.6	0.085688	9.8	0.079086	8.9	0.071685	8.1	0.06513	
33	12.6	0.102295	11.8	0.095635	10.9	0.08817	10	0.080734	9.1	0.073327	8.3	0.066766	
32	12.9	0.104798	12	0.097298	11	0.088998	10.2	0.082384	9.4	0.075793	8.5	0.068404	
31	13.1	0.106468	12.2	0.098962	11.4	0.092314	10.5	0.084862	9.6	0.077439	8.7	0.070044	
30	13.4	0.108977	12.5	0.101461	11.6	0.093974	10.7	0.086515	9.8	0.079086	8.9	0.071685	
29	13.6	0.110651	12.7	0.103129	11.8	0.095635	10.9	0.08817	10	0.080734	9.1	0.073327	
28	13.9	0.113165	13	0.105633	12.1	0.09813	11.2	0.090655	10.3	0.08321	9.3	0.074971	
27	14.2	0.115683	13.2	0.107304	12.3	0.099795	11.4	0.092314	10.5	0.084862	9.5	0.076616	
26	14.4	0.117363	13.5	0.109814	12.6	0.102295	11.7	0.094804	10.7	0.086515	9.8	0.079086	
25	14.7	0.119886	13.8	0.112327	12.8	0.103963	11.9	0.096466	10.8	0.087343	9.8	0.079086	
24	15	0.122412	14	0.114004	13.1	0.106468	12.1	0.09813	11.2	0.090655	10.2	0.082384	
23	15.2	0.124097	14.36	0.117027	13.3	0.108141	12.3	0.099795	11.4	0.092314	10.4	0.084036	
22	15.5	0.126629	14.5	0.118203	13.6	0.110651	12.6	0.102295	11.6	0.093974	10.6	0.085688	
21	15.7	0.128319	14.8	0.120727	13.8	0.112327	12.9	0.104798	11.8	0.095635	10.8	0.087343	
20	16	0.130856	15	0.122412	14	0.114004	13	0.105633	12	0.097298	11	0.088998	
19	16.3	0.133396	15.2	0.124097	14.2	0.115683	13.2	0.107304	12.2	0.098962	11.2	0.090655	
18	16.5	0.135091	15.5	0.126629	14.4	0.117363	13.4	0.108977	12.4	0.100627	11.4	0.092314	
17	16.8	0.137637	15.7	0.128319	14.7	0.119886	13.6	0.110651	12.6	0.102295	11.5	0.093144	
16	17	0.139336	15.9	0.130009	14.9	0.121569	13.8	0.112327	12.8	0.103963	11.7	0.094804	
15	17.2	0.141037	16.2	0.132549	15.1	0.123254	14	0.114004	12.9	0.104798	11.9	0.096466	
14	17.5	0.14359	16.4	0.134243	15.3	0.124941	14.2	0.115683	13.1	0.106468	12	0.097298	
13	17.7	0.145295	16.6	0.135939	15.5	0.126629	14.4	0.117363	13.2	0.107304	12.2	0.098962	
12	18	0.147854	16.8	0.137637	15.7	0.128319	14.5	0.118203	13.4	0.108977	12.3	0.099795	
11	18.2	0.149562	17	0.139336	15.8	0.129164	14.7	0.119886	13.6	0.110651	12.4	0.100627	

续表

溶液温度/℃	酒精计读数											
	16		15		14		13		12		11	
	温度在20℃时用体积分数或质量分数表示酒精浓度											
	体积分数/%	质量分数	体积分数/%	质量分数	体积分数/%	质量分数	体积分数/%	质量分数	体积分数/%	质量分数	体积分数/%	质量分数
10	18.4	0.151271	17.2	0.141037	16	0.130856	14.9	0.121569	13.7	0.111489	12.6	0.102295
9	18.6	0.152982	17.4	0.142739	16.2	0.132549	15	0.122412	13.8	0.112327	12.7	0.103129
8	18.9	0.155551	17.6	0.144442	16.4	0.134243	15.1	0.123254	14	0.114004	12.8	0.103963
7	19.1	0.157266	17.8	0.146147	16.5	0.135091	15.3	0.124941	14.1	0.114843	12.9	0.104798
6	19.3	0.158982	18	0.147854	16.7	0.136788	15.4	0.125785	14.2	0.115683	13	0.105633
5	19.5	0.1607	18.2	0.149562	16.8	0.137637	15.6	0.127474	14.3	0.116523	13	0.105633
4	19.7	0.162419	18.3	0.150416	17	0.139336	15.7	0.128319	14.4	0.117363	13.1	0.106468
3	19.9	0.16414	18.5	0.152126	17.1	0.140186	15.8	0.129164	14.5	0.118203	13.2	0.107304
2	20.1	0.165862	8.6	0.069224	17.2	0.141037	15.9	0.130009	14.5	0.118203	13.2	0.107304
1	20.3	0.167586	18.8	0.154695	17.3	0.141888	15.9	0.130009	14.6	0.119044	13.3	0.108141
0	20.5	0.169311	19	0.156408	17.5	0.14359	16	0.130856	14.6	0.119044	13.3	0.108141

溶液温度/℃	酒精计读数											
	10		9		8		7		6		5	
	温度在20℃时用体积分数或质量分数表示酒精浓度											
	体积分数/%	质量分数	体积分数/%	质量分数	体积分数/%	质量分数	体积分数/%	质量分数	体积分数/%	质量分数	体积分数/%	质量分数
40	5.8	0.046409	5	0.03994	4.2	0.033493	3.4	0.027067	2.4	0.019066	1.6	0.012689
39	6	0.048029	5.2	0.041555	4.4	0.035102	3.6	0.028672	2.6	0.020664	1.8	0.014281
38	6.2	0.049651	5.4	0.043171	4.6	0.036713	3.8	0.030277	2.8	0.022262	1.9	0.015078
37	6.4	0.051275	5.6	0.044789	4.8	0.038326	3.9	0.031081	2.9	0.023062	2.1	0.016672
36	6.6	0.0529	5.8	0.046409	5	0.03994	4.1	0.032688	3.1	0.024663	2.3	0.018268
35	6.8	0.054526	6	0.048029	5.2	0.041555	4.3	0.034297	3.3	0.026266	2.4	0.019066
34	7.1	0.056968	6.2	0.049651	5.3	0.042363	4.5	0.035908	3.5	0.027869	2.6	0.020664
33	7.3	0.058597	6.4	0.051275	5.5	0.04398	4.7	0.037519	3.8	0.030277	2.8	0.022262
32	7.5	0.060228	6.6	0.0529	5.7	0.045599	4.8	0.038326	3.8	0.030277	3	0.023863
31	7.7	0.061861	6.8	0.054526	5.9	0.047219	5	0.03994	4	0.031884	3.1	0.024663
30	7.9	0.063495	7	0.056153	6.1	0.04884	5.2	0.041555	4.2	0.033493	3.3	0.026266
29	8.2	0.065948	7.2	0.057782	6.3	0.050463	5.4	0.043171	4.4	0.035102	3.5	0.027869
28	8.4	0.067585	7.5	0.060228	6.5	0.052087	5.6	0.044789	4.6	0.036713	3.7	0.029474
27	8.6	0.069224	7.7	0.061861	6.7	0.053713	5.8	0.046409	4.8	0.038326	3.9	0.031081
26	8.8	0.070864	7.9	0.063495	6.9	0.055339	6	0.048029	5	0.03994	4	0.031884

续表

溶液温度/℃	酒精计读数											
	10		9		8		7		6		5	
	温度在20℃时用体积分数或质量分数表示酒精浓度											
	体积分数/%	质量分数	体积分数/%	质量分数	体积分数/%	质量分数	体积分数/%	质量分数	体积分数/%	质量分数	体积分数/%	质量分数
25	9	0.072506	8.1	0.06513	7.1	0.056968	6.2	0.049651	5.2	0.041555	4.2	0.033493
24	9.2	0.074149	8.3	0.066766	7.3	0.058597	6.3	0.050463	5.4	0.043171	4.4	0.035102
23	9.4	0.075793	8.4	0.067585	7.5	0.060228	6.5	0.052087	5.5	0.04398	4.6	0.036713
22	9.6	0.077439	8.6	0.069224	7.7	0.061861	6.7	0.053713	5.7	0.045599	4.7	0.037519
21	9.8	0.079086	8.8	0.070864	7.8	0.062678	6.8	0.054526	5.8	0.046409	4.8	0.038326
20	10	0.080734	9	0.072506	8	0.064312	7	0.056153	6	0.048029	5	0.03994
19	10.2	0.082384	9.2	0.074149	8.2	0.065948	7.2	0.057782	6.1	0.04884	5.1	0.040747
18	10.4	0.084036	9.3	0.074971	8.3	0.066766	7.3	0.058597	6.3	0.050463	5.3	0.042363
17	10.5	0.084862	9.5	0.076616	8.5	0.068404	7.4	0.059413	6.4	0.051275	5.4	0.043171
16	10.7	0.086515	9.6	0.077439	8.6	0.069224	7.6	0.061044	6.5	0.052087	5.5	0.04398
15	10.8	0.087343	9.8	0.079086	8.8	0.070864	7.7	0.061861	6.6	0.0529	5.6	0.044789
14	11	0.088998	9.9	0.07991	8.9	0.071685	7.8	0.062678	6.7	0.053713	5.7	0.045599
13	11.1	0.089827	10	0.080734	9	0.072506	7.9	0.063495	6.8	0.054526	5.8	0.046409
12	11.2	0.090655	10.1	0.081559	9.1	0.073327	8	0.064312	6.9	0.055339	6.9	0.055339
11	11.3	0.091484	10.2	0.082384	9.2	0.074149	8.1	0.06513	7	0.056153	6	0.048029
10	11.4	0.092314	10.3	0.08321	9.3	0.074971	8.2	0.065948	7.1	0.056968	6	0.048029
9	11.5	0.093144	10.4	0.084036	9.3	0.074971	8.2	0.065948	7.1	0.056968	6	0.048029
8	11.6	0.093974	10.5	0.084862	9.4	0.075793	8.3	0.066766	7.2	0.057782	6	0.048029
7	11.7	0.094804	10.6	0.085688	9.5	0.076616	8.4	0.067585	7.2	0.057782	6.1	0.04884
6	11.8	0.095635	10.6	0.085688	9.5	0.076616	8.4	0.067585	7.3	0.058597	6.2	0.049651
5	11.8	0.095635	10.7	0.086515	9.6	0.077439	8.4	0.067585	7.3	0.058597	6.2	0.049651
4	11.9	0.096466	10.7	0.086515	9.6	0.077439	8.4	0.067585	7.3	0.058597	6.2	0.049651
3	12	0.097298	10.8	0.087343	9.6	0.077439	8.4	0.067585	7.3	0.058597	6.2	0.049651
2	12	0.097298	10.8	0.087343	9.6	0.077439	8.4	0.067585	7.2	0.057782	6.1	0.04884
1	12	0.097298	10.8	0.087343	9.6	0.077439	8.4	0.067585	7.2	0.057782	6.1	0.04884
0	12	0.097298	10.8	0.087343	9.6	0.077439	8.4	0.067585	7.2	0.057782	6	0.048029

续表

酒精计读数

温度在20℃时用体积分数或质量分数表示酒精浓度

溶液温度/°C	4		3		2		1		0	
	体积分数/%	质量分数	体积分数/%	质量分数	体积分数/%	质量分数	体积分数/%	质量分数	体积分数/%	质量分数
40	0.8	0.006334								
39	1	0.007921								
38	1.1	0.008715	0.1	0.000791						
37	1.3	0.010304	0.3	0.002373						
36	1.4	0.011098	0.4	0.003164						
35	1.6	0.012689	0.6	0.004749						
34	1.8	0.014281	0.8	0.006334						
33	1.9	0.015078	0.9	0.007127						
32	2.1	0.016672	1.1	0.008715	0.1	0.000791				
31	2.2	0.01747	1.2	0.009509	0.2	0.001582				
30	2.4	0.019066	1.4	0.011098	0.4	0.003164				
29	2.5	0.019865	1.6	0.012689	0.6	0.004749				
28	2.7	0.021463	1.8	0.014281	0.8	0.006334				
27	2.9	0.023062	1.9	0.015078	1	0.007921				
26	3.1	0.024663	2.1	0.016672	1.1	0.008715	0.1	0.000791		
25	3.2	0.025464	2.3	0.018268	1.3	0.010304	0.3	0.002373		
24	3.4	0.027067	2.4	0.019066	1.4	0.011098	0.4	0.003164		
23	3.6	0.028672	2.6	0.020664	1.6	0.012689	0.6	0.004749		
22	3.7	0.029474	2.7	0.021463	1.7	0.013485	0.7	0.005541		
21	3.8	0.030277	2.9	0.023062	1.9	0.015078	0.9	0.007127		
20	4	0.031884	3	0.023863	2	0.015875	1	0.007921	0	
19	4.1	0.032688	3.1	0.024663	2.1	0.016672	1.1	0.008715	0.1	0.000791
18	4.2	0.033493	3.2	0.025464	2.2	0.01747	1.2	0.009509	0.2	0.001582
17	4.4	0.035102	3.4	0.027067	2.4	0.019066	1.3	0.010304	0.3	0.002373
16	4.5	0.035908	3.4	0.027067	2.4	0.019066	1.4	0.011098	0.4	0.003164
15	4.6	0.036713	3.6	0.028672	2.6	0.020664	1.5	0.011894	0.6	0.004749
14	4.7	0.037519	3.6	0.028672	2.6	0.020664	1.6	0.012689	0.6	0.004749
13	4.8	0.038326	3.7	0.029474	2.7	0.021463	1.7	0.013485	0.7	0.005541
12	4.8	0.038326	3.8	0.030277	2.8	0.022262	1.7	0.013485	0.7	0.005541
11	4.9	0.039133	3.9	0.031081	2.9	0.023062	1.8	0.014281	0.8	0.006334

续表

溶液温度/℃	酒精计读数									
	4		3		2		1		0	
	体积分数/%	质量分数	体积分数/%	质量分数	体积分数/%	质量分数	体积分数/%	质量分数	体积分数/%	质量分数
	温度在20℃时用体积分数或质量分数表示酒精浓度									
10	5	0.03994	3.9	0.031081	2.9	0.023062	1.9	0.015078	0.8	0.006334
9	5	0.03994	4	0.031884	2.9	0.023062	1.9	0.015078	0.9	0.007127
8	5	0.03994	4	0.031884	2.9	0.023062	1.9	0.015078	0.9	0.007127
7	5.1	0.040747	4	0.031884	3	0.023863	1.9	0.015078	0.9	0.007127
6	5.1	0.040747	4	0.031884	3	0.023863	2	0.015875	0.9	0.007127
5	5.1	0.040747	4	0.031884	3	0.023863	1.9	0.015875	0.9	0.007127
4	5.1	0.040747	4	0.031884	3	0.023863	1.9	0.015078	0.9	0.007127
3	5	0.03994	4	0.031884	2.9	0.023062	1.9	0.015078	0.8	0.006334
2	5	0.03994	4	0.031884	2.9	0.023062	1.8	0.014281	0.8	0.006334
1	5	0.03994	3.9	0.031081	2.8	0.022262	1.8	0.014281	0.8	0.006334
0	5	0.03994	3.9	0.031081	2.8	0.022262	1.8	0.014281	0.8	0.006334

参考文献

[1] 史贤林,张秋香,周文勇,等.化工原理实验[M].2版.上海:华东理工大学出版社,2015.
[2] 张金利,郭翠梨,胡瑞杰,等.化工原理实验[M].2版.天津:天津大学出版社,2016.
[3] 谭天恩,窦梅.化工原理[M].4版.北京:化学工业出版社,2013.
[4] 史贤林,田恒水,张平.化工原理实验[M].上海:华东理工大学出版社,2005.
[5] 熊航行,许维秀.化工原理实验[M].北京:化学工业出版社,2016.
[6] 都键,王瑶,王刚.化工原理实验[M].北京:化学工业出版社,2017.
[7] 王志魁,向阳,王宇,等.化工原理[M].5版.北京:化学工业出版社,2018.
[8] 施小芳,李微,林述英,等.化工原理实验教学的改革与实践[J].化工高等教育,2006(2):46-48,51.
[9] 赵帅,杨俊松,叶栩文,等.基于工程观念培养的化工原理实验课程教学探讨[J].长春师范大学学报,2018,37(8):147-149.
[10] 赵朝晖,梁红,陈姚,等.设计性化工原理实验的探索与实践[J].化工高等教育,2009,26(6):46-48,52.
[11] 叶长燊,邱挺,李玲,等.化工原理课程体系中工程素质与能力的培养[J].化工高等教育,2016(3):59-63.
[12] 吕宏凌,陈金庆.在化工原理实验教学中培养学生的科研能力[J].化工高等教育,2011(4):59-61.
[13] 秦正龙.化工原理中常用工程方法研究[J].大学教育,2017(5):20-22.
[14] 徐颖,王春虎,郝庆兰.OBE工程教育理念下的化工干燥实验教学改革[J].中国轻工教育,2018(5):69-73.
[15] 马少玲,周爱东,王杰,等.过滤-干燥联合实验的设计研究[J].实验技术与管理.2015,32(7):179-182.
[16] 王会林,卢涛,姜培学.胡萝卜热风干燥特性实验研究[J].热科学与技术,2015,14(6):456-461.
[17] 尹红,刘欢,叶向群.化工原理吸收实验中气液两相流率对气相体积吸收系数的影响[J].教育教学论坛,2019(19):255-258.